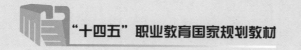"十四五"职业教育国家规划教材

新形态教材

GONGCHENG ZHAOTOUBIAO YU HETONG GUANLI SHIWU

工程招投标与合同管理实务

（第3版）

主　编／杨陈慧　杨甲奇

主　审／卢　伟

U0190623

重庆大学出版社

内容提要

本书是国家示范高等职业院校、国家双高专业群优质核心课程,国家级在线精品课程配套教材。

本书以实际工程流程中的重要节点为线索,将知识点与思政元素分别融入工程招投标与合同管理实务入门、招标实务与纠纷处理、投标实务与合同签署、合同监控与价款调整、合同纠纷处理与索赔管理5个学习单元中。5个学习单元按照工作流程,共设置13个工作任务来实现课程目标。

本书可作为高等职业院校建设工程管理类专业教材,也可作为相关技术人员的参考用书。

图书在版编目(CIP)数据

工程招投标与合同管理实务 / 杨陈慧,杨甲奇主编
. -- 3 版. -- 重庆:重庆大学出版社,2023.2(2024.1 重印)
高等职业教育建设工程管理类专业系列教材
ISBN 978-7-5624-9571-0

Ⅰ.①工⋯ Ⅱ.①杨⋯ ②杨⋯ Ⅲ.①建筑工程—招
标—高等职业教育—教材②建筑工程—投标—高等职业教
育—教材③建筑工程—经济合同—管理—高等职业教育—
教材 Ⅳ.①TU723

中国国家版本馆 CIP 数据核字(2023)第 005644 号

高等职业教育建设工程管理类专业系列教材
工程招投标与合同管理实务
(第 3 版)
主 编 杨陈慧 杨甲奇
主 审 卢 伟
策划编辑:林青山 刘颖果

责任编辑:刘颖果 版式设计:刘颖果
责任校对:关德强 责任印制:赵 晟

*

重庆大学出版社出版发行
出版人:陈晓阳
社址:重庆市沙坪坝区大学城西路 21 号
邮编:401331
电话:(023) 88617190 88617185(中小学)
传真:(023) 88617186 88617166
网址:http://www.cqup.com.cn
邮箱:fxk@ cqup.com.cn(营销中心)
全国新华书店经销
重庆华数印务有限公司印刷

*

开本:787mm×1092mm 1/16 印张:19.75 字数:494千
2016 年 2 月第 1 版 2023 年 2 月第 3 版 2024 年 1 月第 5 次印刷
印数:11 001—14 000
ISBN 978-7-5624-9571-0 定价:49.00元

前 言

随着"一带一路"倡议的推进、BIM 技术与建筑工业化的推广以及 2017 年以来系列招投标新规的同步实施,工程招投标与合同管理实务领域发生了重大的调整和变化。中国共产党第二十次全国代表大会的召开为建筑业的发展指明了方向,由此我们在新形势下根据新规范,结合教育部课程思政要求,融入绿色双碳、民生福祉等新元素,配套国家级在线精品课程建设,修订了本书。

在北京师范大学职业研究所、宁波职业技术学院师资培训中心的指导下,通过实践专家访谈会、现场走访调查等多种方式,基于对资料员、招投标人员、合同管理员、监理员等岗位典型工作任务的分析,本书内容被分解设计成一个贯穿项目,以典型工作场景为单位组织教学,以典型案例贯穿始终。本书以实际工作流程中的重要节点为线索,将知识点与思政元素分别融入工程招投标与合同管理实务入门、招标实务与纠纷处理、投标实务与合同签署、合同监控与价款调整、合同纠纷处理与索赔管理 5 个学习单元中。5 个学习单元按照工作流程,由浅入深、由"会"到"掌握"、由单一到综合,共设置 13 个工作任务来实现课程目标。岗位所需的知识、技能、职业素养以及工作中容易出现的实际问题都融合在具体的工作任务中进行,每个工作任务都有明确的需要提交的成果和评定的依据。按照形成性考核和终结性考核结合、操作技能考核和应用知识考核结合、个人成绩与小组成绩相结合的设计理念,将上述目标融入考核条目,成为实现目标的保证性措施。学生通过工作方案的制订、任务的实施、问题的处理,形成发现问题和解决问题的能力,在项目实践中学习和加深对相关专业知识、技能的理解和应用,提升职业素养,从而满足学生综合职业能力培养和职业生涯发展的需要,为参与一带一路项目建设提供坚实基础,深植家国情怀。

本书是国家示范高等职业院校、国家双高专业群优质核心课程,国家级在线精品课程配套教材,可作为高等职业院校建设工程管理类专业教材,也可作为相关技术人员的参考用书。

本书配套了 178 个微课视频,可扫描书中的二维码观看。同时,还配套了教学 PPT,教师可通过加入工程造价教学交流群(QQ:238703847)索取。

本书由四川交通职业技术学院杨陈慧、杨甲奇主编,四川公路桥梁建设集团有限公司工程管理中心经理张卫红、四川交通职业技术学院鲁佳婧参编,由四川公路桥梁建设集团有限公司总工程师卢伟主审。在本书编写过程中,得到了中建二局四川装饰分公司刘小飞高工、成都航空职业技术学院冯光灿教授、成都农业科技职业学院冯光荣教授、四川润成建设咨询监理有限公司杨光勇高工的大力支持和帮助,在此表示衷心的感谢。

由于编者水平有限,书中难免存在一些疏漏之处,敬请读者指正。

编 者

目　录

学习单元 1　工程招投标与合同管理实务入门

任务 1　招投标入门

【引例 1】

①森林王国的门坏了,森林王要招标重修。

A 公司说:3 000 元弄好,理由是材料费 1 000 元,人工费 1 000 元,我自己赚 1 000 元。

B 公司说:要 6 000 元,材料费 2 000 元,人工费 2 000 元,自己赚 2 000 元。

C 公司淡定地说:要 9 000 元,3 000 元给你,3 000 元给我,剩下 3 000 元给 A 公司干。

森林王拍案:C 公司中标!

②后来海洋国的门也坏了,海洋王吸取了森林王的教训,制定了控制价 3 000 元。

A 公司看了一眼,走了。

B 公司报价 3 000 元。

C 公司给了评标专家 500 元,报价 3 000 元,又中标了。

A 公司、B 公司很纳闷。之后,C 公司花了 500 元材料费,500 元人工费,修了一半宣布停工。拖了半年,海洋王被迫追加投资 3 000 元,完工。

③再后来,森林连接海洋的电梯坏了,也要重修。经过前两次的教训,控制定价 3 000 元而且规定要一次性修好。

A 公司又来了,看了一下走了。

B 公司报价 3 000 元。

C 公司也报价 3 000 元,并称完工后有"茅台"送,又中标了。

拿到钱后 C 公司开工,材料费 500 元,人工费 500 元。完工后,森林王叫人验收。事先收了 C 公司红包 500 元的验收员声称"合格"。

不久电梯又坏了,安监、质检(都收了钱)等部门说超载所致,要重建。森林王被迫追加资金 9 000 元重建!

④再再后来,森林通往海洋的大门也坏了,两国交流受阻,森林王与海洋王都很着急,问题

很严重。经过前几次的教训,森林王严格定价3 000元,监理、审计现场跟踪! 并且免费保修1亿年。

A公司不敢来了。

B公司报价3 000元。

C公司报无偿修理,且免费保修2亿年,但要1亿年的管理权,森林王和海洋王都同意了。

C公司修好门后,在门口设了一个收费站,30年收回了全部投资。

【引导问题1】 招投标应用在哪些领域?招投标的目的是什么?涉及哪些工作环节?本案例反映出现行招投标的主要问题有哪些?如何解决?

修身敬德、
守规敬业

1.1 任务导读

工程招投标是指在国内外的工程承包市场上,发承包方为买卖特殊商品进行的由一系列特定环节组成的特殊交易活动。"特殊商品"是指建设工程,既包括建设工程实施,又包括建设工程实体形成过程中的建设工程技术咨询活动。"特殊交易活动"是指交易标的价格和交易对象事先未定,须通过一系列特定交易环节来确定,即招标、投标、开标、评标、授标和中标以及签约和履约等环节。同时,这种交易行为须在特定的有形建筑市场有序进行,即项目所在地的建设工程交易中心。建设单位(业主或项目法人)通过发布招标公告或邀请的方式,将工程建设项目的勘察、设计、施工、材料设备供应、监理等业务,一次或分期发包,通过投标人的投标竞争,对投标人技术水平、管理能力、经营业绩与报价等方面进行综合考察,最终将工程发包给最有承包能力而报价最优的投标人承接。其最突出的优点是:

①将竞争机制引入工程建设领域,将工程项目的发包方、承包方和中介方统一纳入市场,实行交易公开,给市场主体的交易行为赋予了极大的透明度。

②鼓励竞争,防止和反对垄断,通过平等竞争,优胜劣汰,最大限度地实现投资效益的最优化。

1.2 任务目标

①掌握强制招标的范围、招标的种类、招标的方式及组织形式和招投标基本程序。

②熟悉建设工程交易中心的性质与作用、基本功能、运行原则和运行程序。

③了解建设工程招投标重要历史事件与现状,完成招投标实务的知识准备。

1.3 知识准备

1.3.1 工程招投标知多少

追溯招投标的发展历史,西方发达国家利用招标投标的方式并以此规范政府采购行为,已走过了两个世纪的漫长历程。第一个采用招标投标交易方式的国家是英国。继英国之后,世界上许多国家陆续成立了类似的专门机构,许多国家还立了法,通过专门的法律确定招标采购及专职招标机构的重要地位。招投标在世界经济发展中,由简单到复杂、自由到规范、国内到国际,对世界区域经济和整体经济发展起到了巨大作用。

我国的工程建设招标投标,以中山陵工程开启了中国近代工程招投标的先河,深圳国际商业大厦招标是中国现代工程招标史上的里程碑。

　　招标是为了最经济有效地实现项目综合目标(包括时间、成本、质量与范围,归纳起来为效率与效果两个方面),而不是为了单纯追求低报价。招标是为了使众多的投标者在一定规则下公平合理地竞争一个机会,而不是为了把他们逼到一座"独木桥"上,形成一胜多输的局面。招标是为了公平地对待所有的投标者,而不是为了在个别投标者与招标方之间建立某种特殊的关系,并以此来损害其他投标者的公平机会。

　　投标竞争不是火并,更不是打击别人,而是做出自己的特色,不断提高自己,使自己成为有关方面的领先者。投标文件是今后实施合同工程的计划,而不是"鱼饵"。投标是锻炼队伍、展示自己、营销自己的有效手段,不是只有中标的投标才是成功的。投标中的许多条款都是决定未来合同价格的因素,但未来的合同价格不是只取决于投标报价。

　　评标是要选择一个综合最优的承包商,而不是选择一个投标报价最低的承包商(虽然报价是很重要的考虑因素)。评标是评价、澄清投标书的内容,不是补充、修改投标书的内容。评标是按事先确定的、与工程建设密切相关的标准对所有投标一视同仁地进行评价、比较,不是按投标者与评标人的关系好坏、亲密程度来评价投标。

　　授标是标志土建施工合同成立的"承诺",不是仅起邀请对方来签署合同的目的。授标对投标方也具有约束力,投标方必须接受,而不能任意选择。

　　近十年,工程建设项目审批周期明显缩短,营商环境持续优化。中国共产党第二十次全国代表大会为建筑业指明了发展方向,智能建造、绿色双碳、民生福祉、创新驱动等将成为招投标市场的关键词。

"十四五"建筑节能与绿色建筑发展规划

关于推动城乡建设绿色发展的意见

国务院关于印发2030年前碳达峰的通知

关于推动智能建造与建筑工业化协同发展的指导意见

"十三五"装配式建筑行动方案

"十四五"建筑业发展规划

国务院办公厅关于大力发展装配式建筑的指导意见

关于加快新型建筑工业化发展的若干意见

1.3.2　建设工程项目强制招标的范围

【引例2】

　　鲁布革是布依语,意思是山清水秀的地方。鲁布革水电站(图1.1)位于云南省罗平县和贵州省兴义市交界处黄泥河下游的深山峡谷中,距罗平县城40 km。这里河流密布,水流湍急,落差较大,1990年在这里建成投产了装机容量为60万kW的水电站。

　　鲁布革水电站引水系统工程(图1.2)是我国第一个利用世界银行贷款,并按世界银行规定进行国际竞争性招标和项目管理的工程。曾有8个国家的专家在这里帮助建设,世界第二大输电斜塔耸立在百丈悬崖之上,全部计算机程控的厂房深藏在大山腹中,十几个工作层面使观者如置身于迷宫。1982年国际招标,1984年11月正式开工,1988年7月竣工,创造了著名的"鲁布革工程项目管理经验",受到中央领导同志的重视,号召建筑企业进行学习。

图 1.1　鲁布革水电站全貌　　　　图 1.2　鲁布革水电站引水系统工程

【引导问题2】　哪些建设工程项目必须招标? 招标范围和招标方式有哪些强制性规定?

(1)强制招标的建设工程项目

凡在中华人民共和国境内进行的下列工程建设项目,包括项目的勘察、设计、施工、监理以及与工程建设有关的重要设备、材料等的采购,必须进行招标。一般包括:

①大型基础设施、公用事业等关系社会公共利益、公共安全的项目。

②全部或者部分使用国有资金投资或国家融资的项目:

a.使用预算资金在200万元人民币以上,并且该资金占投资额10%以上的项目;

b.使用国有企业、事业单位资金,并且该资金占控股或主导地位的项目。

③使用国际组织或者外国政府贷款、援助资金的项目:

a.使用世界银行、亚洲开发银行等国际组织贷款、援助资金的项目;

b.使用外国政府及其机构贷款、援助资金的项目。

④项目的勘察、设计、施工、监理以及与工程建设有关的重要设备、材料等的采购,达到下列标准之一的,必须进行招标:

a.施工单项合同估算价在400万元人民币以上的;

b.重要设备、材料等货物的采购,单项合同估算价在200万元人民币以上的;

c.勘察、设计、监理等服务的采购,单项合同估算价在100万元人民币以上的。

同一项目中,可以合并进行的勘察、设计、施工、监理以及与工程建设有关的重要设备、材料等的采购,合同估算价达到前款规定标准的,必须招标。

凡按照规定应该招标的工程不进行招标的,应该公开招标的工程不公开招标的,招标单位所确定的承包单位一律无效。建设行政主管部门按《中华人民共和国建筑法》(以下简称《建筑法》)第八条的规定,不予颁发施工许可证;对于违反规定擅自施工的,依据《建筑法》第六十四条的规定追究其法律责任。

(2)可不招标的建设工程项目

《中华人民共和国招标投标法》(以下简称《招标投标法》)第六十六条规定:涉及国家安全、国家秘密、抢险救灾或者属于利用扶贫资金实行以工代赈、需要使用农民工等特殊情况,不适宜进行招标的项目,按照国家有关规定可以不进行招标。

①涉及国家安全的项目主要是指国防、尖端科技、军事装备等涉及国家安全、会对国家安全造成重大影响的项目。

可不招标的
建设工程项目

②涉及国家秘密的项目是指关系国家安全和利益,依照法定程序确定,在一定时间内只限一定范围的人知晓的项目。

③抢险救灾、时间紧迫的项目。

④利用扶贫资金实行以工代赈,需要使用农民工的项目。

相关链接

《公路工程建设项目招标投标管理办法》第九条规定,有下列情形之一的公路工程建设项目,可以不进行招标:

①涉及国家安全、国家秘密、抢险救灾或者属于利用扶贫资金实行以工代赈、需要使用农民工等特殊情况;

②需要采用不可替代的专利或者专有技术;

③采购人自身具有工程施工或者提供服务的资格和能力,且符合法定要求;

④已通过招标方式选定的特许经营项目投资人依法能够自行施工或者提供服务;

⑤需要向原中标人采购工程或者服务,否则将影响施工或者功能配套要求;

⑥国家规定的其他特殊情形。

招标人不得为适用前款规定弄虚作假,规避招标。

1.3.3　建设工程招标的种类

1)按照工程建设程序分类

（1）建设项目前期咨询招标

建设项目前期咨询招标是指对建设项目的可行性研究任务进行的招标。投标人一般为集项目咨询与管理于一体的工程咨询企业。

建设工程招标
的种类

（2）勘察设计招标

勘察设计招标是指根据批准的可行性研究报告,择优选择勘察设计单位的招标。勘察和设计是两种不同性质的工作,可由勘察单位和设计单位分别完成。

（3）材料设备采购招标

材料设备采购招标是指在工程项目初步设计完成后,对建设项目所需的建筑材料和设备（如电梯、供配电系统、空调系统等）采购任务进行的招标。投标人通常为材料供应商、成套设备供应商。

（4）工程施工招标

工程施工招标是指在工程项目的初步设计或施工图设计完成后,用招标的方式选择施工单位的招标。施工单位最终向业主交付按招标设计文件规定的建筑产品。

（5）一体化招标

一体化招标是指将工程建设程序中各个阶段合为一体进行全过程招标,通常又称为总包。

2)按行业或专业类别分类

①土木工程招标,是指对建设工程中土木工程施工任务进行的招标。

②勘察设计招标,是指对建设项目的勘察设计任务进行的招标。

③货物采购招标,是指对建设项目所需的建筑材料和设备采购任务进行的招标。

④安装工程招标,是指对建设项目的设备安装任务进行的招标。

⑤建筑装饰装修招标,是指对建设项目的建筑装饰装修施工任务进行的招标。

⑥生产工艺技术转让招标,是指对建设工程生产工艺技术转让进行的招标。

⑦工程咨询和建设监理招标,是指对工程咨询和建设监理任务进行的招标。

3)按工程承包的范围分类

(1)项目全过程总承包招标

这种类型是选择项目全过程总承包人的招标,又可分为两种,一是工程项目实施阶段的全过程招标,二是工程项目建设全过程的招标。前者是在设计任务书完成后,从项目勘察、设计到施工交付使用进行的一次性招标;后者则是从项目的可行性研究到交付使用进行的一次性招标,业主只需提供项目投资和使用要求及竣工、交付使用期限,其可行性研究、勘察设计、材料和设备采购、土建施工设备安装及调试、生产准备和试运行、交付使用,均由一个总承包商负责承包,即所谓"交钥匙工程"。

(2)工程分承包招标

工程分承包招标是指中标的工程总承包人作为其中标范围内的工程任务的招标人,将其中标范围内的工程任务,通过招标的方式,分包给具有相应资质的分承包人,中标的分承包人只对招标的总承包人负责。

(3)专项工程承包招标

专项工程承包招标是指在工程承包招标中,对其中某项比较复杂,或专业性强、施工和制作要求特殊的单项工程进行的单独招标。

①工程咨询招标:以工程咨询服务为对象的招标行为。工程咨询服务的内容主要包括工程立项决策阶段的规划研究、项目选定与决策,建设准备阶段的工程设计、工程招标,施工阶段的监理、竣工验收等工作。

②交钥匙工程招标:"交钥匙"模式即承包商向业主提供包括融资、设计、施工、设备采购、安装和调试直至竣工移交的全套服务。交钥匙工程招标是指发包商将上述全部工作作为一个标的招标,承包商通常将部分阶段的工程分包,即全过程招标。

③工程设计施工招标:将设计及施工作为一个整体标的以招标的方式进行发包,投标人必须为同时具有设计能力和施工能力的承包商。我国由于长期采取设计与施工分开的管理体制,目前具备设计、施工双重能力的施工企业较少。

设计—建造模式是一种项目组织管理方式。业主和设计—建造承包商密切合作,完成项目的规划、设计、成本控制、进度安排等工作,甚至负责项目融资。一个承包商对整个项目负责,避免了设计和施工的矛盾,可显著减少项目的成本和工期;同时,在选定承包商时,把设计方案的优劣作为主要的评标因素,可保证业主得到高质量的工程项目。

④工程设计—管理招标:由同一实体向业主提供设计和施工管理服务的工程管理模式。采用这种模式时,业主只签订一份既包括设计也包括工程管理服务的合同。在这种情况下,设计机构与管理机构是同一实体。这一实体常常是设计机构和施工管理企业的联合体。工程设计—管理招标即为以设计管理为标的进行的工程招标。

（4）BOT 工程招标

BOT 即建造—运营—移交模式。它是企业参与基础设施建设，向社会提供公共服务的一种方式。中国一般称之为"特许权"，是指政府部门就某个基础设施项目与企业（项目公司）签订特许权协议，授予签约方的企业（包括外国企业）来承担该项目的投资、融资、建设和维护，在协议规定的特许期限内，许可其融资建设和经营特定的公用基础设施，并准许其通过向用户收取费用或出售产品以清偿贷款，回收投资并赚取利润。政府对这一基础设施有监督权、调控权，特许期满，签约方的企业将该基础设施无偿或有偿移交给政府部门。BOT 工程招标即是对这些工程环节的招标。

（5）PPP 工程招标

①PPP 模式概述。

PPP（Public-Private-Partnership）模式即公共部门—私人企业—合作的模式，在公共基础设施领域，尤其是在大型、一次性的项目，如公路、铁路、地铁等的建设中扮演着重要角色。

如图 1.3 所示，政府部门或地方政府通过政府采购的方式与中标单位组建的特殊目的公司签订特许合同（特殊目的公司一般是由中标的建筑公司、服务经营公司或对项目进行投资的第三方组成的股份有限公司），由特殊目的公司负责筹资、建设及经营。政府通常与提供贷款的金融机构达成一个直接协议，它不是对项目进行担保的协议，而是一个向借贷机构承诺将按与特殊目的公司签订的合同支付有关费用的协议，这个协议使特殊目的公司能比较顺利地获得金融机构的贷款。政府针对具体项目特许新建一家项目公司，并对其提供扶持措施，然后项目公司负责进行项目的融资和建设，融资来源包括项目资本金和贷款。项目建成后，由政府特许企业进行项目的开发和运营，而贷款人除了可以获得项目经营的直接收益外，还可以获得通过政府扶持所转化的效益。

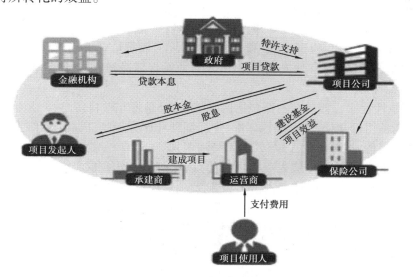

图 1.3　PPP 模式结构图

PPP 模式是一种优化的项目融资与实施模式，以各参与方的"双赢"或"多赢"作为合作的基本理念。采用这种融资形式的实质是政府通过给予私营公司长期的特许经营权和收益权来加快基础设施建设及有效运营。

②PPP 模式基本操作流程。

A.项目发起阶段。项目发起阶段的主要工作内容包括启动准备和前期调研,即组建项目实施班子、制订整体工作计划、开展项目调查等。一是要组建一个 PPP 项目实施团队,由政府牵头,规划、建设、土地、发改、财政、审计、国资委、法制办等部门组成领导小组;二是要制订具体工作实施方案,明确部门责任分工、目标任务和实施工作计划安排等;三是要根据城市总体规划和近期建设规划,由政府组织相关部门或机构梳理城市基础设施领域拟新建项目和存量项目,决定可以通过 PPP 模式运作的具体项目清单,构建 PPP 项目库。

B.项目准备。项目准备阶段的主要工作是项目策划实施方案研究和编制。一是聘请顾问团队;二是起草项目协议;三是开展项目的前期论证,确定项目范围和实施内容(项目建设规模、主要内容和总投资);四是前期沟通,研究项目模式,设计项目结构,编制项目实施方案;五是设计项目主要商业原则;六是财务分析,编制财务模型;七是确定投资人比选方式和原则(确定投资人应具备的条件和能力及招标方式、双方的主要权利和义务);八是组织相关单位讨论方案;九是实施方案公示和报批。

在项目准备阶段,还需要考虑项目的可融资方式和财政是否负担得起,并要评估传统方式与 PPP 方式之间的效率比较,分析该项目是否适合采用 PPP 方式,拟定项目协议。聘请专业咨询机构,负责研究项目模式,设计项目结构,编制项目实施方案,关键是设计项目主要商业原则,进行财务分析,编制财务模型。组织专家对项目实施方案进行论证,并报政府批准和住房和城乡建设厅备案。

C.项目采购阶段。项目采购阶段主要涉及项目招投标,主要工作内容包括协议编制、确定竞争性程序、签署协议3个部分。

a.协议编制。协议编制的主要工作内容包括:

●细化研究和分析项目的技术、商务边界条件(如投资、运营成本与收益测算,回购总价、回购期限与方式,回购资金来源安排和支付计划);

●落实建设内容分工、投资范围(投资建设期限、工程质量要求和监管措施),研究和编制项目协议等法律文件(项目移交方式及程序、项目履约保障措施、项目风险和应对措施等);

●落实招标条件。

b.确定竞争性程序。该环节主要包括两大工作:一是发布项目信息;二是确定投标人。具体内容涉及:准备招标文件;制订评标标准、评标细则和评标程序;成立评标工作组,开标、组织评标;编写评标报告,推荐候选人;与候选人澄清谈判。

c.签署协议。签署协议前应先草签项目协议,中标人在约定时间内办理好项目公司成立的有关事宜,资金到位,政府配合完成资产交割及项目审批有关事宜,正式与项目公司签约。

PPP 项目发起与准备阶段工作内容、主要成果及责任单位汇总见表1.1。

表1.1 PPP 项目发起与准备阶段工作内容、成果及责任单位汇总表

编号	主要工作内容	主要成果	责任单位
预备	项目识别、模式论证	财政能力评估、初步实施方案	PPP 咨询公司专家
1	项目准备阶段	预计1个月	
1.1	制订整体工作计划	工作计划表	PPP 咨询公司

续表

编号	主要工作内容	主要成果	责任单位
1.2	尽职调研,落实项目基本条件	边界条件的技术、财政、政策情况	项目实施机构、财政等相关部门
1.3	进行市场测试	与潜在投资人交流	PPP 咨询公司
1.4	编制实施方案	实施方案初稿	PPP 咨询公司
1.5	进行物有所值评价	物有所值评价文件	财政局组织有关部门配合
1.6	进行财政承受能力论证	财政承受能力论证文件	财政局组织有关部门配合
1.7	实施方案讨论、修改、定稿	实施方案报批稿	财政局组织有关部门配合
1.8	项目实施方案报批	实施方案审批	地方实施机构、联合审查工作领导小组
2	项目采购阶段	采用竞争性磋商,预计 2 个月(财库〔2014〕214 号)	
2.1	编制资格预审文件	资格预审文件	PPP 咨询公司
2.2	资格预审文件报批	—	联合审查工作领导小组
2.3	发布资格预审公告	资格预审公告	采购人
2.4	投资人准备资格预审文件	—	投资人
2.5	资格预审评审	评审报告	评审委员会
2.6	编制竞争性磋商文件	竞争性磋商文件初稿	PPP 咨询公司
2.7	竞争性磋商文件讨论、修改	—	有关部门配合
2.8	竞争性磋商文件报批	—	联合审查工作领导小组
2.9	发布竞争性磋商公告	竞争性磋商公告	采购人
2.10	发售竞争性磋商文件	竞争性磋商文件	PPP 咨询公司
2.11	投资人准备投标文件	—	投资人
2.12	组织现场踏勘、标前会议	补充文件	—
3	开标、评标和谈判阶段	预计 1 周	
3.1	开标	开标记录	PPP 咨询公司
3.2	评标和磋商	磋商报告	评标委员会
3.3	中标候选人公示	预中标结果公告	采购人
3.4	制订谈判策略及具体谈判工作计划	谈判计划和策略	PPP 咨询公司

续表

编号	主要工作内容	主要成果	责任单位
3.5	协助政府开展项目协议谈判	—	联合审查工作领导小组
3.6	签署确认谈判备忘录	谈判备忘录	采购人与投资人
3.7	根据谈判结果修改项目协议	—	PPP 咨询公司
4	协议草签阶段	预计 1 周	
4.1	中标公示	中标结果公告	
4.2	协助项目协议草签	项目协议草签版	采购人与投资人
4.3	合同公告	—	—
5	项目执行(项目公司注册、进入建设期及管理阶段)	预计 2 个月内启动	
5.1	投资人成立 PPP 项目公司	—	投资人
5.2	协助项目协议正式签署	项目协议正式签署版(协议补充)	采购人与项目公司
5.3	项目开工	—	投资人

D.项目实施阶段。项目实施阶段包括项目建设和项目运营两个部分。

a.项目建设。在该阶段,项目公司首先与各联合单位签订正式合同,包括贷款合同、设计合同、建设合同、保险合同以及其他咨询、管理合同等;其次,项目公司组织各相关单位进行项目开发。在开发过程中,政府及相关部门对项目开发的过程进行监督,出现不符合合同的情况及时与项目公司沟通,并确定责任主体。

b.项目运营。工程验收试运营合格以后,开发阶段结束,项目进入运营阶段。政府与项目公司签订特许经营权协议,约定特许经营期限。在整个项目运营期间,项目公司应按照协议要求对项目设施进行运营、维护。为了确保项目的运营和维护按协议进行,政府、贷款人、投资者和社会居民都拥有对项目进行监督的权利。

E.合同终结阶段。转移中止是项目运作的最后一个阶段,包括项目移交和项目公司解散等内容。

a.项目移交。特许经营期满后,项目公司要将项目的经营权(或所有权与经营权同时)向政府移交。在移交时,政府应注意项目是否处于良好运营和维护状态,以便保证项目的继续运营和服务提供的质量。

b.项目公司清算。项目移交以后,项目公司的业务随之中止。因此,项目公司应按合同要求及有关规定到有关部门办理清算、注销等相关手续。

(6)EPC 工程总承包

EPC 工程总承包即 Engineering Procurement Construction 模式,又称设计、采购、施工一体化模式,是指在项目决策阶段以后,从设计开始,经招标,委托一家工程公司对设计—采购—建造进行总承包。在这种模式下，按照承包合同规定的总价或可调总价，由工程公司负责对工程项目的进度、费用、质量、安全进行管理和控制，并按合同约定完成工程。EPC 有很多种衍生和组合，如 EP+C、E+P+C、EPCm、EPCs、EPCa 等。

建设项目的组成和分类

1.3.4　建设工程招标的方式

工程项目招标的方式在国际上通行的为公开招标、邀请招标和议标，但《招标投标法》未将议标作为法定的招标方式。

1）公开招标

（1）定义

公开招标又称为无限竞争性招标，是由招标单位通过报刊、广播、电视等方式发布招标广告，有投标意向的承包商均可参加投标资格审查，审查合格的承包商可购买或领取招标文件，参加投标的招标方式。

建设工程招标方式

（2）公开招标的特点

公开招标的优点：投标的承包商多，竞争范围大，业主有较大的选择余地，有利于降低工程造价，提高工程质量和缩短工期。缺点：由于投标的承包商多，招标工作量大，组织工作复杂，需投入较多的人力、物力，招标过程所需时间较长。因此，这种招标方式主要适用于投资额度大，工艺、结构复杂的较大型建设工程项目。公开招标的特点一般表现为以下 3 个方面：

①公开招标是最具竞争性的招标方式。它参与竞争的投标人数量最多，且只要符合相应的资质条件便不受限制，只要承包商愿意便可参加投标。在实际中，常常少则十几家，多则几十家，甚至上百家，因而竞争程度最为激烈。它可以最大限度地为一切有实力的承包商提供一个平等竞争的机会，招标人也有最大容量的选择范围，可在众多的投标人中择优选择一个报价合理、工期较短、信誉良好的承包商。

②公开招标是程序最完整、最规范、最典型的招标方式。它形式严密，步骤完整，运作环节环环相扣。公开招标是适用范围最为广阔、最有发展前景的招标方式。在国际上，谈到招标通常都是指公开招标。在某种程度上，公开招标已成为招标的代名词。在我国，通常也要求招标必须采用公开招标的方式。凡属招标范围的工程项目，一般首先必须采用公开招标的方式。

③公开招标也是所需费用最高、花费时间最长的招标方式。由于竞争激烈、程序复杂，组织招标和参加投标需要做的准备工作和需要处理的实际事务比较多，特别是编制、审查有关投标文件的工作量十分浩繁。

2）邀请招标

（1）定义

邀请招标又称为有限竞争性招标。这种招标方式不用发布公告，业主根据自己的经验和所掌握的各种信息资料，向有承担该项工程施工能力的 3 个以上（含 3 个）承包商发出投标邀请书，收到邀请书的单位有权利选择是否参加投标。邀请招标与公开招标一样，都必须按规定的招标程序进行，要制订统一的招标文件，投标人都必须按招标文件的规定进行投标。

（2）邀请招标的特点

邀请招标的优点：参加竞争的投标单位数目可由招标单位控制，目标集中，招标的组织工作较容易，工作量比较小。缺点：由于参加的投标单位相对较少，竞争性范围较小，招标单位对投标单位的选择余地较少；如果招标单位在选择被邀请的承包商前所掌握的信息资料不足，则会失去发现最适合承担该项目的承包商的机会。

邀请招标和公开招标的主要区别：

①邀请招标在程序上较公开招标简化,如无招标公告及投标人资格审查的环节。

②邀请招标在竞争程度上不如公开招标强。邀请招标参加人数是经过选择限定的,被邀请的承包商数目为 3~10 个,不能少于 3 个,也不宜多于 10 个。由于参加人数相对较少,易于控制,因此其竞争范围没有公开招标大,竞争程度也明显不如公开招标激烈。

③邀请招标在时间和费用上都比公开招标节省。邀请招标可以省去发布招标公告费用、资格审查费用和可能发生的更多的评标费用。

但是,邀请招标也存在明显缺陷。它限制了竞争范围,由于经验和信息资料的局限性,会把许多可能的竞争者排除在外,不能充分展示自由竞争、机会均等的原则。

特别提示

国务院发展计划部门确定的国家重点项目和省、自治区、直辖市人民政府确定的地方重点项目,以及全部使用国有资金投资或者国有资金投资占控股或者主导地位的工程建设项目应当公开招标。有下列情形之一的,经批准可以进行邀请招标:

①项目技术复杂或有特殊要求,只有少量几家潜在投标人可供选择的;

②受自然地域环境限制的;

③涉及国家安全、国家秘密或者抢险救灾,适宜招标但不宜公开招标的;

④拟公开招标的费用与项目的价值相比,不值得的;

⑤法律、法规规定不宜公开招标的。

相关链接

《中华人民共和国政府采购法》与《招标投标法》适用的区别

(1)规范的主体不同

《中华人民共和国政府采购法》(以下简称《政府采购法》)规范的主体是各级国家机关、事业单位和团体组织。

《招标投标法》规范的主体则无限制,凡是在我国境内的任何主体进行招标投标活动(强制或自愿),包括私人企业以及其他非法人组织。

(2)规范的行为性质不同

《政府采购法》规范的是政府采购行为。这种行为不仅包括招标采购,还包括竞争性谈判采购、单一来源采购、询价采购等。

《招标投标法》规范的是招标投标行为。甲方或招标人以招标公告或投标邀请书的方式,公开选择卖方的一种交易方式。政府采购行为要比招标投标行为流程长且复杂。

(3)强调的法律责任不同

(4)实施的程序不同

两者联系:《政府采购法》第二条规定:政府采购包括货物、工程和服务;同时,第四条又规定:政府采购工程进行招标投标的,适用《招标投标法》。因此表明两个法律是有密切联系的。

1.3.5　招标的组织形式

招标的组织形式可分为自行招标和代理招标。如果不具备招标评标组织能力的招标单位,应当委托具有相应资格的工程招标代理机构代理招标。

招标代理最新
法律法规解读

相关链接

　　住建部发布《关于取消工程建设项目招标代理机构资格认定加强事中事后监管的通知》,明确自2017年12月28日起,各级住房城乡建设部门不再受理招标代理机构资格认定申请,停止招标代理机构资格审批。招标代理机构及其从业人员应当严格按照《招标投标法》《招标投标法实施条例》等相关法律法规开展工程招标代理活动,并对工程招标代理业务承担相应责任。各级住房城乡建设主管部门将加强招标投标活动监管力度,推进电子招投标,严格依法查处招标代理机构违法违规行为。同时,加强信用体系建设,推进部门之间信用信息共享共用,加快建立失信联合惩戒机制,构建"一处失信、处处受制"的市场环境。

1.3.6　招投标必须具备的条件

依法必须招标的项目,应当具备以下条件才能进行招标:

①招标人已经依法成立;

②初步设计及概算应当履行审批手续的,已经批准;

③招标范围、招标方式和招标组织形式等应当履行核准手续的,已经核准;

④有相应资金或资金来源已经落实;

⑤有招标所需的设计图纸及技术资料。

【应用案例1】　某卷烟厂拟扩大生产规模,准备在原厂房旁扩建并安装一条现代化生产线,详细设计已完成,技术资料齐备,相应手续基本齐全,但资金尚未落实,现正与××银行商谈贷款事宜,并委托D项目管理公司代理招标采购。为便于管理设备和提高生产效率,经论证,将原生产线的两台主要关键设备更新成与新建生产线相同型号设备是较好的方案,只是一些细节尚需详细设计。该项目设备为专用设备,只有少数几家企业制造。扩建厂房为钢结构,设备安装要求二级以上资质。

【问题】　①该项目可否开始招标?

②该项目设备采购、厂房建设、设备安装可否均采用邀请招标?为什么?

【专家评析】　①该项目暂时还不能招标,因为其资金尚未落实,待与银行商谈贷款有结果后才符合招标条件。

②本项目是国有企业投资项目,属必须公开招标的项目。由于该项目设备为专用设备,只有少数几家企业制造,因此设备采购和安装符合邀请招标条件,但应该经过批准。厂房建设只能采用公开招标。

1.3.7　招投标基本工作流程

整个建设工程招投标过程,可从招标、投标两个角度进行梳理。

（1）招标工作程序

招标主要工作程序可概括为以下4个步骤:建设项目报建→编制招标文件、发放招标文件→开标、评标与定标→签订合同。

资格预审模式下,招标流程如图 1.4 所示;资格后审模式下,招标流程如图 1.5 所示。

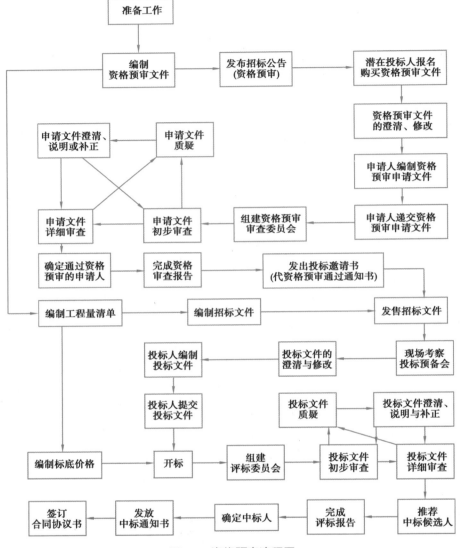

图 1.4 资格预审流程图

相关链接

建设工程施工招标的资格审查

招标人可以根据招标项目本身的特点和需要,要求潜在投标人或者投标人提供满足其资格要求的文件,对潜在投标人或者投标人进行资格审查。对于大型复杂项目,尤其是需要有专门技术、设备或经验的投标人才能完成时,则应设置更加严格的条件。

　　资格审查分为资格预审和资格后审。资格预审是指在投标前对潜在投标人进行的资格审查。资格预审是在招标阶段对申请投标人的第一次筛选，目的是审查投标人的企业总体能力是否满足招标工程的需要。只有在公开招标时才设置此程序。

　　资格后审是指在开标后对投标人进行的资格审查。进行资格预审的，一般不再进行资格后审，但招标文件另有规定的除外。资格后审适用于工期紧迫、工程较为简单的建设项目，审查的内容与资格预审基本相同。

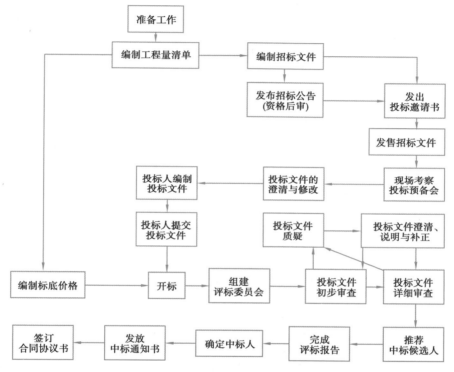

图 1.5　资格后审流程图

（2）投标主要流程

建设工程投标主要包括以下步骤：

①建筑企业根据招标公告或投标邀请书，向招标人提交有关资格预审资料。

②接受招标人的资格审查。

③购买招标文件及有关技术资料。

④参加现场踏勘，并对有关疑问提出书面询问。

⑤参加投标答疑会。

⑥编制投标书及报价。投标书是投标人的投标文件，是对招标文件提出的要求和条件做出实质性响应的文本。

⑦参加开标会议。

⑧如果中标，接受中标通知书，与招标人签订合同。

电子招标投标办法

1.3.8 建设工程交易中心

建设工程
交易中心

当招投标方按照法定的程序和方式开展招投标活动时,如何才能有效地保障招投标活动运作程序严格规范、投标竞争公平和交易安全呢? 我们需要一种全新的监管机构和机制,于是建设工程交易中心在建设市场有形化的改革中应运而生,它把所有代表国家或国有企事业单位投资的业主请进建设工程交易中心进行招标,设置专门的监督机构,这成为我国提高国有建设项目交易透明度和加强建筑市场管理的一种独特方式。

1)建设工程交易中心的性质与作用

建设工程交易中心是非政府的服务性法人机构,它通过政府或者政府授权主管部门的批准而设立,不以营利为目的,任何单位和个人不可随意成立,它旨在为建立公开、公正、平等竞争的招投标制度服务。

建设工程交易中心实行集中办公、公开办事程序以及一条龙"窗口"服务。所有建设项目都要在建设工程交易中心内报建、发布招标信息、进行合同授予、申领施工许可证。招投标活动都需在场内进行,并接受政府有关管理部门的监督。由此,该中心有力地促进了工程招投标制度的推行,遏制了违法违规行为,在反腐倡廉、提高管理透明度等方面发挥了重要作用。

2)建设工程交易中心的基本功能

我国的建设工程交易中心具有三大基本功能,见表1.2。

表 1.2　建设工程交易中心三大基本功能

功能	服务内容	功能	服务内容	功能	服务内容
信息服务	工程信息	集中办公	建设项目报建	场所服务	信息发布大厅
	法律法规		招标登记		洽谈室
	造价信息		承包商资质审查		开标室
	建材价格		合同登记		封闭评标室
	承包商信息		质量报监		计算机室
	专业和劳务分包信息		安全报建		中心办公室
	咨询单位和专业人士信息		发放施工许可证		资料室
	中标公示		其他		其他
	违规曝光和处罚公告				
	其他				

(1)信息服务功能

通过收集、存储和定期发布各类工程信息、法律法规、造价指数和建筑材料价格、人工费、机械租赁费、工程咨询费、各类工程指导价、承包商信息、咨询单位和专业人士信息等,以指导业主和承包商、咨询单位进行投资控制和投资报价,从而实现信息服务功能。

（2）场所服务功能

通过设置信息发布大厅、洽谈室、业主休息室（图1.6）、开标室、会议室及评标监控室（图1.7）等相关设施，为招标、评标、定标、合同谈判等活动提供设施和场所服务，以满足业主和承包商、分包商、设备材料供应商之间的交易需要。同时，也为政府有关管理部门进驻集中办公、办理相关手续和依法监督招投标活动提供场所服务。

图1.6　业主休息室

图1.7　评标监控室

（3）集中办公功能

政府有关建设行政管理部门进驻建设工程交易中心（图1.8），公布各自的办事制度和程序，集中办理有关申报审批手续和进行相关管理。受理申报的内容一般包括工程报建、招标登记、承包商资质审查、合同登记、质量报监、施工许可证发放等。通过实行"窗口化"服务，既能按职责依法对建设工程交易活动进行有力监督，也可方便当事人办事，极大地提高了办公效率。

图1.8　建设工程交易中心服务大厅

3）建设工程交易中心运行原则

（1）信息公开原则

及时公布国家政策法规，工程发包方、承包商和咨询单位资质，造价指数，招标规则，评标标准，专家评委库等各项相关信息，以保证市场各方主体都能及时获取有效信息资料。

（2）依法管理原则

建设工程交易中心的一切活动都应依法进行。依法尊重建设单位和投标单位的意愿，任何单位和个人都不得非法干预交易活动的正常进行。同时,进驻建设工程交易中心的监察机关也应依法监督。

（3）公平公正原则

公平公正是社会主义市场经济的基本要求。应防止地方保护主义、行业和部门垄断、官商勾结等各种不正当竞争行为的发生;应建立监督制约机制,公开办事规则和程序,制定完善的规章制度和工作人员守则,以保护交易各方的合法权益。

（4）属地进入原则

建设工程交易实行属地进入。除特大城市外,每个城市原则上只能设立一个建设工程交易中心。对于跨省、自治区、直辖市的铁路、公路、水利等工程,可通过公告在有关政府部门的监督下,由项目法人组织招标、投标。

4）建设工程交易中心运作程序

一个建设项目进入建设工程交易中心应按照什么程序运行呢？ 如图 1.9 所示,将运行程序总结如下:

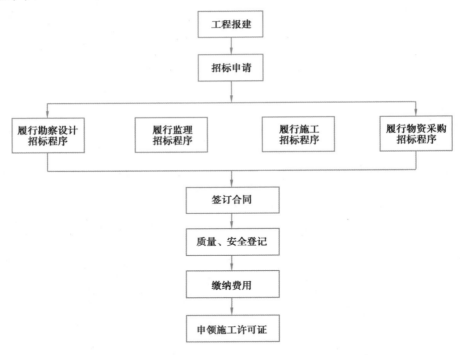

图 1.9　建设工程交易中心运行程序

①办理报建备案手续。报建内容主要包括工程名称、建设地点、投资规模、资金来源、当年投资额、工程规模、工程筹建情况、计划开工和竣工日期等。

②招标监督部门确认招标方式。

③招标人委托招标代理机构办理有关招标事宜。

④招标人就建设单位的资格、招标工程具备的条件、拟采用的招标方式和对投标人的要求、评标方式等向招投标监督部门进行申请,并附招标文件。

⑤招标人在建设工程交易中心统一发布招标公告。

⑥招标人对投标人进行资格预审,在交易中心向合格的投标人分发招标文件及设计图纸、技术资料等。

⑦在交易中心接受投标人提交的投标文件,并同时开标。

⑧在交易中心组织评标,决定中标人。

⑨发布中标通知书,自中标之日起 30 日内,发包单位与中标单位签订合同。

⑩按规定进行质量、安全监督登记。

⑪统一缴纳有关工程前期费用。

⑫申请领取建设工程施工许可证。

1.4 任务实施与评价

以教师选用的教学项目为载体,讨论该项目是否需要招标? 如果招标,将涉及哪些当事方? 请列出各方工作流程,完成相关知识点梳理,并完成表 1.3 的填写。

表 1.3   任务评价表

能力目标	知识要点	权重/%	自测分数
招投标历史	建设工程招投标重要历史事件	5	
掌握招投标基础知识	强制招标的范围	10	
	招标的种类	10	
	招标的方式和组织形式	20	
	招投标基本程序	20	
掌握工程招投标基本工作流程	建设工程交易中心的性质与作用	10	
	基本功能与运行原则	10	
	运行程序	15	

知识回廊

工程招投标是指建设单位(业主或项目法人)通过发布招标公告或邀请的方式,将工程建设项目的勘察、设计、施工、材料设备供应、监理等业务,一次或分期发包,通过投标方的投标竞争,对投标人技术水平、管理能力、经营业绩与报价等方面进行综合考察,最终将工程发包给最有承包能力且报价最优的投标人承接。

本任务介绍了工程招投标的发展历史,建设项目强制招标的范围,招标的种类,招标的方式和组织形式,招投标基本程序,建设工程交易中心的性质与作用、基本功能、运行原则和运行程序等内容,为之后的工程招投标实务做好准备。

课后训练

一、单项选择题

1.在依法必须进行招标的工程范围内,对于重要设备、材料等货物的采购,其单项合同估算价在(　　)万元人民币以上的,必须进行招标。

A.50　　　　　　B.100　　　　　　C.150　　　　　　D.200

2.提交投标文件的投标人少于(　　)个的,招标人应当依法重新招标。

A.2　　　　　　B.3　　　　　　C.4　　　　　　D.5

3.应当招标的工程建设项目,根据招标人是否具有(　　),可以将组织招标分为自行招标和代理招标两种情况。

A.招标资质　　　B.招标许可　　　C.招标的条件与能力　　D.评标专家

4.全部使用国有资金投资,依法必须进行施工招标的工程项目,应当(　　)。

A.进入有形建筑市场进行招标投标活动　　B.进入无形建筑市场进行招标投标活动

C.进入有形建筑市场进行直接发包活动　　D.进入无形建筑市场进行直接发包活动

5.《招标投标法》规定,依法必须进行招标的项目,招标人自行办理招标事宜的,应当向有关行政监督部门(　　)。

A.申请　　　　　B.备案　　　　　C.通报　　　　　D.报批

6.公开招标和邀请招标在招标程序上的差异为(　　)。

A.是否进行资格预审　　　　　　　B.是否组织现场考察

C.是否解答投标单位的质疑　　　　D.是否公开开标

7.国际上把建设监理单位所提供的服务归为(　　)服务。

A.工程咨询　　　B.工程管理　　　C.工程监督　　　D.工程策划

8.根据《招标投标法》的有关规定,下列建设项目中不必进行招标的有(　　)。

A.利用联合国教科文组织提供的资金新建教学楼工程

B.某省会城市的居民用水水库工程

C.国防工程

D.某城市利用国债资金的垃圾处理场项目

9.应当招标的工程建设项目在(　　)后,已满足招标条件的,均应成立招标组织,组织招标,办理招标事宜。

A.进行可行性研究　　　　　　　　B.办理报建登记手续

C.选择招标代理机构　　　　　　　D.发布招标信息

10.建筑市场的进入,是指各类项目的(　　)进入建设工程交易市场,并展开建设工程交易活动的过程。

A.业主、承包商、供应商　　　　　B.业主、承包商、中介机构

C.承包商、供应商、交易机构　　　D.承包商、供应商、中介机构

二、多项选择题

1.工程建设项目公开招标范围包括(　　　)。

　　A.全部或者部分使用国有资金投资或者国家融资的项目

　　B.施工单项合同估算价在 100 万元人民币以上的项目

　　C.关系社会公共利益、公众安全的大型基础设施项目

　　D.使用国际组织或者外国政府资金的项目

　　E.关系社会公共利益、公众安全的大型公用事业项目

2.建设工程交易中心的基本功能有(　　　)。

　　A.场所服务功能　　　B.信息服务功能　　　C.集中办公功能　　　D.监督管理功能

3.投标邀请书的内容应载明(　　　)等事项。

　　A.招标项目的性质、数量　　　　　　　　B.招标人的名称和地址

　　C.招标项目的实施地点和时间　　　　　　D.获取招标文件的办法

　　E.招标人的资质证明

4.招标投标活动的公平原则体现在(　　　)等方面。

　　A.要求招标人或评标委员会严格按照规定的条件和程序办事

　　B.平等地对待每一个投标竞争者

　　C.不得对不同的投标竞争者采用不同的标准

　　D.投标人不得假借其他企业的资质,弄虚作假来投标

　　E.招标人不得以任何方式限制或者排斥本地区、本系统以外的法人或者其他组织参加
　　　投标

5.下列(　　　)等特殊情况,不适宜进行招标,按照国家规定可以不进行招标。

　　A.涉及国家安全、国家秘密项目

　　B.抢险救灾项目

　　C.利用扶贫资金实行以工代赈,需要使用农民工的项目

　　D.使用国际组织或者外国政府资金的项目

　　E.生态环境保护项目

三、简答题

1.《招标投标法》中规定哪些工程建设项目必须招标?

2.公开招标与邀请招标相比较,各自都存在哪些优缺点?

3.公开招投标的主要工作程序包括哪些?

4.招标投标制度在我国大体经历了哪些发展阶段?

四、案例分析

【案例】　某高校拟扩大校区,在相邻地块征地 500 亩(1 亩 ≈666.67 m²),预计投资 4 亿元人民币并按已批准的规划设计进行建设。项目概况见表 1.4。项目审批核准部门核准各项目均为公开招标。办公区与教学区、生活区、实验区、休闲区中间均由校园道路相分隔。该项目计划工期为 18 个月,工期较紧,设备均采用国产设备,到货期为 2 个月。

表 1.4 校园扩建项目概况

序号	工程名称		结构形式	建筑规模/万 m²	合同估算额/万元	设备
1	教学区	教学楼 5 座	4 层砖混	1.5	4 500	电梯 10 部,每部 8 万元
2	办公区	现代教育中心	13 层砖混	4	12 000	电梯 5 部,每部 15 万元
3	生活区	综合服务楼	3 层钢结构	1.5	600	滚梯 4 部,每部 40 万元
4		学生宿舍 5 座	6 层砖混	2.5	5 250	—
5	实验区	金工实习车间	2 层钢结构	0.3	1 200	货梯 1 部,每部 20 万元
6		实验中心	框剪结构	0.2	600	—
7	附属设施	校区道路	—	60 000	600	
8		给水管网		3 000	700	
9		排水管网		3 000	700	
10		校内电网		2 500	600	
11		校内网		10 000	400	
12		校区绿化	—	6	600	
13	休闲区	校区中心广场	大理石铺装	1	600	
14		运动场	塑胶场地	3	1 200	

【问题】 ①电梯和货梯可否采用邀请招标方式?为什么?

②该校有工程造价专业,某教师是工程造价方面的知名教授,确定学校扩建项目投资、造价可否由该教师完成?为什么?

五、拓展训练

1.上网进入当地建设工程交易中心网站,查阅以下相关信息:工程材料价格、建设法规、施工企业资质、从业人员资格、招标公告与中标公示等工程,提交一份当地建筑市场现状报告。

2.案例讨论。

【案例1】 北京地铁 4 号线在国内首次采用 PPP 模式,将工程的所有投资建设任务以 7:3 的比例划分为 A 和 B 两部分,A 部分包括洞体、车站等土建工程的投资建设,由政府投资方负责;B 部分包括车辆、信号等设备资产的投资、运营和维护,吸引社会投资组建的 PPP 项目公司来完成。政府部门与 PPP 项目公司签订特许经营协议,要根据 PPP 项目公司所提供服务的质量、效益等指标,对其进行考核。在项目成长期,政府将其投资所形成的资产,以无偿或象征性的价格租赁给 PPP 项目公司,为其实现正常投资收益提供保障;在项目成熟期,为收回部分政府投资,同时避免 PPP 项目公司产生超额利润,将通过调整租金(为简便起见,其后在执行过程中采用固定租金方式)的形式令政府投资公司参与收益的分配;在项目特许期结束后,PPP 项目公司无偿将项目全部资产移交给政府或续签经营合同。

【案例2】 深圳地铁4号线由港铁公司获得运营及沿线开发权。根据深圳市政府和港铁公司签署的协议,港铁公司在深圳成立项目公司,以 BOT 方式投资建设全长约 16 km、总投资约 60 亿元的 4 号线二期工程。同时,深圳市政府将已于 2004 年年底建成通车的全长 4.5 km 的 4 号线一期工程在二期工程通车前(2007 年)租赁给港铁深圳公司。4 号线二期通车之日始,4 号线全线将由香港地铁公司成立的项目公司统一运营,该公司拥有 30 年的特许经营权。此外,香港地铁公司还获得 4 号线沿线 290 万 m² 建筑面积的物业开发权。在整个建设和经营期内,项目公司由香港地铁公司绝对控股,自主经营、自负盈亏,运营期满,全部资产无偿移交深圳市政府。

【问题】 ①PPP 模式主要适用在哪些工程领域?哪些环节涉及招投标?有什么特别要求?

②PPP 模式的大幅度推广对招投标领域会带来哪些影响?

六、拓展思考

1.你怎么看雷神山、火神山医院建设中的建工精神?

2.扫码观看"中国工程十年建设成就",结合中国共产党第二十次全国代表大会内容,思考如何在学习与工作中践行党的二十大精神。

EPC总承包投标
BIM技术应用
实例

中国工程
十年建设成就

任务 2 初识合同管理

【引例 1】

二滩水电站工程的 FIDIC 实践

二滩水电站工程(图 2.1、图 2.2)自 1991 年 9 月开工以来,工期从未与合同脱轨。世界银行官员每半年从进度、质量、投资 3 个方面对二滩工程打分,结果都是"A"。这一成绩的取得,首先取决于二滩工程实行了现代企业制度;其次在于二滩工程真正与国际惯例接轨,成功地引入了"菲迪克"条款。

图 2.1 二滩水电站大坝

图 2.2 二滩水电站坝顶风光

"菲迪克"(FIDIC,"国际咨询工程师协会"的法文缩写)条款,是国际通用的土木工程建设规范化管理方式,它能比较科学地反映业主、设计单位、工程监理单位(即国际通称的工程师)、承包商等项目各方的相互关系,合理划分合同双方的责、权、利。这种机制的表现形式是合同,通过合同使所有者和承包者的权益以及工程质量、进度、概算得到保证。

以"菲迪克"条款为准绳,二滩工程实行了全面合同管理,业主在工程建设中始终发挥着主导作用。二滩工程从工程施工到后勤服务,均以合同来规范各方的行为,明确各方的职责和利益。二滩工程土建合同,均由业主和以外方为责任方的中外联营体签订,其中明确规定了工程的工作量、质量规范、支付计算方法等,以及支付的程序、主要的控制工期和奖惩,被形象地称为"竞赛双方都认可并承诺遵守作为评判依据的规则"。国际合同的鲜明特点是先定"规则",然后开始"竞赛",以免"竞赛"因规则不明而中断。在来访工程中记者看到,二滩工程一摞摞合同书编制得严谨、精细,每一项决策、每一件事情、每一个行动都严格划定在合同范围之内,从 1 m³ 混凝土何时何地浇筑到电话费如何处理都有详尽的说明。这正是二滩水电开发有限责任公司吃透"菲迪克"条款,并将其贯穿于整个工程建设当中的结果。

由于引入了"菲迪克"条款,进一步强化了工期、质量、造价"三大控制"目标,以及业主责任制、合同管理制、招标投标制、工程监理制"四制管理"的管理体系,实现了全过程管理。二滩工程因此声名远扬,二滩工程的合同文本已经被世界银行列为在东南亚进行投资的合同范本,并被我国财政部指定为《中国银行贷款工程项目合同范本》。二滩工程公司是二滩工程的工程监理单位,二滩工程公司同二滩水电开发有限责任公司签订了有关工程监理的职责权利合同。它在业主与承包商的甲乙方关系之外,充当丙方,是一个独立的、具有较高权威性的机构。二滩工程公司负责承包商的合同执行情况和业主对承包商的支付,其主要职责是全权处理业主与承包商的合同事宜,主要包括工程进度控制、投资及材料控制、质量控制和现场协调工作。(摘自项目管理与招标采购网)

【引导问题1】 合同在工程项目中有哪些作用?合同管理有哪些工作内容?招投标与合同管理是什么关系?

2.1 任务导读

守规敬业、
讲信修睦

一个工程项目从立项、报建,常常通过招投标缔结合同,以索赔事务的完成作为项目的完结,合同管理贯穿项目始终。项目运行过程中将涉及多方经济利益,各方通过合同形成庞大的合同体系。合同是调整各方关系的纽带和规范项目实施的基础。为保证招标或投标活动的成功以及整个合同的圆满执行,必须采取有效和必要的手段做好各阶段的运作管理工作,合同管理就是其中最重要的一环。工程项目合同管理具体是指在项目进行各阶段,对合同的签订、履行、变更和解除进行监督检查,对履约过程中发生的争议或纠纷进行处理,对索赔事务进行管理,以确保合同签订的合法性和合理性,保障合同全面顺利地履行,最终保证项目盈利。合同管理的中心任务是在项目签约阶段和履约阶段,利用合同的正当手段避免风险、保护自己,争取获得尽可能多的经济效益。从合同签订、合同履行、合同终结到合同归档,合同管理成为工程项目管理的核心。

2.2 任务目标

①了解建设工程体系,熟悉施工、监理合同示范文本,了解勘察、设计、总承包合同示范

文本。

②熟悉合同策划、合同评审和签订、合同分析、合同交底、合同监控、合同变更、索赔与合同纠纷处理等工作流程。

③熟悉合同管理体系和制度，明确管理职责，初步为合同管理实务做好知识准备。

④完成合同管理实务的知识准备，完成自我评价，并提出改进意见。

2.3　知识准备

2.3.1　建设工程合同体系

一个工程建设涉及土建、水电、机械设备、通信等专业设计和施工活动，需要各种材料、设备、资金和劳动力的供应。各方主体之间形成各式各样的经济关系，工程中维系这种关系的纽带就是各式各样的合同，从而组建为一个合同体系，如图2.3所示。

建设工程
合同体系

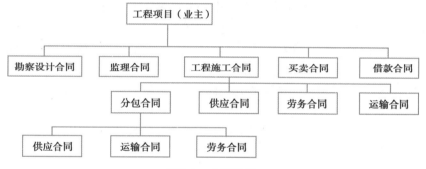

图2.3　合同体系

在这个体系中，业主和承包商是两个最主要的节点，建设工程施工合同是最有代表性、最普遍，也是最复杂的合同类型。它在建设工程项目的合同体系中处于主导地位，无论业主、监理工程师或承包商，都将它作为合同管理的主要对象。合同的履行过程是工程项目建设过程的最重要环节，是整个建设工程项目合同管理的重点。

（1）业主的主要合同关系

业主是工程的所有者，可能是政府、企业、其他投资者、几个企业的组合、政府与企业的组合。业主根据对工程的需求，通常委派一个代理人（或代表）以业主的身份进行工程的经营管理。确定工程项目的整体目标后，按照工程承包方式和范围的不同，业主可能以不同的方式将建设工程的勘察设计、各专业工程施工、设备和材料供应等工作委托出去。例如：业主可以与一个承包商订立一个总承包合同，由承包商负责整个工程的设计、供应、施工，甚至管理等工作；也可将工程分专业、分阶段委托，将材料和设备供应分别委托，或将上述委托形式合并，如把土建和安装委托给一个承包商，把整个设备供应委托给一个成套设备供应企业。由此可能存在以下合同关系：

①咨询（监理）合同，即业主与咨询（监理）公司签订的合同。咨询（监理）公司负责工程的可行性研究、设计监理、招标和施工阶段监理等某一项或几项工作。

②勘察设计合同，即业主与勘察设计单位签订的合同。勘察设计单位负责工程的地质勘

察和技术设计工作。

③供应合同。当由业主负责提供工程材料和设备时,业主与有关材料和设备供应单位签订供应(采购)合同。

④工程施工合同,即业主与工程承包商签订的工程施工合同。一个或几个承包商分别承包土建、机械安装、电气安装、装饰、通信等工程施工。

⑤贷款合同,即业主与金融机构签订的合同,后者向业主提供资金保证。按照资金来源的不同,可能有贷款合同、合资合同或 BOT 合同等。

(2)承包商的主要合同关系

承包商是工程施工的具体实施者,是工程施工合同的执行者。承包商通过投标接受业主的委托,签订工程总承包合同。承包商要完成总承包合同的责任,包括由工程量表所确定的工程范围的施工、竣工和保修,为完成这些工程提供劳动力、施工设备、材料,有时也包括技术设计。由此承包商常产生以下合同关系:

①分包合同。承包商将从业主那里承接的工程中的某些分项工程或工作分包给另一承包商来完成而签订的合同,称为分包合同。承包商在总承包合同下可能订立许多分包合同,而分包商仅完成总承包商分包给自己的工程,与总承包商一起就分包工程承担连带责任。总承包商须向业主担负全部工程责任。

在投标书中,承包商必须附上拟定的分包商名单,供业主审查。如果在工程施工中重新委托分包商,必须经过监理工程师的批准。

②供应合同。承包商为工程进行必要的材料与设备的采购和供应,必须与供应商签订供应合同。

③运输合同。这是承包商为解决材料和设备的运输问题而与运输单位签订的合同。

④加工合同。即承包商将建筑构配件、特殊构件加工任务委托给加工承揽单位而签订的合同。

⑤租赁合同。在建设工程中,有些设备、周转材料在现场使用率较低,或承包商自己购置需要大量资金投入而自己又不具备这个经济实力时,承包商往往采用租赁方式,与租赁单位签订租赁合同。

⑥劳务供应合同。承包商采用固定工不能满足建筑产品所花费的大量人力、物力和财力时,为了满足任务的临时需要,常与劳务供应商签订劳务供应合同,由劳务供应商向工程提供劳务。

⑦保险合同。承包商按施工合同要求对工程进行保险,与保险公司签订保险合同。

⑧联营合同。在许多大型工程中,尤其是在业主要求总承包的工程中,承包商经常与设备供应商、土建承包商、安装承包商、勘察设计等单位联合投标,进行联营。这时,承包商之间订立联营合同。

2.3.2 《建设工程施工合同(示范文本)》(GF-2017-0201)解读

2017 年 9 月 22 日,住房和城乡建设部公布了《建设工程施工合同(示范文本)》(GF-2017-0201)(以下简称"2017 版合同文本"或《示范文本》)。

新版《示范文本》解读

1)《示范文本》的组成

《示范文本》由合同协议书、通用合同条款和专用合同条款三部分组成。

（1）合同协议书

《示范文本》合同协议书共计13条，主要包括工程概况、合同工期、质量标准、签约合同价和合同价格形式、项目经理、合同文件构成、承诺以及合同生效条件等重要内容，集中约定了合同当事人基本的合同权利义务。

（2）通用合同条款

通用合同条款是合同当事人根据《中华人民共和国建筑法》《中华人民共和国合同法》（注：《中华人民共和国民法典》自2021年1月1日起施行，《中华人民共和国合同法》同时废止）等法律法规的规定，就工程建设的实施及相关事项，对合同当事人的权利义务作出的原则性约定。

通用合同条款共计20条，具体条款分别为：一般约定、发包人、承包人、监理人、工程质量、安全文明施工与环境保护、工期和进度、材料与设备、试验与检验、变更、价格调整、合同价格、计量与支付、验收和工程试车、竣工结算、缺陷责任与保修、违约、不可抗力、保险、索赔和争议解决。前述条款安排既考虑了现行法律法规对工程建设的有关要求，也考虑了建设工程施工管理的特殊需要。

（3）专用合同条款

专用合同条款是对通用合同条款原则性约定的细化、完善、补充、修改或另行约定的条款。合同当事人可以根据不同建设工程的特点及具体情况，通过双方的谈判、协商对相应的专用合同条款进行修改补充。在使用专用合同条款时，应注意以下事项：

①专用合同条款的编号应与相应的通用合同条款的编号一致；

②合同当事人可以通过对专用合同条款的修改，满足具体建设工程的特殊要求，避免直接修改通用合同条款；

③在专用合同条款中有横道线的地方，合同当事人可针对相应的通用合同条款进行细化、完善、补充、修改或另行约定；如无细化、完善、补充、修改或另行约定，则填写"无"或画"/"。

2)《示范文本》的性质和适用范围

《示范文本》为非强制性使用文本。《示范文本》适用于房屋建筑工程、土木工程、线路管道和设备安装工程、装修工程等建设工程的施工承发包活动，合同当事人可结合建设工程具体情况，根据《示范文本》订立合同，并按照法律法规和合同约定承担相应的法律责任及合同权利义务。

3)与《建设工程施工合同（示范文本）》（GF-2013-0201）对比分析

与《建设工程施工合同（示范文本）》（GF-2013-0201）（以下简称"2013版合同文本"）相比，2017版合同文本主要针对"缺陷责任"与"质量保证金"两项内容进行了修改。

（1）关于"缺陷责任"的修改

①关于"缺陷责任期的起算时间"的修改。关于缺陷责任期的起算时间，2017版合同文本做了如下修改：

a.缺陷责任期的起算时间由"实际竣工日期起"，修改为"从工程通过竣工验收之日起"。

b.增加规定"因承包人原因导致工程无法按合同约定期限进行竣工验收的，缺陷责任期从实际通过竣工验收之日起计算"。

c.将"因发包人原因导致工程无法按合同约定期限进行竣工验收的,缺陷责任期自承包人提交竣工验收申请报告之日起开始计算",修改为"因发包人原因导致工程无法按合同约定期限进行竣工验收的,在承包人提交竣工验收报告90天后,工程自动进入缺陷责任期"。实际上,将此种情况下缺陷责任期的起算时间向后推了90天。

②关于"缺陷责任具体内容"的修改。关于缺陷责任的具体内容,2017版合同文本做了如下修改:

a.2017版合同文本增加了关于"缺陷责任的具体内容"的描述,即第15.2.2目规定:"缺陷责任期内,由承包人原因造成的缺陷,承包人应负责维修,并承担鉴定及维修费用。如承包人不维修也不承担费用,发包人可按合同约定从保证金或银行保函中扣除,费用超出保证金额的,发包人可按合同约定向承包人进行索赔。承包人维修并承担相应费用后,不免除对工程的损失赔偿责任。"

b.2017版合同文本明确缺陷责任期包含延长部分最长不能超过24个月。

c.2017版合同文本增加了"由他人原因造成的缺陷,发包人负责组织维修,承包人不承担费用,且发包人不得从保证金中扣除费用"。

(2)关于"质量保证金"的修改

关于质量保证金,2017版合同文本在第15.3款[质量保证金]、第15.3.2目和第15.3.3目做了以下修改:

①2017版合同文本增加规定:"在工程项目竣工前,承包人已经提供履约担保的,发包人不得同时预留工程质量保证金。"即履约担保和质量保证金不能同时使用。

②2017版合同文本将质量保证金的额度从"不得超过结算合同价格的5%",修改为"不得超过工程价款结算总额的3%",减轻了承包人的负担。

③2017版合同文本明确了如果发包人扣留的是质量保证金,则"发包人在退还质量保证金的同时按照中国人民银行发布的同期同类贷款基准利率支付利息"。

④2017版合同文本增加了退还承包人质量保证金的程序。

"缺陷责任期内,承包人认真履行合同约定的责任,到期后,承包人可向发包人申请返还保证金。

发包人在接到承包人返还保证金申请后,应于14天内会同承包人按照合同约定的内容进行核实。如无异议,发包人应当按照约定将保证金返还给承包人。对返还期限没有约定或者约定不明确的,发包人应当在核实后14天内将保证金返还承包人,逾期未返还的,依法承担违约责任。发包人在接到承包人返还保证金申请后14天内不予答复,经催告后14天内仍不予答复,视同认可承包人的返还保证金申请。

发包人和承包人对保证金预留、返还以及工程维修质量、费用有争议的,按本合同第20条约定的争议和纠纷解决程序处理。"

(3)2017版合同文本修改内容对承包人和发包人的影响

①关于"缺陷责任期的起算时间"的修改总体上加重了承包人的责任,实际上延长了承包人承担缺陷责任期限,对此承包人应当特别注意。

②关于"质量保证金"的规定,从整体上减轻了承包人的义务和责任,因此该部分的修改对于承包人较为有利,业主对此应当特别注意。

③关于"缺陷责任的具体内容"的修改,只是细化和明确了原来不明确的内容,可以避免因理解不一致产生的分歧,并没有明显加重哪一方当事人的义务,对于当事人双方都有好处。

2.3.3 《建设工程监理合同(示范文本)》(GF-2012-0202)解读

2012 版监理合同文件的名称从原来的"委托监理合同"改为"建设工程监理合同"。合同文本由协议书、通用条件、专用条件、附录 A、附录 B 等构成。

1)协议书部分

①合同文件由协议书、中标通知书或委托书、投标文件或监理与相关服务建议书、专用条件、通用条件、附录,以及补充协议等组成。

②总监理工程师应注明姓名、身份证号和注册号等个人信息,还应明确委托人和监理人的传真、电子邮箱等信息。将签约酬金分为监理酬金和相关服务酬金两大部分,要求详细列明相关服务的期限。

2)通用及专用条件

①将 2000 版合同中的"权力、义务、职责"的提法改为"义务、责任",增加"监理""相关服务""酬金""不可抗力"等专用词语。将"附加工作"和"额外工作"合并为"附加工作",统一了取费方法(1.1.8 条)。

②明确监理的内涵和服务范围为"三控两管一协调"和安全生产管理的法定职责。(1.1.5 条)

③明确合同文件的解释顺序为协议书,中标通知书或委托书,专用条件及附录 A、附录 B,通用条件、投标文件或监理与相关服务建议书。补充协议如与其他文件矛盾时,同一类文件以新签署为准。(1.2.2 条)

④在通用条件部分,结合《监理规范》中的内容,详细列出监理人主持召开监理例会、监理规划应在第一次工地会议前 7 天报送委托人等 22 项监理基本工作内容。(2.1 条)

⑤在通用条件部分,明确"本合同及委托人与第三方签订的与实施工程有关的其他合同"均为监理依据之一。(2.2 条)

⑥明确更换监理人员的 6 种情形,并规定监理人更换总监理工程师应"提前 7 天向委托人书面报告"并征得其同意,更换其他人员应通知委托人。(2.3 条)

⑦当委托人与承包人之间发生合同争议时,监理人应协助委托人、承包人协商解决。当委托人与承包人之间的合同争议提交仲裁机构仲裁或人民法院审理时,监理人应提供必要的证明资料。

⑧规定"监理人违反本合同约定给委托人造成损失的,监理人应当赔偿委托人损失。赔偿额 = 直接损失×正常工作酬金/工程概算投资额(或建筑安装工程费)。承担部分赔偿责任的,赔偿额由双方协商确定。"本条取消了监理赔偿上限的规定,对监理人的风险最大,建议监理在采用本示范文本的项目投标前,对项目风险做全面详细的评估。在合同洽谈过程中,尽量争取增加对自己一方有利的条款内容。(通用条件和专用条件 4.1.1 条)

⑨对于委托人的违约赔偿,委托人如果未按期支付酬金超过 28 天,应支付逾期付款利息。逾期付款利息 = 当期应付款总额×银行同期贷款利率×拖延支付天数 。(4.2.3 条)

⑩因非监理人的原因,且监理人无过错,发生工程质量事故、安全事故、工期延误等造成的损失,监理人不承担赔偿责任。因不可抗力,导致本合同全部或部分不能履行时,双方各自承

担因此而造成的损失、损害。(4.3 条)

⑪在协议书签署后,因有关法律法规、强制性标准的颁布及修改,或因工程规模或范围变化导致监理方工作量变动的,服务酬金、服务时间应作出相应调整的相关内容。其中,因有关法律法规、强制性标准的颁布及修改导致监理方工作量变动的,应按照合同变更对待,双方应协商调整。增加的工作量或延长的服务时间应视为附加工作。(6.2 条)

⑫合同暂停与解除的条款规定"暂停部分监理与相关服务时间超过 182 天,监理人可发出解除本合同约定的该部分义务的通知;暂停全部工作时间超过 182 天,监理人可发出解除本合同的通知,本合同自通知到达委托人时解除。委托人应将监理与相关服务的酬金支付至本合同解除日,且应承担第 4.2 款约定的违约责任。"(6.3.2 条)

⑬"当监理人无正当理由未履行本合同约定的义务时,委托人应通知监理人限期改正。若委托人在监理人接到通知后的 7 天内未收到监理人书面形式的合理解释,则可在 7 天内发出解除本合同的通知,自通知到达监理人时本合同解除。委托人应将监理与相关服务的酬金支付至限期改正通知到达监理人之日,但监理人应承担第 4.1 款约定的责任。"凡涉及时间的内容,均按周计算。(6.3.3 条)

⑭在双方出现争议时,如在专用条件中约定或签署协议约定调解人,可按约调解。但调解并不是解决争议的必经程序,任一方不同意均可直接提交仲裁或诉讼解决。(7.2 条和 7.3 条)

⑮明确了对监理人奖励的支付时机,奖励金额在合理化建议被采纳后,与最近一期的正常工作酬金同期支付。(8.4 条)

⑯增加了著作权的内容,监理人对其编制的文件拥有著作权。除专用条件另有约定外,如果监理人在本合同履行期间及本合同终止后两年内出版涉及本工程的有关监理与相关服务的资料,应当征得委托人的同意。(8.8 条)

3)附录部分

本合同将勘察、设计、招标、保修等阶段的服务及其他咨询服务定义为"相关服务",并收录在附录 A 中,供双方自行选用。委托人向监理人提供的人员、房屋、资料、设备等内容收录在附录 B 中。

建设工程监理合同(示范文本)　建设工程勘察合同(示范文本)　建设项目工程总承包合同(示范文本)　建设工程设计合同示范文本(房屋建筑工程)

2.3.4　合同管理的主要内容

1)业主的合同管理

业主对合同的管理内容主要包括施工合同的前期策划和合同履行期间的监督管理。业主的主要职责包括:提供给承包商必要的合同实施条件,派驻业主代表或者聘请监理单位及具备相应资质的人员。

(1)合同签订前的各项准备工作

①合同文件草案的准备,各项招标工作的准备,评标工作准备,合同签订前的谈判和合同

文稿的拟订。

②确定监理工程师(或业主代表、CM 经理等)。为使合同的各项规定更为完善,最好能尽早让监理工程师参与合同的制订(包括谈判、签约等),接受其合理化建议。

(2)加强合同实施阶段的合同管理

现场的施工准备一经开始,合同管理的工作重点就转移到施工现场,直到工程全部结束。

(3)合同索赔和合同结算

工程竣工验收合格后,当事人完成合同索赔事务的处理、结算申请、审核、支付等工作。

2)承包商的合同管理

承包商的总体目标是通过工程承包获得盈利。如何减少失误和双方纠纷,减少延误和不可预见费用支出,这都依赖完善的合同管理。承包商的合同管理呈现复杂性、细致性和困难性等特点,这就要求承包商在合同生命期的每个阶段都必须有详细周全的计划和有效的控制。其主要管理内容包括以下6个方面:

①制订投标战略,做好市场调研,认真细致地分析研究招标文件,在投标中战胜竞争对手,赢得工程承包机会。

②对招标文件中不合理的规定提出自己的建议,签订一个有利的合同。

③给项目经理和项目管理职能人员、各工程小组、所属的分包商进行合同关系交底和合同解释,审查来往信件、会谈纪要等。

④进行合同控制,保证整个工程按合同、按计划、有步骤、有秩序地施工,防止工程中的失控现象,避免违约责任。

⑤及时预见和防止合同问题,处理合同纠纷和避免合同争执造成的损失。对因干扰事件造成的损失进行索赔,创造盈利。

⑥积极协作,赢得信誉,为将来新项目的合作和扩展业务奠定基础。

3)监理工程师的合同管理

监理单位受业主雇佣,负责进行工程的进度控制、质量控制、投资控制以及做好协调工作。它是业主和承包商合同之外的第三方,是独立的法人单位。发承包合同条件应规定监理工程师的具体职责,如果业主要对监理工程师的某些职权作出限制,应在合同专用条件中做出明确规定。

监理工程师对合同的监督管理与承包商在实施工程时的管理方法和要求不一样。承包商是工程的具体实施者,它需要制订详细的施工进度和施工方法,研究人力、机械的配合和调度,安排各个部位施工的先后次序以及按照合同要求进行质量管理,以保证快速优质地完成工程。监理工程师则不具体地安排施工和研究保证质量的具体措施,而是宏观上控制施工进度,按承包商在开工时提交的施工进度计划以及月计划、周计划进行检查督促,对施工质量则是按照合同中技术规范、图纸的要求进行检查验收。监理工程师可以向承包商提出建议,但并不对如何保证质量负责,监理工程师提出的建议是否采纳,由承包商自己决定,因为它要对工程质量和进度负责。对于成本问题,承包商要精心研究如何降低成本,提高利润率。而监理工程师主要是按照合同规定,特别是工程量表的规定,严格为业主把好支付关,并且防止承包商的不合理的索赔要求。

4)勘察设计工程师的合同管理

勘察合同的勘察人应当按照国家规定或者合同约定的标准和技术条件进行工程测量、工程地质、水文地质等勘察工作。设计合同的设计人应当按照合同约定,根据发包人提供的文件和资料进行设计工作。勘察人、设计人应按照合同规定的进度完成勘察、设计任务,并在合同约定的期限内将勘察成果、设计图纸及说明和材料设备清单、概预算等设计成果按约定的方式交付给发包人。

勘察人应按合同约定完成协作的事项。设计人应按照合同约定对其承担设计任务的工程建设配合施工,进行设计交底,解决施工过程中有关设计问题,负责设计变更和修改预算,参加试车考核和工程竣工验收等。对于大中型工业项目和复杂的民用工程应派现场设计,并参加隐蔽工程验收。

【应用案例2】 某设计院提供的施工图纸中钢筋和混凝土含量超出其投标文件承诺的限额指标5%,造成项目建造成本加大,仅材料费多增加1 500万元。甲方认为设计院提交图纸超出限额设计指标的5%,应当按约定从设计费中扣除增加成本的10%作为对甲方的补偿,即150万元。甲方主张成立吗?

【专家评析】 设计方应满足甲方的使用要求,认真核算,在不降低功能和保证安全的前提下,将结构含钢量和混凝土含量、强度等级控制在经济、合理的范围之内,保证设计方案经济合理。如乙方设计成果突破附件所列技术经济指标的对应上限,经甲乙双方计算核实后,在不违背工程质量安全及国家有关规范规程的前提下,甲方有权按照约定从乙方设计费中扣除相应设计费。

5)工程总承包模式下的合同管理

工程总承包的主要方式有设计采购施工总承包(EPC)、交钥匙工程总承包(LSTK)、设计建造工程总承包(DB)、设计采购总承包(EP)、采购施工总承包(PC)。不同的承包方式参与项目实施过程中的不同环节,见表2.1。

表2.1 不同总承包模式所承担的工作内容表

项目建议书	可行性研究	项目融资	初步设计	施工图设计	物资设备采购	项目施工	试运营
EPC			√	√	√	√	√
LSTK	√	提供指导	√	√	√	√	√
DB			√	√		√	√
EP			√	√	√		
PC					√	√	

该类合同管理,合同关系简单,业主只需负责整体的、原则的、目标的管理和控制,减少了协调的时间和费用。工程质量事故责任明确,一旦有不良事故发生,可减少业主和承包商之间的纠纷。若采用EPC、LSTK以及DB模式,业主只需和一个工程总承包商签订合同;若采用EP、PC模式,业主也只需要和两个承包商签订合同。

工程总承包一般采用总价合同,基本上不用再支付索赔及追加项目费用,项目的最终价格和要求的工期具有更大程度的确定性。

　　总承包商负责项目的全过程或若干阶段,业主介入项目的程度比较浅,总承包商活动的空间比较大,有利于调动总承包商的积极性,充分发挥总承包商的主观能动性;有利于保证工程建设各环节的连续性,减少责任盲区,控制项目进度和施工成本,保证业主既定的项目总目标的实现。

　　但因业主对工程实施过程参与程度较低,整体控制力度低。承包商在工程总承包模式中承担了更多的项目风险,若总承包商在项目管理、项目履约等方面管理不当,则可能会带来较大的亏损。

2.3.5　合同管理的主要工作流程

　　合同管理的工作流程如图 2.4 所示。

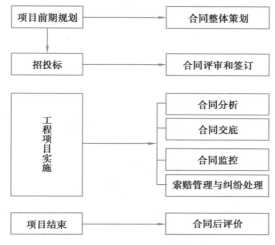

图 2.4　合同管理工作流程图

1)合同总体策划

(1)概念

　　合同总体策划是指在建设工程项目的开始阶段,首先分析并解决对整个工程和合同实施有重大影响的问题,完成与工程相关的合同的合理规划。正确的合同总体策划能够保证各个合同圆满履行,促使各个合同更加完善协调,最终顺利实现工程项目的整体目标。

(2)策划内容

　　合同总体策划不仅仅是针对一个具体的合同,而是确定工程合同中的一些重大问题。它对工程项目的顺利实施以及项目总目标的实现有决定性作用。

　　①该项目可分解成几个独立的合同? 每个合同有多大的工程范围?

　　②采用什么样的委托方式和承包方式? 采用什么样的合同形式及条件?

　　③如何确定合同中的一些重要条款? 如适用法律、违约责任、风险分担、付款方式、奖惩措施、项目实施监控措施以及对承包人的激励措施等。

　　④合同签订和实施过程中有哪些重大问题? 如何决策?

　　⑤如何与各个相关合同在内容上、时间上、组织上、技术上进行协调?

（3）策划依据

合同双方有不同的立场和角度,但它们有相同或相似的策划研究内容。合同策划的主要依据有以下4个方面。

①业主方面:业主的资信、管理水平和能力,业主的目标和动机,业主对工程管理的介入深度期望值,业主对承包商的信任程度,业主对工程的质量和工期要求等。

②承包商方面:承包商的能力、资信、企业规模、管理风格和水平、目标与动机、目前经营状况、过去同类工程经验、企业经营战略等。

③工程方面:工程的类型、规模、特点、技术复杂程度、工程技术设计准确程度、计划程度、招标时间和工期的限制、项目的盈利性、工程风险程度、工程资源(如资金等)供应及限制条件等。

④环境方面:建筑市场竞争激烈程度,物价的稳定性,地质、气候、自然、现场条件的确定性等。

（4）策划过程

合同总体策划过程如下:

①研究企业战略和项目战略,确定企业和项目对合同的要求,合同必须体现并服从企业和项目战略;

②确定合同的总体原则和目标;

③按照上述策划依据,分层次、分对象对合同的一些重大问题进行研究,采用各种预测、决策方法,风险分析方法及技术经济分析方法,综合分析各种选择的利弊得失;

④对合同的各个重大问题作出决策和安排,提出合同措施。

（5）业主的合同总体策划

业主为了实现工程总目标,可能会签订许多主合同。每一个合同都定义了许多工程活动,分别形成各自的子网络,同时它们又一起形成一个项目的总网络。因此,各种工程活动不仅应与项目计划(或主合同)的时间要求一致,各活动之间也应在执行时间上保持协调,从而形成一个有序、有计划的主合同实施活动。例如:设计图纸供应与施工,设备、材料供应与运输,土建和安装施工,工程交付与运行等之间应合理搭接。其合同策划主要包括以下内容:

①分标策划;

②合同种类的选择;

③招标方式的确定;

④合同条件的选择;

⑤工程合同体系中各个合同之间的协调。

（6）承包商的合同总体策划

在建筑工程市场中,业主的合同决策(如招标文件、合同条件)常常影响和决定承包商的合同策划。但承包商的合同策划又必须符合企业经营战略,达到盈利的基本目标。因此,其合同总体策划应包括以下4个方面内容:

①投标方向的选择。影响投标方向的因素主要包括承包市场基本现状与竞争形势、工程及业主状况和承包商自身的情况。这几方面是承包商制定报价策略和合同谈判策略的基础。

②合作方式的选择。从经济和自身能力考虑,大多数承包商都不会自己独立完成全部工程。因此,在主承包合同投标前,承包商必须就合作方式作出选择,决定是否及如何与其他承

包商合作,以求充分发挥各自的技术、管理、财力等优势,共同承担风险。

③确定投标报价和合同谈判基本战略。承包商如何做好所属各分包合同之间的协调?如何确定分包合同的范围、委托方式、定价方式和主要合同条款?选择什么报价和合同谈判策略?这些是合同策划的主要内容。

④确定合同执行战略。合同执行战略是承包商执行合同的基本方针和履约管理的基础。这部分策划是中标后合同管理部门的主要工作。

2)合同评审和签订工作

该阶段主要指招标、投标、评标、中标、直至合同谈判结束的一整段时间。该阶段的主要工作包括业主的招标实务管理、投标方的投标实务管理、各方的合同审查和合同谈判。保证合同的有效性和争取最有利的合同条件是该阶段的最主要工作目标。

3)履约管理

该阶段主要指合同建立后到合同实施,直至合同终结的一整段时间。该阶段的主要工作是建立完善的合同实施体系,进行有效的合同分析与交底、合同控制、合同索赔与纠纷处理,以保证合同实施过程中的一切日常事务有序进行,最终保证各方合同目标的实现。承包商应做好以下4个方面的工作:

(1)合同分析与交底

承包商应进行完善的合同分析与交底,分解合同任务,落实到人,督促各方以积极合作的态度完成自己的合同责任,努力做好自我监督。同时,还应督促和协助业主和监理工程师完成他们的合同责任,以保证工程顺利进行。

(2)合同监控与变更管理

对合同实施情况进行跟踪;收集合同实施的信息,收集各种工程资料,并做出相应的信息处理;将合同实施情况与合同分析资料进行对比分析,找出其中的偏离,对合同履行情况做出诊断;向项目经理提出合同实施方面的意见、建议,甚至警告;参与变更谈判,对合同变更进行事务性处理,落实变更措施,修改与变更相关的资料,检查变更措施落实情况。

(3)日常的索赔和反索赔

这里主要指承包商与业主之间的索赔和反索赔,承包商与分包商及其他方面之间的索赔和反索赔。该阶段的工作主要包括:

①对于干扰事件引起的损失,向责任者提出索赔要求;

②收集索赔证据和理由;

③计算索赔值,起草并提出索赔报告;

④审查并分析对方的索赔报告;

⑤收集反驳理由和证据;

⑥复核索赔值,起草并提出反索赔报告;

⑦参加索赔谈判。

许多工程实践证明,如果承包商不会行使合同所规定的权利,不会索赔,不敢索赔,超过索赔有效期或没有书面证据等,都会导致索赔无效,而使承包商的权利得不到保护。

(4)处理合同纠纷

如何及时预见和防止合同问题,处理合同纠纷和避免合同争执造成的损失,也是合同管理的重点。关键在于做好有关项目的鉴证、公证、调解、仲裁及诉讼工作。

4）工程项目合同的后评价工作

工程项目合同后评价是指工程项目结束后,对项目的合同策划、招投标工作、设计施工、合同履行、竣工结算等全过程进行系统评价的一种技术经济活动。它是工程建设管理的一项重要内容,也是合同管理的最后一个环节。它可以使发承包双方达到总结经验、吸取教训、改进工作、不断提高项目决策和管理水平的目的。合同实施后评价工作流程如图2.5所示。

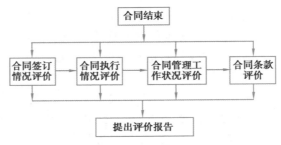

图 2.5 合同实施后评价工作流程

（1）合同签订情况评价

①预定的合同战略和策划是否正确? 是否已经顺利实现?

②招标文件分析和合同风险分析的准确程度。

③该合同环境调查、实施方案、工程预算以及报价方面的问题及经验教训。

④合同谈判中的问题及经验教训,以后签订同类合同的注意点。

⑤各个相关合同之间的协调问题等。

（2）合同执行情况评价

①合同执行战略是否正确? 是否符合实际? 是否达到预想的结果?

②在合同执行中出现了哪些特殊情况? 已采用或应采取什么措施防止、避免或减少损失?

③合同风险控制的利弊得失。

④各个相关合同在执行中的协调问题等。

（3）合同管理工作评价

这是对合同管理本身,如工作职能、程序、工作成果的评价,包括:

①合同管理工作对工程项目的总体贡献或影响;

②合同分析的准确程度;

③在投标报价和工程实施中,合同管理子系统与其他职能的协调问题,需要改进的地方;

④索赔处理和纠纷处理的经验教训等。

（4）合同条款分析

①合同的具体条款,特别是对本工程有重大影响的合同条款的表达和执行的利弊得失;

②合同签订和执行过程中遇到的特殊问题的分析结果;

③对具体的合同条款如何表达更为有利等。

2.3.6 合同管理体系与制度

由于施工合同履行时间长、专业性强、参与单位多,仅靠一个人很难实现全面管理。为实现合同的全面管理,需要根据工程规模的大小、复杂程度及合同履行时间的长短,确定合同管理的组织系统,这是做好合同管理的首要条件。对于较大型工程项目,可以建立决策层的合同管理小组或者个人及执行层的合同管理小组或者只是个人。按照合同分析的结果和拟订的合同管理组织,把合同责任和工作范围落实到各责任人,使合同管理形成一个网络化的管理机构,以减少合同管理中的失误。

1)合同管理机构及人员设置

(1)设置原则

合同管理机构与人员设置的3大原则,即首要原则——对应流程原则,核心原则——权责明确原则,重要补充原则——节约成本原则。

①首要原则,也就是对应流程原则。不同的合同,可能适用不同的管理流程,在不同的管理流程中,机构及人员的设置及其职责是不同的,这样才能与管理流程相对应、相适应。

②核心原则,也就是权责明确原则。不同的合同管理机构及人员应当被赋予不同的权责,明确不同的机构及人员的权责,才能实现合同管理的规范化、流程化。

③重要补充原则,也就是节约成本原则。应充分考虑企业组织机构的现状,不能为进行合同管理而凭空增设不必要的机构或人员,增加现有机构及人员的职责可以节约管理成本。

(2)基本框架

遵循上述原则,合同管理机构可建立由业务部门及人员、法律部门及人员、企业主管机构及人员,以及印章管理部门及人员组成的基本管理框架。

主管机构在对重大事项进行决策时,如有必要,可以考虑借助外部专业顾问机构,如律师事务所、业务专门咨询机构,充分听取其意见,并结合企业的实际情况认真论证,以确保决策的科学性。

2)建立合同管理制度

(1)建立报告和行文制度

工程施工合同管理中的行文制度包含两层含义:一是当事人双方对需要行文的事项达成共识的行文;另一层含义是当事人一方要求对方对某一事件给予书面认可的行文。后一种是施工索赔工作中最重要的证据。例如:在基础施工中遇到罕见暴雨,已挖基础出现塌方,进而引起工程返工、清理等事情,工程竣工后承包方以出现不可预见的情况提出索赔要求,被发包方予以拒绝,理由是"在合同规定时间内没有提出,也没有确认这些不可预见的情况"。报告和行文制度包括如下3个方面:

①定期的工程实施情况报告,主要由调度部门以周报的形式对工程实施情况作出报告。

②工程实施过程中发生特殊情况及其处理的书面文件,如特殊的气候条件、工程环境的突然变化等都应有书面记录,并由监理工程师签署。对在工程中合同双方的任何协商、意见、请示、指示等都应落实在纸上。尽管天天见面,也应养成文字交往的习惯,相信"一字千金",而不信"一诺千金"。

③工程中所有涉及双方的工程活动,如材料、设备、各种工程的检查,场地、图纸的交换,各种文件的交换等,都应有相应的手续,应有签收的证据。

(2)建立合同管理会议制度

为在工程实施中检查或落实合同的执行情况,沟通工程施工中的合同信息,协调合同各方的关系,讨论和解决已经发生和以后可能发生的问题等,必须建立有关会议制度,以求妥善和及时解决。会议制度可根据实际需要确定为定期会议和不定期会议。

①内部定期会议。内部定期会议主要是定期检查合同执行情况,总结已完成工程合同管理的经验教训,提出当前合同管理工作的具体要求,对后期合同管理提出应注意的问题,安排日常性合同管理事务。

②内部不定期专题会议。内部不定期专题会议主要是为解决工程中出现的需要及时解决的问题而临时决定召开的合同管理会议。一般是在发生严重违约事件或重大意外事件的情况下进行。专题会议通常是对严重违约的责任划分、违约后的经济损失情况、索赔的策略及工作安排、减少损失的措施等重大原则性问题进行商定。

③双方当事人协调会。双方当事人协调会在多数情况下是情况沟通,一般在发生严重违约事件或重大意外事件的情况之后,都需要通过协调会的形式相互说明意向。当双方发生合同争议时,或提请仲裁、诉讼之前,协调会是必不可少的形式。

无论何种会议,合同管理人员都应负责会议资料的准备,明确会议的议题,提出对合同信息搜集的要求,拿出对合同问题解决的方案或意见。同时,提供相关文件、起草初步文件、整理会谈纪要,对纪要进行合同法律方面的审查。

（3）建立文件资料管理制度

一个工程项目在建设过程中会有各种各样的文件,其中众多文件都和合同管理密切相关。将建设过程所发生的文件资料按照预先规定的分类及管理办法进行登记保管,从而为合同管理中各种工作的需要和问题的处理提供可靠的依据。对某些重要资料,如重大设计变更、工程事故、索赔事件等,甚至需要作为历史文件存入工程档案。

文件资料管理一般包括文件的收集、分类、编码、归档等。文件资料管理最基础、最重要的工作,就是收集工程建设项目在建设过程中的各种文件资料。一个工程项目从建设准备到竣工投入使用,所产生的各种书面资料种类之多、数量之大、内容之广往往是不能事先预料的。工程中常发生这样的情况,即当时认为很简单且不重要的文件,到了工程后期却成为十分重要的索赔证据。因此,从文件资料收集的角度看问题,只要是发生的、反映当时建设过程中的各种情况的文件,都属于收集的范围。对工程勘探报告、施工图纸、施工变更签证、设计变更通知、会议纪要、通知、付款申请、验收证明、工程结算、设备材料产品技术说明、产品考察报告、现场施工日志等都应该收集。所有收集到的资料,除了按照有关部门（如城市建设工程档案管理规定）的要求进行分类编目造册以外,还应按照单位内部的资料管理将其他资料进行分类编码,并编目造册,按照国家有关规定进行归档管理,以便工作中借阅使用,查找核对,避免因管理人员的变动而造成资料的混乱或丢失。

（4）建立信息管理制度

信息管理是指对信息的收集、加工整理、储存、传递与应用等一系列工作的总称。

建设工程信息管理贯穿建设工程的全过程,衔接建设工程的各个阶段、各个参建单位和各个方面,其基本环节有信息的收集、传递、加工、整理、检索、分发、存储。信息收集主要涉及项目决策阶段、设计阶段、施工招投标阶段、施工阶段和竣工结算 5 个阶段。

（5）建立严格的检查验收制度

合同管理人员应主动抓好工程质量和工作质量,协助做好全面质量管理工作,建立一整套质量检查和验收制度。例如：每道工序结束应有严格的检查和验收，工序之间、工程小组之间应有交接制度，材料进场和使用应有一定的检验措施等。

2.3.7　数智化合同管理

借助大数据、人工智能、移动互联的东风，工程行业开始探索数字化合同管理，出现合同智能履约和智能合约。

智能履约是指合同中履约信息的自动识别与提取（如付款方式、付款条件），以及履约主体风险的动态监控，并且通过与企业内部 ERP/财务系统的打通，以及关键节点日期的确定（如合同签订时间、验收报告签订时间），实现履约事项的自动提醒。

智能合约是指在区块链的基础上，通过 token 的交换，实现合约的自动执行，是通过在区块链上的编程来实现的。

2.4　任务实施与评价

以教师选用的教学项目为载体，讨论项目涉及哪些合同管理工作？涉及哪些当事方？请列出各方工作流程，完成相关知识点梳理，并完成表 2.2 的填写。

表 2.2　任务评价表

能力目标	知识要点	权重/%	自测分数
复习合同基础知识，了解建设工程合同体系	合同基础知识	5	
	合同体系	5	
掌握建设工程合同管理主要内容	业主的合同管理	10	
	承包商的合同管理	10	
	监理工程师的合同管理	10	
掌握建设工程合同管理基本工作流程	合同整体策划	10	
	合同评审和签订	10	
	合同分析合同交底	5	
	合同监控	5	
	索赔管理与纠纷处理	5	
	合同后评价	5	
了解合同管理体系与制度	合同管理体系	10	
	合同管理制度	10	·

知识回顾

本任务主要介绍了合同体系、《建设工程施工合同（示范文本）》（GF-2017-0201）解读、合同管理的主要内容、合同管理的主要工作流程、合同管理体系和制度 5 个部分内容。通过回顾合同基础知识，熟悉合同策划、合同评审与签订、合同分析与交底、合同监控、合同变更、合同索赔与纠纷处理相关程序与工作内容，了解合同管理体系与相关制度，明确合同管理职责，为之后的合同管理实务做好知识准备。

课后训练

一、单项选择题

1.委托监理合同法律关系的客体是( )。

    A.监理工程   B.监理服务   C.监理规划   D.监理投标方案

2.《建设工程施工合同(示范文本)》(GF-2017-0201)规定,建筑工程一切险的投保人应是( )。

    A.施工合同的发包人   B.施工合同的承包人

    C.施工合同的发包人和承包人   D.工程项目的代建方和施工合同的发包人

3.某小型施工项目,甲乙双方只订立了口头合同,工程完工后,因甲方拖欠乙方工程款而发生纠纷,应当认定该合同( )。

    A.未成立   B.补签后成立   C.成立   D.备案登记后成立

4.在提供方式中,比较强烈的担保方式是( )。

    A.保证   B.质押   C.定金   D.留置

5.监理公司具有法人资格的时间为( )日。

    A.注册资金到位   B.公司成立

    C.工商行政管理机关核准登记   D.建设行政主管部门颁发资质证书

6.合同发生纠纷时,通过经济合同管理机关的主持,自愿达成协议,以求解决经济合同纠纷的方法是( )。

    A.和解   B.调解   C.仲裁   D.协议

7.建设单位将自己开发的房地产项目抵押给银行,订立了抵押合同,后来又办理了抵押登记,则( )。

    A.项目转移给银行占有,抵押合同自签订之日起生效

    B.项目转移给银行占有,抵押合同自登记之日起生效

    C.项目不转移占有,抵押合同自签订之日起生效

    D.项目不转移占有,抵押合同自登记之日起生效

8.甲乙双方签订的合同中,约定的违约金是 5 万元,合同履行过程中由于甲方违约造成乙方损失 1 万元,由于乙方违约造成甲方损失 3 万元,那么,损失的承担应为( )。

    A.各自承担自己的损失   B.乙方赔偿甲方 3 万元损失

    C.乙方赔偿甲方 5 万元损失   D.乙方赔偿甲方 2 万元损失

9.发包人根据工程的实际需要确需修改建设工程勘察、设计文件时,应当首先( )。

    A.报经原审批机关批准   B.经监理人同意

    C.经设计人同意   D.由原建设勘察、设计单位修改

10.甲公司与乙公司订立了一份总货款额为 20 万元的设备供货合同,合同约定的违约金为货款总值的 10%,同时甲公司向乙公司给付定金 5 000 元,后乙公司违约,给甲公司造成损失 2 万元,乙公司应依法向甲公司支付( )万元。

    A.2   B.2.5   C.3   D.3.5

11.合同双方在订立合同时,已形成的文件不包括(　　)。

    A.工程量清单　　　　B.图纸　　　　C.中标通知书　　　　D.招标文件

12.施工企业提交的履约保函,属于《中华人民共和国担保法》规定的(　　)担保。

    A.留置　　　　B.保证　　　　C.定金　　　　D.质押

13.施工企业以自己的资产为抵押向银行借款后,由于资金链断裂无力还款,在依法拍卖该房产时尚欠银行 500 万元本金、20 万元利息、50 万元违约金,拍卖房产得款 400 万元,拍卖费用为 10 万元,则施工企业欠银行的债务为(　　)万元。

    A.0　　　　　　　B.100　　　　　　C.150　　　　　　　D.180

二、多项选择题

1.建筑工程一切险中的除外责任包括(　　)。

    A.地震　　　　　B.洪水　　　　C.设计错误引起的损失　D.自然磨损

    E.维修保养费用

2.《建设工程施工合同(示范文本)》(GF-2017-0201)规定,属于承包人应当完成的工作有(　　)。

    A.办理施工所需的证件　　　　　　B.提供和维修非夜间施工使用的照明设备

    C.按规定办理施工噪声有关手续　　D.负责已完成工程的成品保护

    E.保证施工场地清洁符合环境卫生管理的有关规定

3.FIDIC 施工合同通用条款规定,可以给承包商合理延长合同工期的条件通常包括(　　)。

    A.延误发放图纸　　　　　　　B.不可预见的外界条件

    C.延误移交施工现场　　　　　D.对施工中废弃物和古迹的干扰

    E.因质量问题进行的返工

4.《建设工程施工合同(示范文本)》(GF-2017-0201)中,为使用者提供的标准化附件包括(　　)。

    A.承包人承包工程项目一览表　　B.发包人提供施工准备一览表

    C.发包人供应材料设备一览表　　D.工程竣工验收标准规定一览表

    E.房屋建筑工程质量保修书

5.在项目招标的中标通知书发出后,招标人和中标人应按照(　　)订立书面合同。

    A.招标公告　　　　B.招标文件　　　　C.投标文件　　　　D.评标价格

    E.最后谈判达成的降价协议

三、问答题

1.建设工程合同的生效要件有哪些?建设工程合同体系的核心是什么?

2.建设工程合同管理的主要内容有哪些?

3.建设工程合同管理的主要工作流程与工作内容有哪些?

4.建设工程合同管理有哪些基本制度?请用实例进行说明。

四、案例分析

【案例】 2017 年年底,某省某市政府决定控股成立某高速公路有限责任公司(以下简称业主 A)。2018 年 3 月,业主 A 通过在全国范围内招标,将一条通往省外的高速公路以总承包施工的方式,发包给某施工集团公司(以下简称 B)施工建设。B 承接整个工程的施工任务后,将其中的 3 个工区的工程项目转包给某投资有限公司(以下简称 C)。

2018 年 5 月,B 与 C 签订建筑工程劳务承包合同,合同约定:承包方式为总承包,B 配合 C 进行现场管理、技术管理,C 全权负责现场组织施工;工程款的支付与结算实行综合单价承包,合同期内不作调整,工程量以业主 A 批复的工程量为准。B 不向 C 预付工程款,每月底验工计价,扣除 3%质量保证金。工程税金由 B 承担。C 由于是一家投资公司,没有相应的施工资质,于 2018 年 6 月与施工班组(实际施工人)D 签订了一份劳务合同协议书,协议书约定:C 将所承接的高速公路桥梁工程项目承包给 D 施工,包工包料;合同价以工程量清单为准,在此基础上下调 6%作为 C 的管理费用,单价表详见双方签字确认的附件;付款方式为 C 按照 D 每月工程进度,由项目部报业主批复后,按实际完成的工程量 90%支付,每月余额的 10%在工程完工后付 5%,余款 3%作为工程质量保证金,两年内付清。

2018 年 12 月,因各种原因,实际施工人 D 被迫退场。经 D 与 C 书面结算,本工程总工程款为 1 314 178.3 元,扣除材料款 793 267.8 元,代付款 81 048 元,借支款 199 000 元,C 拖欠 D 工程款 392 302 元。2019 年年底,因农民工上访,业主 A 支付了 D 5 万元民工工资。截至 2020 年实际施工人 D 作为原告起诉之日,共被拖欠工程款 342 302 元。因业主 A、总承包施工人 B、转包人 C 三被告拒绝支付剩余拖欠的工程款,遂起诉。

【问题】 该纠纷涉及哪些问题? 应如何处理?

五、拓展训练

1.针对某施工企业的具体情况,分析其合同管理办法的优缺点,并设计一个合同管理办法。

2.扫码阅读实例,谈谈你对数智化合同管理的认知。

拓展训练案例

六、拓展思考

1.谈谈你对契约精神的理解。

2.请从历史厚度、思想深度、战略高度、民生温度、精神气度等方面理解党的二十大精神,谈谈建工人如何做好学思践行,为推动建筑业高质量发展作出贡献。

学习单元 2　招标实务与纠纷处理

任务 3　招标决策与准备

【引例 1】

某高校拟扩大校区,在相邻地块征地 500 亩,预计投资 4 亿元人民币并按已批准的规划设计进行建设。项目概况见表 3.1。办公区与教学区、生活区、实验区、休闲区中间均由校园道路相互分隔。该项目计划工期 18 个月,工期较紧,设备均采用国产设备,到货期为 2 个月。

表 3.1　校园扩建项目概况

序号	工程名称		结构形式	建筑规模 /万 m²	合同估算额 /万元	设备
1	教学区	教学楼 5 座	4 层砖混	1.5	4 500	电梯 10 部,每部 8 万元
2	办公区	现代教育中心	13 层砖混	4	12 000	电梯 5 部,每部 15 万元
3	生活区	综合服务楼	3 层钢结构	1.5	600	滚梯 4 部,每部 40 万元
4		学生宿舍 5 座	6 层砖混	2.5	5 250	
5	实验区	金工实习车间	2 层钢结构	0.3	1 200	货梯 1 部,每部 20 万元
6		实验中心	框剪结构	0.2	600	
7	附属设施	校区道路		60 000	600	
8		给水管网		3 000	700	
9		排水管网		3 000	700	
10		校内电网		2 500	600	
11		校内网		10 000	400	
12		校区绿化		6	600	
13	休闲区	校区中心广场	大理石铺装	1	600	
14		运动场	塑胶场地	3	1 200	

【引导问题 1】 招标决策与准备阶段应包括哪些工作内容？本例中项目招标应划分成几个批次，几个标段？用什么合同计价方式？应完成哪些准备工作？

3.1 任务导读

招标决策与准备——系统规划，合规招标

招标决策即如何招标，对招标方式、招标范围、批次与标段划分、投标人资格、计价方式选择等内容作出决断。招标准备即按照国家有关规定履行项目审批与核准，审批内容包括招标范围、招标方式、招标组织形式等。准备工作的完成以报建与备案工作的完成为标志。因此，在招标决策与准备阶段，招标单位或者招标代理人应当选择招标方式及招标组织形式，进行标段划分和合同打包，选择合同计价方式，完成招标规划。根据规划，完成项目审批手续，落实所需的资金和招标条件，组建招标机构，最后在建设工程交易中心进行报建和招标备案。

3.2 任务目标

①按照正确的方法和途径，落实招标条件，收集相关信息。

②依据信息分析结果选择招标方式及招标组织形式，划分招标批次和标段，确定投标人资格要求。

③按照招标工作时间限定，进行合同打包，选择合同计价方式。

④根据招标决策结果，编写招标规划，完成项目报建和备案。

⑤通过完成该任务，提出后续工作建议，完成自我评价，并提出改进意见。

3.3 知识准备

3.3.1 落实招标条件

①已经履行以下审批手续内容：立项批准文件和固定资产投资许可证；已经办理该建设工程用地批准手续；已经取得规划许可证。

②工程建设资金或者资金来源已经落实。

③有满足施工招标需要的设计文件及其他技术资料。

④法律法规和规章规定的其他条件。

⑤到建设行政主管部门完成工程报建手续。

3.3.2 组建招标机构

一般来说，招标工作机构由以下 3 类人员组成：

①决策人员，即主管部门的代表以及招标人的授权代表。

②专业技术人员，包括建筑、结构、资料、绘图、设备、工艺等工程师、造价师，以及精通法律及商务业务的人员等。

③事务人员，即负责日常事务处理的秘书等工作人员。

3.3.3　选择招标方式

【引例2】

某市有一轻轨工程将要施工,因该工程技术复杂,建设单位决定采用邀请招标,共邀请A,B,C 3家国有特级施工企业参加投标。为节约招标费用,决定自行组织招标事宜。

【引导问题2】　该项目是否必须招标?是否可以采用邀请招标?

【专家评析】　该项目属于基础设施建设项目,属于必须招标的项目,但根据《工程建设项目施工招标投标办法》,对于依法必须进行公开招标的项目,有下列情形之一的,可以进行邀请招标:

①项目技术复杂或有特殊要求,或者受自然地域环境限制,只有少量潜在投标人可供选择;

②涉及国家安全、国家秘密或者抢险救灾,适宜招标但不宜公开招标;

③采用公开招标方式的费用与项目合同金额的比例过大。

综上所述,该项目可以进行邀请招标。

实务中,招标人应根据招标人的条件和招标工程的特点,确定采用公开招标还是邀请招标。例如:土建施工可以采用公开招标的形式,在较广泛的范围内选择技术水平高、管理能力强、报价合理的投标人;设备安装工作由于专业技术要求高,可采用邀请招标的方式。

【引导问题3】　引例2中的项目可否自行招标?招标人自行组织招标需具备什么条件?要注意什么问题?

【专家评析】　本项目招标人如要自行组织招标,需要具有编制招标文件和组织评标的能力。招标代理机构现无须自建专家库,专家库由相关部门统一建设、统一管理,以确保专家评审的客观公正性。对招标代理机构不再设定行政许可,这是由招标代理机构是提供招标代理业务咨询服务的中介机构的性质决定的,不对代理的招投标项目承担主体责任。招标方自主选择代理机构属于市场行为,代理机构可以通过市场竞争、发挥行业自律作用予以规范,发展改革、建设等行政主管部门可以通过强化事中事后管理措施进行监督,不需要以行政许可的方式设定准入门槛。但违反招投标管理规定,情节严重的,禁止其一年至二年内代理依法必须进行招标的项目并予以公告,直至由工商行政管理机关吊销营业执照。

可见,实务中在确定招标方式时,招标人还需根据法定要求,确定是自行办理招标事宜还是委托招标代理。确定自行办理招标事宜的要依法办理备案手续。如是委托招标代理,应选择具有相应资质的代理机构办理招标事宜,签订委托代理合同,并在法定时间内到建设行政主管部门备案。

工程项目委托
招标代理合同

【应用案例1】　某建筑安装工程项目,招标人委托招标代理机构对施工总承包单位进行公开招标。双方签订招标代理合同,合同规定的服务范围包括:组织项目招标的全过程、工程量清单和标底编制、协助合同谈判。该项目在招标过程中发生了下列几件事情:

事件1:施工图第二层机房没有详细设计图纸,招标代理机构将此情况告知招标人,招标人要求招标代理机构自行估算该部分清单工程量。

事件2:招标代理机构在编制工程量清单时发现,有个别投标人指出施工图中存在几处错误,并在投标过程中提出澄清要求,招标人对澄清要求在答复中未给予修改,招标代理机构就仍按原图纸计算工程量。

事件3:招标人因领导出差,原定的开标时间延后了15日;评标结束后,招标人迟迟不确认中标结果,中标通知书最终在评标结束后2个月方才发出。

事件4:招标人与中标人在合同签订过程中发现图纸有错误,经核算该部分实际工程量比清单工程量增加了3倍,双方就该部分单价调整问题出现分歧。

事件5:合同实施过程中,中标人对机房做深化设计后,该部分清单子目和工程量均发生较大变化,招标人不得不对大量的变更进行洽商。

招标人认为:

①工程量清单编制属于招标代理机构的服务范围,合理估算出工程量应属其分内之事,估算的量出现如此大的偏差,属于招标代理机构的责任。

②按工程量清单招标,报价当然以清单为主,执行固定单价合同,施工图中的错误不影响投标人报价。

③招标代理合同中对招标进度已经有规定,招标代理机构应考虑到可能推延的风险。招标进度延误,招标代理机构应负考虑不周之责。

④招标代理机构的服务范围包括编制工程量清单和协助合同谈判,因招标代理机构清单编制存在问题,导致合同实施过程中出现单价调整争议和大量变更洽商,属于招标代理机构的责任。

由此,招标人认为招标代理机构服务质量、进度控制都存在问题,给项目带来了损失,决定后续项目不再合作。

【问题】 ①招标人的理解是否正确?为什么?

②招标代理机构可采取何种措施避免上述情况的发生?

③招标代理机构在签订和执行招标代理合同时,需要注意哪些问题?

【专家评析】 ①招标人的理解不正确,具体原因如下:

a.招标代理机构编制工程量清单以图纸为依据,招标人有责任提供详细正确的图纸。此工程出现预算偏差是因为招标人没有提供给招标代理机构详细的设计图纸出现的,招标人对此也应承担相应的责任。

b.施工图纸的错误会给未来合同实施和投资控制带来潜在风险,招标人应在投标人提出疑问时就及时解决该问题,而不应放任不管,这是招标代理机构按原图估算出现的问题,但也有招标人的责任。因此图纸出现问题时,在招标阶段就应慎重对待。

c.由于招标人的原因(领导出差、推迟定标)导致招标进度滞后,属于招标人的责任,招标代理机构不应承担责任。

d.后续合同谈判及合同实施过程中出现的问题,是由于以上招标过程中举措不当而埋下的隐患,招标人和招标代理机构同样都有责任。

②招标代理机构可以采取以下措施,尽量避免上述情况的发生:

a.招标代理机构在第二层机房施工没有详细设计图纸的情况下,不应盲目地按照招标人的要求估算工程量,而应根据自身经验,建议招标人以暂估价项目形式处理,以规避双方风险。

b.施工图中存在错误可能导致工程量发生较大的量差变化时,招标代理机构有义务提醒招标人利用澄清机会进行更正,并提示可能发生的风险。

c.开标延期和定标推迟是招标人的责任,招标代理机构在签订委托协议时应将服务期限考虑得灵活一点,进度延误发生的原因与责任应明确定义。

③招标代理机构在签订和执行招标代理合同时,需要注意的问题有:

a.明确招标代理委托范围,同时注意委托范围之内的各项工作所需的前提条件和由此导致的责任归属。例如:工程量清单编制是以图纸为依据,图纸提供的时间和质量问题导致清单编制时间和误差为招标人的责任等。

b.协议中的有关要求应结合实际灵活制定,以避免合同风险。例如:对招标工作进度的要求,招标工作中可能影响招标进度的因素有很多,可以按关键里程碑式的相对时间来约定。

c.执行委托协议时,招标代理机构应结合自身经验,及时向招标人提出合理化建议,以规避将来可能发生的各类风险。

3.3.4　批次标段划分与合同打包

1)定义

招标批次可按建设区域或建筑类型来划分,表明项目招标的次数和招标项目的先后顺序。标段划分是工程招标以及项目管理的重要内容。《中华人民共和国招标投标法实施条例》(以下简称《招标投标法实施条例》)第二十四条规定:"招标人对招标项目划分标段的,应当遵守招标投标法的有关规定,不得利用划分标段限制或者排斥潜在投标人。依法必须进行招标的项目的招标人不得利用划分标段规避招标。"施工项目最小的分标单位是分项工程,勘察、设计、监理最小的分标单位是单位工程。依法必须进行招标的项目的招标人不得利用划分标段规避招标。项目标段划分结果是合同打包的直接依据。该工作内容主要是:对项目的实施阶段(如勘察、设计、施工等)和范围内容进行科学分类,各分类子项单独或组合形成若干标段,再将每个标段分别打包进行招标,以标段(即合同包)为基本单位确定相应的承包商。

相关链接

施工招标的发包工作范围

(1)按施工招标发包工作范围分

①全部工程招标。即将项目建设的所有土建、安装等施工工作内容一次性发包。

②单位工程发包。

③特殊专业工程招标。例如:装饰工程、特殊地基处理工程、设备安装工程都可以作为单独的合同包招标。

(2)按施工阶段的承包方式分

①包工包料,即承包方承包工程在施工过程中的全部劳务和全部材料的供应。例如:某些小型工程由于使用的材料和设备都属于通用性的,在市场上易于采购,就可以采用该种承包方式。

②包工部分包料,即承包方只负责提供承包工程在施工过程中全部劳务和一部分材料供应,其余部分材料由发包方或总承包负责供应。某些大型复杂工程由于建筑材料用量大,尤其是某些材料有特殊材质要求,永久性工程设备大型化、技术复杂,往往采用这种形式。

③包工不包料(又称为包清工),实质上是劳务承包,承包方只提供劳务而不承担任何材料供应义务。这种形式一般在中小型工程中采用。

---

2)标段划分和合同打包实务

【引例3】

某大型水利枢纽主体土建工程,前期已经完成图纸的设计任务,现就施工进行招标,招标工作划分成拦河主坝、泄洪排沙系统和引水发电系统3个合同标段进行。第一标段的工作内容为坝顶长1 667 m、坝底宽864 m、坝高154 m的黏土心墙堆石坝;第二标段包括3条直径14.5 m的孔板消能泄洪洞、1条灌溉洞、1条溢洪道和1条非常溢洪道;第三标段包括6条直径7.8 m的引水发电洞、3条断面为12 m×19 m的尾水洞、1座尾水闸门室、1座251.5 m×26.2 m×61.44 m的地下厂房。

【引导问题4】 本例中施工工程划分成3个标段招标,你认为合理吗?

【专家评析】 该合同标段的划分主要考虑了以下因素:

①施工作业面分布在不同场地和不同高度,作业相对独立,不容易产生施工干扰。主体工程的几项工程可以同时施工,利于节约施工时间,使项目尽早发挥效益。

②同标段考虑了施工内容的专业特点。第一标段主要为露天填筑碾压工程;其他两个标段主要为地下工程施工,利于承包商发挥专业优势。

③合同标段划分的相对较少,有利于业主和监理的协调管理、监督控制。但一个标段的工作量较大,只对能力较强的承包商具有吸引力,小承包商难以入围,不利于投标竞争。

实务中在标段划分和合同打包时应充分考虑以下4个因素:

(1)项目自身特点和施工内容的专业要求

标段划分应考虑项目自身特点,对于一个单项工程,可以优先考虑通过招标采购确定一个总承包单位;对于专业要求不强、技术不复杂的中小型通用项目,或施工场地集中、工程量较小且技术简单的工程项目,可不分标,招标人可以直接与各专业承包商签订分包合同,有利于招标人控制项目的总投资和进度等;对于大型复杂性项目,可以划分不同的标段,并按专业分包,如将土建施工和设备安装分别招标,并采取不同的招标方式;对于工程项目线路长、工程量大、技术复杂且专业跨度大的工程项目,也可以按照线路长度划分标段;对于不具备一次性招标条件的项目,可按时间周期划分标段,通过招标确定承包单位。

标段划分

【应用案例2】 某引水式水电站工程,装机容量5 000 kW,引水隧洞约3.2 km,首部枢纽为混凝土闸坝,电站为地面式厂房。招标人在招标时将引水隧洞划分为3个标段,闸坝部分基础处理单独招标,厂房部分作为一个标段进行招标。因此,整个工程共分成了5个标段,招标中共有4家单位中标。这样使得4家施工单位相互交错进行施工,各单位之间不可避免地出现这样或那样的干扰,在一定程度上影响了整个工程的施工进度。而且,招标人、监理人为了协调好各施工单位之间的干扰和矛盾,动用了大量的人力,花费了大量的时间。

【专家评析】 从工程本身来讲并不复杂,若将闸坝、引水隧洞、厂房各作为一个标段进行招标,则各部分工程相对较独立,施工干扰也小。

(2)各标段之间的协调难度

为避免各标段承包商之间相互干扰,标段划分充分考虑各标段之间的协调配合。施工现场尽可能避免平面和不同高程的作业干扰,而且还应考虑各合同实施过程中在时间和空间上的衔接。例如:在工程项目的施工管理中,对共用道路、弃碴场应周密安排,尽量减少承包商之间的交叉作业,以避免由此带来的工作责任推诿或扯皮;对不同标段的交接工作面应重点明确,以保证施工总进度计划目标的实现;对关键线路上的标段一定要选择信誉好、施工能力强的承包商,以防止因工期、质量等问题影响其他标段的实施。

【应用案例3】 某输水洞工程,洞长共计 1 500 m,总投资约 4 400 万元,由于进口混凝土浇筑量较大,所以进口部位无施工作业面,仅出口可以进行开挖施工。招标人将整个隧洞划分为两个标段进行招标。为了减少两家承包商之间的干扰,不得不增设支洞一条,增加 240 m,由此使投资增加约 250 万元。

【专家评析】 该隧洞工程如果作为一个标段进行招标,由一家承包商进行施工,则只需设一条施工支洞即可满足进度要求。但招标人分为两个标段进行招标,却因施工干扰增加了投资成本。

(3)招标人的协调管理能力

全部施工内容若只作为一个合同包发包,最终招标人仅与一个中标人签订合同,施工合同关系简单,管理难度小,但有能力参与竞争的投标人较少。如果招标人是一个专业化的项目管理单位,拥有很强的项目管理能力和相应的管理经验,则可以把标段划分得更多些。也可以将全部施工内容分解成若干个单位工程或专业工程发包,这样不仅可以发挥投标人的专业特长,而且每个独立合同要比总承包合同更容易落实和控制。否则,项目标段数应该少些,或与一个承包商签订一份项目的总承包合同。虽然总承包模式下招标人对项目标段划分少,且总承包价格相对较高,但是可以避免各专业之间协调配合不当,造成返工浪费、工期延误等风险。

【应用案例4】 某工程泵站进口的土石方开挖、边坡锚索和混凝土浇筑部分作为 3 个标段进行招标,从而使本来由一家承包商进行施工的工作分为 3 家承包。从表面看好像有利于工程施工质量的提高,然而 3 家承包商要在同一工作面上同时进行施工,使工作面的交接成为矛盾的焦点,边坡超挖欠挖、工期的影响、施工的干扰等问题成为整个施工过程的中心问题。

【专家评析】 标段越多,标段之间的工序交接和验收等问题以及衔接矛盾就越突出。在项目实践中,标段划分过大,容易造成标价过高,建设单位不易控制成本。而标段划分过小、过多,容易造成施工现场秩序混乱,建设单位协调难度加大,工程造价增加,工程建设质量受到影响,且难以界定责任范围。

(4)市场因素对工程总投资的影响

招标采购往往以寻找合适和优秀的承包商为目的,而分标发包的目的是吸引更多的承包商参与竞争,从而以较低的价格选择最好的承包商。

如果不分标,只发一个合同包便于投标人进行合理的施工组织,并合理规划使用人工、施工机械和临时设施,减少窝工、机械的闲置等现象。但大型复杂项目的工程总承包,由于参与竞争的投标人较少,且报价中往往计入分包管理费,从而导致中标的合同价较高。

如果分标太大,有资格的承包商数将减少,也可能因竞争不足而导致中标价格较高。

如果划分多个合同包,各投标书的报价中都要考虑动员准备费、施工机械闲置费、施工干扰的风险费等。

如果分标太小,虽然参加投标的承包商很多,但招标和评标的工作量大大增加,并且很难吸引具有综合实力的承包商参与竞争,同时招标人还要承担更大的项目实施风险。

因此,招标人应根据市场供求状况合理划分标段,标段大小应与承包商的能力大小成正比。有时,可以把一些小的标段捆绑招标,发包给有经验的承包商进行管理。这样,可将一些零碎的协调配合责任,通过市场方法转移给有能力的承包商。虽然招标人由此可能多支付一些费用,但招标人的协调管理成本会大幅度降低。

专家支招

工程项目标段划分与合同打包的具体实践方法应符合法律法规的要求,鼓励投标人竞争,通过有效竞争提高投资效益和工程质量。具体做法如下:

①将类似的工程或服务打包。通过专业化招标投标,可以获得更加优惠的报价。如果将不同专业的工程作为一个合同包,虽然跨专业的合同包可以降低招标人在实施阶段的协调工作量,但由于跨专业资质能力的投标人数量有限,可能因投标人竞争不足而导致投标价格过高,或因有效投标人数不足而流标。

②合同打包和招标计划与工程进度计划适应。计划先实施的工程或先安装的设备要先招标,采购工作最要适当均衡,不能过于集中。

③合理考虑地理因素。一些土木工程(如公路、铁路等),要考虑将地理位置比较集中的工程放在一起采购,避免过于分散。

④合同额度要适中,不至于过大或过小,以吸引优秀投标人积极竞争投标。如果合同额太大,会限制投标人的条件,导致符合资格的投标人数量太少;如果太小,则许多承包商缺乏投标的兴趣,也会导致竞争不足。

工程施工项目的标段划分与合同打包的常用方法如下:

①分期标段。有些大型、特大型工程项目由于市场需求、资金筹措等方面的原因需要分期招标和实施,但是这些项目经常采用一次整体规划设计、滚动建设的方式。

②单项标段。把准备投入建设的某一整体工程(组合项目)或某一整体工程(组合项目)的某一期工程划分为若干独立的单个项目。例如,某国际机场二期工程项目可以划分为航站楼土建和安装工程、交通中心工程、货运区工程、飞行区工程、行李系统工程、航空显示系统工程等。

③分部分项标段独立的项目可以划分为一系列的分部分项工程或者标段。分部分项标段可以由招标人划分,然后直接采购,也可以由施工总承包商划分,然后寻找分包商。

【应用案例5】 某国际机场的飞行区跑道工程的建设,虽然工种简单,但是施工质量要求高,招标人于是将每期跑道工程分为3~4个独立的工段,独立采购。

【专家评析】 对于国际机场的飞行区跑道这种大型的单项工程项目,招标人将该项目划分为一系列的分部分项标段,可充分利用市场竞争机会获取更大的效益。

【应用案例6】 某国家重点项目,拟在内地某市郊区新征地上建设,占地24 000 m²,总投资3亿元人民币,项目地址距离已经建好的公路网25 km,不具备施工机械进场条件。项目建设涉及项目规划区域内的部分农舍拆除及厂内土地平整等前期工作,包括厂区建设及由国家公路干线至该厂的一条长25 km的三级公路,以及一条路边2 m宽的排水沟。项目审批核准部门已经对项目进行了核准。其厂区内建设项目概况见表3.2。

表3.2　建设项目概况表

序号	工程名称	结构形式	建设规模	特殊设备	备注
1	综合办公楼	框架结构	2 600 m²	电梯2座	进口设备
2	原料库	钢筋混凝土筒仓	50 000 t	皮带输送机、斗式提升机成套设备	国产设备
3	预处理车间		1 200 m²	清理、计量成套设备,轧胚机1台	—
4	浸出车间	钢结构	1 800 m²	浸出、蒸发成套设备	—
5	精炼车间		2 200 m²	脱磷、脱酸、脱色、脱臭工艺成套设备	进口设备
6	灌装车间	砖混结构	800 m²	灌装、包装成套设备	
7	成品油罐	钢结构	400 000 m³	油泵、输油管成套设备	国产设备
8	机修车间	砖混结构	1 000 m²	车床、刨床、钻床各1台	—
9	10 kV配电间	—	240 m²	10 kV变压器1台	
10	锅炉房	框架结构	580 m²	20 t蒸汽锅炉1	—
11	职工食堂		800 m²	厨具1套	
12	消防泵房	—	120 m²	消防泵2台	
13	门卫室	砖混结构	2×24 m²	—	
14	暖气沟道		460 m²	—	
15	厂内上水管		480 m²	—	
16	厂内下水管		510 m²	—	
17	厂内电缆沟	—	620 m²	—	国产设备
18	厂内道路		620 m²	—	
19	停车场		600 m²	—	
20	厂区绿化		2 400 m²	—	
21	围墙		660 m²	电动门2个	

　　规划区域内场地较开阔,单体建筑间隔均在10 m以上。其中,办公区、辅助区与生产区之间有一条宽6 m的厂区主道路,路两边设有宽4 m的绿化带及地上照明设施。工程建设管理模式采用勘察、设计、施工及特殊设备平行发包模式。批准的建设工期十分紧张,共计18个月,需按照地上建筑工程同时开工,然后进行厂内管网、管线建设的程序组织,并在设备安装前组织设备的采购及进场安装。

　　该厂组织机构中,设有专门从事工程建设管理的机构基建处,其中财务、概预算各1人,工程及技术管理人员6人。基建处人员中,4人从事过粮油加工厂的建设及招标组织工作,对相关工作较熟悉,拟自行组织招标。

【问题】 根据应用案例6回答以下问题：

①本项目招标至少需要划分多少个招标批次？

②请按照工程建设程序,排列招标时间的先后次序？

③本项目每个批次招标是否需要进一步划分标段或标包？为什么？

【专家评析】 ①本项目招标至少需要划分以下招标批次：

a.工程勘察招标；

b.公路干线至厂区公路设计招标；

c.公路干线至厂区公路施工招标；

d.厂区工程设计招标；

e.厂区工程场地平整招标；

f.厂区建筑工程施工招标；

g.工程施工监理招标；

h.工程特殊设备采购及安装(国际、国内)；

i.厂区管网、管线施工招标；

j.厂区道路施工招标；

k.停车场施工招标；

l.厂区绿化招标；

m.地上照明设施施工招标；

n.厂区围墙招标等。

②按照工程建设程序,其招标时间的先后次序如下：

a.工程勘察招标；

b.公路干线至厂区公路设计招标；

c.厂区工程设计招标；

d.工程施工监理招标；

e.公路干线至厂区公路施工招标；

f.厂区工程场地平整招标；

g.厂区围墙招标；

h.厂区建筑工程施工招标；

i.工程特殊设备采购及安装；

j.厂区管网、管线施工招标；

k.厂区道路施工招标；

l.停车场施工招标；

m.地上照明设施安装招标；

n.厂区绿化招标。

③本项目各招标批次在实际招标采购过程中,有些还需要依据项目给定的条件进一步划分标段或标包。

a.工程勘察招标为1个标段。

b.公路干线至厂区公路设计招标为1个标段。

c.公路干线至厂区公路施工招标为 1 个标段。

d.厂区工程设计招标为 1 个标段。

e.厂区工程场地平整招标为 1 个标段。

f.厂区建筑工程施工招标划分为 2 个标段,即办公区和辅助区 1 个标段,生产区 1 个标段。

因为工期仅 18 个月,实际施工组织时,如仅采用 1 个标段,只能采用地上建筑工程同时开工的模式,这样势必造成施工企业一次性投入成本过大,且中标价格高;而过多划分标段,又容易造成现场管理混乱、相互界面责任不清,为工程建设管理增加额外负担。

这里划分为 2 个标段的做法,还可以针对该项目的建设特点,分别进行投标与类似项目经验对比,从而选择与项目技术要求及复杂程度相匹配的承包人。依据背景材料,办公区和辅助区与生产区之间有一条宽 6 m 的厂区主道路,加之路两边设有 4 m 宽的绿化带,从物理上允许对两个标段进行分离管理。

g.工程施工监理招标划分为 2 个标段,即公路工程施工监理和厂区建设项目施工监理各 1 个标段。

h.工程特殊设备采购及安装划分为国际和国内采购。其中,机电产品国际招标采购分为 6 个标包:

第一包:电梯;

第二包:浸出、蒸发成套设备;

第三包:脱磷、脱酸、脱色、脱臭工艺成套设备;

第四包:灌装、包装成套设备;

第五包:清理、计量成套设备;

第六包:轧胚机。

国内货物招标采购分为 7 个包:

第一包:皮带输送机、斗式提升机成套设备;

第二包:油泵、输油管成套设备;

第三包:车床、刨床、钻床;

第四包:变压器;

第五包:蒸汽锅炉;

第六包:消防泵;

第七包:厨具。

i.厂区管网、管线施工招标为 1 个标段。

j.厂区道路施工招标为 1 个标段。

k.停车场施工招标为 1 个标段。

l.厂区绿化招标为 1 个标段。

m.地上照明设施施工招标为 1 个标段。

n.厂区围墙招标为 1 个标段。

3.3.5　选择合同计价方式

【引例4】

某大型建筑企业拟自筹资金组织办公楼工程建设,由C公司承建,距工程竣工还有4个月时间。为更进一步发挥该办公楼的功能,该企业拟在办公楼设备室的南侧增加一附属工程,即加建一栋3层小楼,建筑面积20.0 m²,作为职工休息娱乐专用场所。该附属工程得到计划、规划、建设等管理部门批准,设计单位也已经按照业主方的需求,对原办公楼设计中的一些管线、设备进行了调整,同时也完成了该附属工程的设计工作,资金也能满足工程发包需要。

【引导问题5】　工程合同形式有哪些? 请选择该附属工程的合同形式,并说明理由。

【引导问题6】　引例4中的附属工程是否可以采用招标方式确定施工单位? 同时应注意哪些问题?

（1）合同计价方式类型对比

实务中,招标人应在招标文件中明确规定合同的计价方式。计价方式主要有固定总价合同、单价合同和成本加酬金合同3种,同时规定合同价的调整范围和调整方法。

选择合同
计价方式

总价合同是指按事先约定的合同总价进行付款,在约定风险范围内,不允许进行价格变动。其适用于项目的性质和范围都能明确规定的项目。

单价合同是指按事先约定的合同单价和合同实施过程中实际发生的工作量进行付款的合同。其适用于项目范围比较明确,但各项工作的实际工作量不太好实现确定的项目。

成本加酬金合同是指对各项工作的成本实报实销,再按一定的比例计算管理费和利润。这种合同是对承包方最有利的一种计价合同,不利于业主控制成本,是目前使用得最少的一种合同类型。

总价与单价合同的利弊比较见表3.3。

表3.3　合同对比分析表

合同类型	风险		合同管理	
	优点	缺点	优点	缺点
总价合同	业主:固定价格,除非允许合同价格调整,没有任何风险	承包商:承担所有的风险	业主:相对简单 承包商:有很大的积极性	业主:因承包商在合同价中考虑风险,合同价高;签订合同前的准备工作时间长、要求高 承包商:管理任务重
单价合同	业主和承包商分担风险	合理分担风险是困难的事,合同实施中双方可能对某些风险由哪方承担产生分歧	业主获得合理的合同价格,双方都有积极性	双方的管理工作任务重,承包商可能对某些情况索赔工期和成本,处理索赔费时费力

相关链接

《建筑工程施工发包与承包计价管理办法》

第十三条　发承包双方在确定合同价款时,应当考虑市场环境和生产要素价格变化对合同价款的影响。

实行工程量清单计价的建筑工程,鼓励发承包双方采用单价方式确定合同价款。

建设规模较小、技术难度较低、工期较短的建筑工程,发承包双方可以采用总价方式确定合同价款。

紧急抢险、救灾以及施工技术特别复杂的建筑工程,发承包双方可以采用成本加酬金方式确定合同价款。

表3.4　2013版清单计价规范与2008版清单计价规范关于清单计价方式的规定对比

《建设工程工程量清单计价规范》(GB 50500—2013)	《建设工程工程量清单计价规范》(GB 50500—2008)
第3.1.4条(强制性条款)　工程量清单应采用综合单价计价	第4.1.2条(强制性条款)　分部分项工程量清单应采用综合单价计价
第7.1.3条　实行工程量清单计价的工程,应采用单价合同。建设规模较小,技术难度较低,工期较短,且施工图设计已审查批准的建设工程可以采用总价合同;紧急抢险、救灾以及施工技术特别复杂的建设工程可以采用成本加酬金合同	第4.4.3条　实行工程量清单计价的工程,宜采用单价合同

从表3.4可见,《建设工程工程量清单计价规范》(GB 50500—2013,以下简称"2013版清单")与《建设工程工程量清单计价规范》(GB 50500—2008,以下简称"2008版清单")在合同计价方式方面存在部分差别,具体体现在:

①2013版清单规定实行工程量清单计价应采用综合单价法,其中不仅包括分部分项工程,还包括以量计价或以项计价的措施项目,而2008版清单则仅包含分部分项工程的计价规定。此强制性条款的规定进一步拓宽了综合单价计价的范围。

②2013版清单规定实行工程量清单计价的工程,"应"采用单价合同。从表面看比2008版清单中"宜采用"效力等级高,但2013版清单仍适用于总价合同及成本加酬金合同,与2008版清单无差别。

(2)合同计价风险的总体分担原则

2013版清单强化了"合同计价风险分担原则"的强制性效力,并规定招标人必须在招标文件中或在签订合同时,载明投标人应考虑的风险内容及其风险范围或风险幅度。这从本质上体现了风险分担原则应秉承一种权责利对等的思想,并考虑合同各方的意愿与能力,实现风险的合理分担。2013版清单进一步强化和明确了人工费调整的处理原则及政府定价或指导价管理的原材料价格的调整处理原则,加强了发包人承担的责任风险。其第3.4.2条明确规定了发包人应承担的影响合同价款的风险:

①国家法律、法规、规章和政策发生变化;

②省级或行业建设主管部门发布的人工费调整,但承包人对人工费或人工单价的报价高

工程价款风险
分担原则

于发布的除外;

③由政府定价或政府指导价管理的原材料等价格进行了调整的。

2013 版清单与 2008 版清单关于风险分担原则的规定对比见表 3.5。

表 3.5　2013 版清单与 2008 版清单关于风险分担原则的规定对比

《建设工程工程量清单计价规范(GB 50500—2013)》	《建设工程工程量清单计价规范》(GB 50500—2008)
第 3.4.1 条(强制性条款)　建设工程发包承包,必须在招标文件、合同中明确计价中的风险内容及其范围,不得采用无限风险、所有风险或类似语句规定计价中的风险内容及其范围	第 4.1.9 条　采用工程量清单计价的工程,应在招标文件或合同中明确风险内容及其范围(幅度),不得采用无限风险、所有风险或类似语句规定风险内容及其范围(幅度)

(3)单价合同计价风险的分担原则

针对单价合同而言,合同约定的工程价款中所包含的工程量清单项目综合单价在约定条件内是固定的,不予调整,工程量允许调整。工程量清单项目综合单价在约定的条件外,允许调整。调整方式、方法应在合同中约定。单价合同风险分担原则如下:

①投标人应完全承担的风险是技术风险和管理风险,如管理费和利润;

②投标人应有限承担的是市场风险,如材料价格、施工机械使用费等风险;

③投标人完全不承担的是法律、法规、规章和政策变化的风险,此外还包括省级或行业建设主管部门发布的人工费调整、由政府定价或政府指导价管理的原材料等价格的调整。

相关链接

招标工程应以投标截止日前 28 天,非招标工程应以合同签订前 28 天为基准日,其后因国家的法律、法规、规章和政策发生变化影响工程造价的,应按省级建设行政主管部门的相关规定调整合同价款。

业主与承包商风险分担具体见表 3.6,表中"O"代表业主方,"C"代表施工方。

表 3.6　2013 版清单工程价款风险分担一览表

序号	风险事项	承担方	条款	风险费用分担机制
1	法律法规变化	O	9.2.1	基准日期之后国家的法律、法规、规章和政策发生变化引起工程造价增减变化的,发承包双方应当按照省级或行业建设主管部门或其授权的工程造价管理机构据此发布的规定调整合同价款
2	工程变更	O	9.3.1~9.3.2	工程量变更引起已标价工程量清单项目或工程数量变化或施工方案改变引起措施项目发生变化的,按变更三原则确定综合单价调整合同价款
3	项目特征描述	O	9.4.2	发包人在招标工程量清单中对项目特征的描述应被认为是准确和全面的,承包商应按照图纸施工;若施工图纸与项目特征描述不符,业主应承担该风险导致的损失
4	工程量清单缺项	O	9.5.1	合同履行期间,由于招标工程量清单中缺项,新增分部分项工程清单项目的,应按照第 9.3.1 条规定确定单价,调整合同价款

续表

序号	风险事项	承担方	条款	风险费用分担机制
5	工程量偏差	O+C	9.6.2	业主承担工程量偏差±15%以外引起的价款调整风险,承包商承担±15%以内的风险
6	物价变化	O+C	9.9.2	发包人应承担5%以外的材料价格风险,10%以外的施工机械使用费的风险;承包人可承担5%以内的材料价格风险,10%以内的施工机械使用费的风险
7	不可抗力	O+C	9.11.1~9.11.3	工程损失,业主承担;各自损失,各自承担;不可抗力解除后复工,业主要求赶工的,业主承担增加费用;解除合同,业主支付已完工程款
8	提前竣工	O	9.12.2	发包人要求合同工程提前竣工,应征得承包人同意后与承包人商定采取加快工程进度的措施,并修订合同工程进度计划。发包人应承担承包人由此增加的提前竣工(赶工补偿)费
9	误期赔偿	C	9.13.1	合同工程发生误期,承包人应赔偿发包人由此造成的损失,并按照合同约定向发包人支付误期赔偿费
10	索赔	O+C	9.14.2,9.14.7	承包人认为非承包人原因发生的事件造成了承包人的损失,可向发包人提出索赔;发包人认为由于承包人的原因造成发包人的损失,可向发包人提出索赔

（4）总价合同计价风险的分担原则

双方承担的风险应以签订的合同中规定的内容为准。

业主承担风险范围包括:国家的法律、法规、规章和政策发生变化影响工程造价的风险;合同约定范围之外内容。具体来说,包括工程变更、价格波动和工程量波动引起的价款变化。价格异常波动,承包商可以请示变更,要求调整工程价款;工程量异常波动,承包商可以请示变更,要求调整工程价款。

【引例 1 专家评析】　①按建设区域可划分为 5 个批次:

第一招标批:勘察设计和监理招标批,包括勘察、设计和监理 3 个标段。

第二招标批:建筑施工招标批,包括教学区 5 座 4 层砖混教学楼、办公区 13 层框架结构、现代教育中心、生活区学生宿舍、综合服务楼、实验区的实验中心和金工实习车间 6 个标段。

第三招标批:运动场和中心广场的施工招标批,包括运动场和中心广场施工 2 个标段。

第四招标批:附属设施招标批,包括校区道路、给水管网、排水管网、校区电网、校园网、校区绿化 6 个标段。

第五招标批:设备招标批,包括电梯采购安装 1 个标段。

②按建筑类型可划分为 6 个批次:

第一招标批:勘察设计和监理招标批,包括勘察、设计和监理 3 个标段。

第二招标批:砖混和框架结构建筑招标批,包括教学楼、现代教育中心、学生宿舍、实验中心 4 个标段。

第三招标批:钢结构建筑招标批,包括综合服务楼和金工实习车间 2 个标段。

第四招标批:运动场和中心广场的施工招标批,包括运动场和中心广场施工 2 个标段。

第五招标批：附属设施招标批，包括校区道路、给水管网、排水管网、校区电网、校园网、校区绿化 6 个标段。

第六招标批：设备招标批，包括电梯采购安装 1 个标段。

③采用固定单价的计价方式。

3.3.6 编写招标采购规划

【引例 5】

某医院决定投资一亿余元兴建一幢现代化的住院综合楼，其中土建工程采用公开招标方式选定施工单位。招标人依据项目特点确定的招标采购各项工作需求时间如下：

①编制并确定招标方案和计划——3 个工作日；

②协商并签订招标代理协议——3 个工作日；

③编制资格预审文件——3 个工作日；

④发布资格预审公告，出售资格预审文件——5 个工作日；

⑤潜在投标人编制资格预审申请文件——5 个工作日；

⑥接受资格预审申请文件并组织资格评审——2 个工作日；

⑦招标人提供施工图纸及有关技术资料——签订委托协议后 3 个工作日内；

⑧编制招标文件——接到图纸后 5 个工作日；

⑨编制工程标底——10 个工作日；

⑩发出资格预审合格通知书，发售招标文件——5 个工作日；

⑪组织投标人现场踏勘并召开标前答疑会——1 个工作日；

⑫抽取评标专家——1 个工作日；

⑬开标评标—— 2 个工作日；

⑭招标人确认评标结果——2 个工作日；

⑮中标公示——5 个工作日；

⑯发出中标通知书——1 个工作日；

⑰签订合同——1 个工作日；

⑱投标人编制投标文件——20 个工作日。

【引导问题 7】 根据引例 5 回答以下问题：

①对于工程建设施工项目，出售招标文件、投标人编制投标文件、招标文件书面澄清文件发出的时限分别是什么？

②试画出本项目招标工作流程的关键路径，并计算招标全过程所需的总时间。

【专家评析】 ①按照国家规定，对于工程建设施工项目，出售招标文件的时间不应少于 5 个工作日，投标人编制投标文件的时间不应少于 20 日，招标文件书面澄清文件应在投标截止日至少 15 日前发出。

②根据本例中招标各环节的时间和先后顺序，可分析出关键路径：②→③→④→⑤→⑥→⑩→⑱→⑬→⑭→⑮→⑯→⑰。

此外，还有以下几点需注意：

- 招标方案和计划的编制①可与委托协议的签订②同步进行；
- 提供图纸⑦和编制招标文件⑧可与资格预审过程同步进行；
- 编制标底⑨可在开标评标⑬前 1 个工作日完成；

●编制投标文件⑱自发售招标文件⑩开始之日起计算;

●现场踏勘及答疑会⑪可在编制投标文件⑱的过程中同步进行(注意答疑会需在开标前15日完成);

●抽取评标专家⑫可在开评标⑬前1个工作日内完成。

根据上述分析,招标全过程所需的总时间为54个工作日。

实务中,招标人对招标方式、分标、合同计价等方面进行决策后,应根据决策结果制订招标方案。引例5就是制订招标进度计划,这是招标方案的重要组成部分。一份完整的项目招标方案一般包括以下内容:

①工程建设项目背景概况;

②工程招标范围、标段划分和投标资格;

③工程招标顺序;

④工程质量、造价、进度需求目标;

⑤工程招标方式、方法;

⑥工程发包模式与合同类型;

⑦工程招标工作目标和计划;

⑧工程招标工作分解;

⑨工程招标方案实施的措施。

某索道项目
招标前期规划
案例分析

相关链接

为适应建筑业转型升级,招标规划时可考虑项目工况、业主需求、政策动态、四新技术等因素,提出构建BIM招投标模型、BIM计量计价、装配率、绿色双碳等要求。

工程造价数字化
应用职业技能
等级标准

工程造价数字化
应用职业技能
等级证书考核方案

3.3.7　工程报建

①按照《工程建设项目报建管理办法》的规定,工程建设项目由建设单位或其代理机构在工程项目可行性研究报告或其他立项文件被批准后,须向当地建设行政主管部门或其授权机构进行报建。

②工程建设项目报建的范围:各类房屋建筑、土木工程、设备安装、管道线路敷设、装饰装修等固定资产投资的新建、扩建、改建以及技改等建设项目。

③工程建设项目的报建主要包括工程名称,建设地点,投资规模,资金来源,当年投资额,工程规模,开工、竣工日期,发包方式,工程筹建情况。

④办理工程报建时应交验的文件资料:立项批准文件或年度投资计划、固定资产投资许可证、建设工程规划许可证、资金证明。

3.3.8 招标备案

招标人自行办理招标的,招标人在发布招标公告或投标邀请书 5 日前,应向建设行政主管部门办理招标备案。建设行政主管部门自收到备案资料之日起 5 个工作日内没有异议的,招标人可以发布招标公告或投标邀请书;不具备招标条件的,责令其停止办理招标事宜。

办理招标备案应提交材料主要有下列 3 项:

①招标人自行招标条件备案表;

②专门的招标组织机构和专职招标业务人员证明材料;

③专业技术人员名单、职称证书或执业资格证书及其工作经历的证明材料。

3.4 任务实施与评价

3.4.1 任务实施

①根据教学选用项目情况,确定本项目的招标方式,并陈述理由。

②确定本项目的发包方式,并陈述理由。

③确定本项目的合同计价方式,并陈述理由。

④完成本项目招标方案。

⑤按相关规定,完成该项目的报建,并完成表 3.7 的填写。

表 3.7 建设工程项目报建登记表

报建单位:(章)   No.0015727

建设单位			单位性质	
法　　人		经办人		联系电话
工程名称				
工程地点				
投资总额		万元	当年投资	万元
资金来源构成	政府投资　%;自筹　%;贷款　%;外资　%			
批准文件	立项文件名称			
	文　　号			
工程规模				m²
计划开工日期			计划竣工日期	
发包方式				
银行资信证明				
工程筹建情况:		建设行政主管部门意见:		

注:此表一式两份,建设单位留存一份,报市建委工程处一份。

填报日期:　　年　　月　　日

3.4.2　任务评价

①此次任务完成中存在的主要问题有哪些?

②问题产生的原因有哪些?

③请提出相应问题的解决方法。

④你认为还需加强哪些方面的指导(实际工作过程及理论知识)?

知识回顾

在招标决策阶段,招标人应根据招标人的条件和招标工程的特点,确定是公开招标还是邀请招标。同时,招标人还需确定是自行办理招标事宜还是委托招标代理。

标段划分和合同打包是指对项目的实施阶段(如勘察、设计、施工等)和范围内容进行科学分类,各分类子项单独或组合形成若干标段,再将每个标段分别打包进行招标,以标段(即合同包)为基本单位确定相应的承包商。这部分工作应充分考虑项目自身特点和施工内容的专业要求、各标段之间的协调难度、招标人的协调管理能力、市场因素等对工程总投资的影响,同时还应考虑建设资金是否筹措到位、施工图完成进度、工期要求以及政治、经济、法律、自然条件等因素。

选择计价方式是指招标人在招标文件中明确规定合同的计价方式。计价方式主要有固定总价合同、单价合同和成本加酬金合同3种,同时规定合同价的调整范围和调整方法。

招标规划方案是指根据招标决策制定的招标工作计划和控制措施。

招标准备是指招标单位或者招标代理人应当完成项目审批手续,落实所需的资金,落实招标条件,组建招标机构,最后在建设工程交易中心进行报建和招标备案。

课后训练

一、单项选择题

1.有助于承包人公平竞争,提高工程质量,缩短工期和降低建设成本的招标方式是(　　)。

　　A.邀请招标　　　　B.邀请议标　　　　C.公开招标　　　　　　　D.有限竞争招标

　2.应当招标的工程建设项目在(　　　)后,已满足招标条件的,均应成立招标组织,组织招标,办理招标事宜。

　　　　A.进行可行性研究　　　　　　　　B.办理报建登记手续

C.选择招标代理机构　　　　　D.发布招标信息

3.依法必须招标的工程建设项目的(　　　),可不报项目审批部门核准或投标监督部门备案。

A.招标范围　　　　　　　　　B.投标人资格条件

C.招标方式　　　　　　　　　D.招标组织形式

4.经有关审批部门批准,可以不招标的项目包括(　　　)。

A.使用国家政策性贷款的污水处理项目,其重要设备采购单项合同估算价120万元人民币

B.某市福利院建设项目,施工单项合同估算价为205万元人民币

C.在建工程追加的附属小型工程或者主体加层工程,原中标人仍具备承包能力的

D.使用外国政府援助资金,项目总投资额达到3 800万元人民币的西部水土保持项目

5.下列有关招标项目标段划分的表述中,错误的是(　　　)。

A.标段不能划分得太小,一般分解为分部工程进行招标

B.若招标项目的几部分内容、专业要求接近,则该项目可以考虑作为一个整体进行招标

C.当承包商更能做好招标项目的协调管理工作时,应考虑整体招标

D.标段划分要考虑项目在建设过程中时间和空间的衔接

6.在各种合同类型中,最为常用的合同形式是(　　　)。

A.总价合同　　　B.固定单价合同　　C.可调单价合同　　　　D.成本加酬金合同

7.(　　　)一般适用于工程规模较小、技术比较简单、工期较短,且核定合同价格时已经具备完整、详细的工程设计文件和必需的施工技术管理条件的工程建设项目。

A.固定总价合同　　B.固定单价合同　　　C.可调价格合同　　　　D.成本加酬金合同

8.工程承包人承担了工程单价风险,工程招标人承担了工程数量风险的合同形式是(　　　)。

A.固定总价合同　　B.固定单价合同　　　C.可调价格合同　　　　D.成本加酬金合同

9.(　　　)一般适用于核定合同价格时,工程内容、范围、数量不清楚或难以界定的工程建设项目。

A.固定总价合同　　B.固定单价合同　　　C.可调价格合同　　　　D.成本加酬金合同

10.下列对标段划分的阐述不正确的是(　　　)。

A.不能将标段划分得太小,太小的标段将失去对实力雄厚的潜在投标人的吸引力

B.允许将单位工程肢解为分部、分项工程进行招标

C.如果该项目的几部分内容、专业要求相距甚远,则可考虑划分为不同的标段分别招标

D.标段划分对工程投资也有一定的影响

二、多项选择题

1.根据《必须招标的工程项目规定》(中华人民共和国国家发展和改革委员会令第16号)的规定,下列项目中,必须进行招标的是(　　　)。

A.项目总投资为3 500万元,但施工单项合同估算价为60万元的体育中心篮球场工程

B.某中学新建一栋投资额约150万元的教学楼工程

C.利用国家扶贫资金300万元,以工代赈且使用农民工的防洪堤工程

D.项目总投资为2 800万元,但合同估算价约为120万元的某市科技服务中心的主要设备采购工程

E.总投资2 400万元,合同估算金额为60万元的某商品住宅的勘察设计工程

2.技术规格应( )，详细描述招标货物的技术要求，应特别注意正确选用技术指标。

    A.从原则到具体   B.从局部到整体   C.从一般到特殊   D.从概略到详细

3.货物采购合同的( )计价类型对供货方非常有利。

    A.总价合同   B.单价合同   C.可调价格合同   D.成本补偿合同

    E.成本加酬金合同

4.以下对工程建设项目规模和标段规模的说法，正确的有( )。

    A.规模较大工程的标的金额相对较大，潜在的盈利规模较大，投标竞争激烈，招投标双方得益的空间都比较大，对投标人的资质业绩条件要求相对较高

    B.规模较小的工程，技术管理、招标要求等一般比较简单，容易操作控制

    C.标段较大工程的建设周期长、风险大，技术、经济、管理因素复杂、要求高，招标文件的系统性、严密性和技术专用性要求也就比较高，尤其应当认真研究设定评标方法、工程变更、保险、合同价格调整与索赔、技术规范等内容

    D.标段较小工程，潜在的盈利规模较小，对投标人的资质业绩条件要求比较低，可能参与投标的单位数量较多，但受工程施工固定成本的影响，招标人和投标人从中得益的空间都比较小

5.招标人自行组织招标必须满足的基本条件有( )。

    A.具有编制招标文件的能力   B.具有组织开标的能力

    C.具有组织评标的能力   D.具有编制投标文件的能力

    E.具有独立商签合同的能力

6.建设工程招标包括( )等采购的招标。

    A.建设工程的勘察设计   B.机械设备   C.工程施工

    D.工程监理   E.与工程有关的材料

7.办理工程施工招标备案时应提交的资料包括( )。

    A.项目立项批准文件或年度投资计划   B.建设资金的落实证明

    C.建设工程招标备案登记表   D.初步设计及概算已经批准

    E.建设工程规划许可证   F.招标人已经依法成立

三、综合案例分析

【案例】 某高校新建教学楼，计划投资3亿元人民币，地下3层，地上18层，总建筑面积约7万 m²，要求施工总承包单位能在2022年9月1日之前进驻现场。该高校已于2022年5月10日与X招标公司签订委托代理协议，委托X公司作为招标代理机构对教学楼全部工程进行招标。

    X公司接受委托后，编制了一份包含招标组织程序、招标计划安排、服务人员组织工程设计计划等内容的招标计划书，并按招标人的要求于5月12日提交给招标人，还就招标项目中关键性问题提出了一些合理化建议。

    招标人于5月20日向X公司提供了工程施工图纸，其中精装修、弱电系统、幕墙、消防以及教学楼顶局部轻钢结构吊顶暂无详细设计图纸。

    X公司根据招标人提供的图纸完成了招标文件的编制，需要二次设计的工程内容以及与工程相关的重大设备采购(电梯、通风空调系统)均以暂估价形式列入清单。5月21日至7月15日期间，X公司为招标人完成了施工总承包的招标工作(含资格预审)。

X公司协助招标人于8月1日完成了施工总承包合同的谈判和签订工作。8月15日该企业新办公楼项目正式开工建设。

【问题】 ①招标代理机构承接工程类项目招标,通常的代理服务内容都有哪些?

②X公司在施工总承包招标服务过程中,预计存在哪些成本投入?

③X公司编制的招标计划书内容是否妥当?

④本案例中,后续还有哪些可能需要招标的项目?

⑤试从项目管理的角度分析,招标采购服务方案需要考虑哪些方面的内容。

四、拓展训练

1.上网进入当地建设工程交易中心网站,选择一个招标项目,完成招标准备工作。

2.为所选项目完成招标决策工作,并编写招标方案。

3.扫码观看低能耗建筑的打造方式,思考绿色双碳项目招标决策准备会有哪些新要求?

BIM+装配式技术建造助力"被动式低能耗绿色建筑"

五、拓展思考

1.结合党的二十大精神,谈谈你对两路精神的理解。

2.截至2022年年底,全国累计建成绿色建筑面积超过100亿 m^2,累计建成节能建筑面积超过303亿 m^2,节能建筑面积占城镇民用建筑面积比例超过64%。谈谈建工人在招标环节如何践行党的二十大精神,为减少碳排放、逐步实现"双碳"目标贡献力量。

任务4 招标文件编制与审核

【引例1】

某市经济开发区青年广场地下工程招标文件(节选)

建设工程施工招标文件
(资格后审项目)

招标编号: 01141120140928031

工程名称: ××市经济开发区青年广场地下工程

招 标 人: ××市开发投资有限公司 (盖章)

法定代表人或其委托代理人:＿＿＿＿＿＿＿ (签字或盖章)

招标代理机构: ××广厦建筑咨询有限公司 (盖章)

法定代表人或其委托代理人:＿＿＿＿＿＿＿ (签字或盖章)

编制人员:＿＿＿＿ (签字) 审核人员:＿＿＿＿ (签字)

招标代理机构技术负责人:＿＿＿＿＿ (签字)

日期:20××年9月29日

目　　录

30.投标文件的符合性鉴定

31.错误的修正

32.投标文件的评估和比较

(七)合同的授予

33.合同授予标准

34.招标人拒绝任何或所有投标的权力

35.中标通知书

36.合同协议书的签订

37.履约担保

三、针对本工程的招标人特殊要求

四、合同条款及格式

五、工程技术规范

六、工程量清单编制

七、图纸及其他资料

八、投标文件格式

一、投标须知前附表

表 4.1　投标须知前附表

项号	条款号	内容	说明与要求
1	1.1	工程名称	青年广场地下工程
2	1.1	建设地点	××市经济开发区
3	1.1	建设规模及工程类别	青年广场地下工程建筑总面积 13 627.24 m^2,地下一层土建、安装等工程
4	1.1	承包方式	包工包料
5	1.1	质量要求	符合《建筑工程施工质量验收统一标准》(GB 50300—2013)标准
6	2.1	招标范围	根据××设计研究院公司设计的"××经济开发区青年广场地下工程"施工图范围,详见工程量清单编制说明
7	2.2	工期要求	施工总工期:300 日历天
8	3.1	资金来源	国有资金
9	4.1	投标人资质等级	企业资质: 房屋建筑工程施工总承包 三 级及以上且必须为《二〇××年××市区政府投资项目预选承包商名录》中的单位 建造师: 房屋建筑工程 二 级及以上 本工程位于××市经济开发区,属××区,如果投标人未完成企业及建造师进××区备案,招标人有权否决其投标文件
10	4.2	资格审查方法	采用资格后审

续表

项号	条款号	内容	说明与要求
11	13.1	工程量清单计价方式	综合单价法
12	15.1	投标有效期	90 日历天(从投标截止之日算起)
13	16.1	投标担保金额	___50 万___元 户　　　名:××市建设工程投标管理办公室 账　　　户:××××××××××× 开户银行:××银行市民中心支行 按照《××市建设工程投标保证金统一缴纳和退付管理实施细则》《关于进一步完善投标保证金缴纳制度的补充规定》缴纳投标保证金。投标保证金必须从其企业所在地基本账户缴纳。保证金或投标保函缴纳后,投标单位应到"中心"统一收费窗口领取投标保证金递交函,作为投标单位已递交投标保证金的依据。缴纳投标保证金的须在投标文件中附投标保证金递交函和企业基本账户开户许可证的复印件
14	6.1	踏勘现场	自行踏勘现场并参考上传的勘察报告
15	17.1	投标预备会(答疑会)	投标人在现场踏勘以及理解招标文件、施工图纸中的疑问,可以于20××年10月11日16时前登录××建设项目招标网(www.×××××.gov.cn),以不署名的形式在"投标答疑专区"提疑。招标人将在开标前20××年10月14日16时前对投标人疑问作出统一的解答,并以招标补充文件的形式,在××建设项目招标网(www.×××××.gov.cn)、××建设工程交易网(www.×××××.cn)上发布。在开标前,投标人须随时关注网站的最新答疑信息 联系电话:×××××××,传真:××××××××
16	18.1	投标人的替代方案	不允许
17	20.1	投标文件份数	一份正本,另提供投标文件电子版正副两份。(请用光盘专用笔在光盘的封面上写明工程名称、投标单位名称及投标文件密码) 中标后投标单位另行提供纸质版投标文件副本___4___本
18	21.1	投标文件递交地点及截止日期	收件单位:××市开发投资有限公司 地址:××市建设工程交易中心第四开标室 　　(××市××路××号市民中心 L 楼地下一层) 时间:20××年10月21日10时30分
19	25.1	开标会	地址:××市建设工程交易中心第四开标室 　　(××市××路××号市民中心 L 楼地下一层) 时间:20××年10月21日10时30分
20	33.3	评标标准及方法	按投标须知第33.4款选择 B 款

续表

项号	条款号	内容	说明与要求
21	13.8	投标最高限价	投标最高限价4 626万元,投标总价≥最高限价按无效标处理
22	38.3	履约担保金额	投标人提供的履约担保金额为合同总价的15%;招标人提供的支付担保金额为合同总价的15%(履约担保金额与支付担保金额须对等) 为防止投标人低价抢标,最高限价的85%作为风险控制价。凡低于该风险控制价的,中标人在提交履约保证金的同时必须以保函形式额外提交中标价净值与风险控制价之差额
23	…	工程量清单综合单价的标准偏离率	___20___ %
24	…	投标人修正不平衡报价的确认及询疑响应时间	时间:投标人(法人代表或委托代理人)应在接到工作人员电话通知时起___30___分钟(该时间填报不得超过30分钟)内予以书面回复或确认,否则视为不予回复或确认,评标委员会有权拒绝该投标文件。投标人通信不畅通,导致不能及时联系的,视作投标人不予回复或确认 地址:××市建设工程交易中心评标室外

电子招标项目说明

项号	条款号	内容	说明与要求
25	…	电子招标文件发放	招标人的电子招标文件,将在××建设项目招标网和××建设工程交易网发布。电子文件内容与书面文件内容具有同等的效力,发生电子文件内容与书面文件内容不一致时,投标人应以书面形式向招标人提出,由招标人负责书面解释
26	…	电子投标文件编制	采用电子招标的项目,一般应当要求投标人提供纸质投标文件正本一份及电子文本正副两份(每份包括技术部分和商务部分一张光盘,资信标部分一张光盘,共两张光盘) 电子投标文件技术部分和商务部分通过投标工具格式化后,刻录在投标人自行提供的光盘中,资信标部分做成扫描件后刻录在另一张光盘。所有光盘与纸质投标文件一同密封提交给招标人 本项目的投标文件必须使用投标工具软件编制。投标文件的编制和递交,应依照招标文件的规定进行。如未按招标文件要求编制、递交电子投标文件,将可能导致废标,其后果由投标人自负。投标工具的开发商可根据投标人的要求,提供必要的培训和技术指导
27	…	电子投标文件递交	投标人投标截止前按招标文件规定的开标地点递交一份通过投标工具软件打印的纸质投标文件正本(以下简称纸质投标文件)。纸质投标文件按招标文件要求提交

续表

项号	条款号	内容	说明与要求
28	…	电子招标项目开标	①招标人当众将投标人投标书中拆封的电子光盘文档导入辅助评标系统，开标结束时统一设置密码，待评标时间到且输入密码后方可在评标室打开数据进行评审。原始电子标书作为招投标资料存档 ②因电子投标书编制不规范导致投标文件内容无法导入"评标系统"的，该标书为无效标书 ③投标人提供的投标电子文件须与纸质投标文件一致，不一致时，按最不利于投标人的原则处理；投标人提供的纸质投标文件，必须是从"投标工具"内置功能打印出来的带序列号或水印码的文本标书，否则视为废标 ④未尽事项根据××市发(2011)××号文《关于在××市本级招标项目中推行电子标书和计算机辅助评标系统的通知》及其他有关××市电子招投标系统推行的文件精神执行
29	…	电子招标项目评标	本项目的评标以投标人递交的电子投标文件为评标依据。纸质投标文件仅在评标系统发生重大故障或招标人加密锁无法完成解密，导致开评标工作无法进行情况下作为电子投标文件的替代。除上述情况及评标委员会在评标中需要投标人提供澄清材料以外，纸质投标文件都不作为评标的依据。任何情况下未按招标文件要求提供电子投标文件的投标人的纸质投标文件均不被招标人接受

（后略）

【引导问题 1】　根据引例 1 回答以下问题：

①招标文件由几部分组成？该招标文件是否采用《中华人民共和国标准施工招标文件》（2007 年版，以下简称《标准施工招标文件》）？

②招标文件的编制依据有哪些？应准备哪些资料？

③什么是"投标截止日期""投标有效期""投标保证金""投标保证期""投标费用""综合单价""工程量清单""投标最高限价""不平衡报价"？文件中有哪些术语你不理解？

④引例 1 中项目是否采用电子招标？电子招标有什么优点？

⑤招标文件编制与审核阶段应包括哪些工作内容？该招标文件有哪些不合理之处？

4.1　任务导读

招标文件是工程招投标工作的指导性文本文件，是招投标各个具体工作环节执行情况的说明。其内容主要涉及商务、技术、经济、合同等方面，主要由正式文本、对正式文本的解释和对正式文本的修改三部分组成。招标文件必须表明：招标单位选择投标单位的原则和程序，如何投标，建设背景和环境，项目技术经

招标文件编制与审核——系统规划，提质增效

济特点，招标单位对项目在进度、质量、工程管理方式等方面的要求。目前，BIM 技术主要用于招标文件中招标工程量清单和招标控制价的编制。

建设工程招标文件由招标人或招标人委托的招标代理人负责编制，由建设工程投标管理

机构负责审定。未经建设工程投标管理机构审定,建设工程招标人或招标代理人不得将招标文件分送给投标人。

编制招标文件是招标工作中的一项重要工作。招标文件是整个招标过程所遵循的基础性文件,是投标和评标的基础,也是合同的重要组成部分。一般情况下,招标人与投标人之间不进行或进行有限的面对面交流,投标人只能根据招标文件的要求编写投标文件。因此,招标文件是联系、沟通招标人与投标人的桥梁。能否编制出完整、严谨的招标文件,直接影响到招标的质量,也是招标成败的关键。

4.2 任务目标

①按照正确的方法和途径,收集招标编制相关资料。
②依据信息分析结果,完成招标文件和控制价的编制。
③按照招标工作时间限定,完成招标文件的汇总与审核。
④通过完成该任务,提出后续工作建议,完成自我评价,并提出改进意见。

4.3 知识准备

4.3.1 招标文件的组成和主要内容

施工招标文件正式文本在形式结构上分卷、章、节,共包括四卷八章。

第一卷为商务卷,主要包含投标邀请书、投标须知、评标办法、合同条款及格式(合同条款包括通用条款和专用条款)、工程量清单。第二卷为图纸,第三卷是技术标准和要求,第四卷为投标文件的格式要求。

招标文件的
组成和编写

第一卷
第一章　招标公告(投标邀请书)
第二章　投标人须知
第三章　评标办法
第四章　合同条款及格式
第五章　工程量清单
第二卷
第六章　图纸
第三卷
第七章　技术标准和要求
第四卷
第八章　投标文件格式

《标准施工
招标文件》
(2007年版)

4.3.2 招标文件的编写

1)投标邀请书的编写

投标邀请书是用来邀请资格预审合格的投标人按招标人规定的条件和时间前来投标。编写时应说明以下要点:

①招标人名称、地址；

②招标性质、资金来源；

③招标项目概况、分标情况、工程量、工期；

④获取招标文件的时间、地点、费用；

⑤投标文件送交的地点、份数、截止时间；

⑥提交投标保证金的规定额度、时间；

⑦开标的时间、地点；

⑧现场勘察和召开标前会议的时间、地点。

相关链接

《标准施工招标文件》(2007 年版)第一卷

招标公告(未进行资格预审)

_____(项目名称)_____标段施工招标公告

1.招标条件

本招标项目_____(项目名称)已由_____(项目审批、核准或备案机关名称)以_____(批文名称及编号)批准建设，项目业主为_____，建设资金来自_____(资金来源)，项目出资比例为_____，招标人为_____。项目已具备招标条件，现对该项目的施工进行公开招标。

2.项目概况与招标范围

_____

(说明本次招标项目的建设地点、规模、计划工期、招标范围、标段划分等)。

3.投标人资格要求

3.1　本次招标要求投标人须具备_____(资质)，_____(业绩)，并在人员、设备、资金等方面具有相应的施工能力。

3.2　本次招标_____(接受或不接受)联合体投标。联合体投标的，应满足下列要求：_____。

3.3　各投标人均可就上述标段中的_____(具体数量)个标段投标。

4.招标文件的获取

4.1　凡有意参加投标者，请于___年___月___日至___年___月___日(法定公休日、法定节假日除外)，每日上午___时至___时，下午___时至___时(北京时间，下同)，在_____(详细地址)持单位介绍信购买招标文件。

4.2　招标文件每套售价_____元，售后不退。图纸押金_____元，在退还图纸时退还(不计利息)。

4.3　邮购招标文件的，需另加手续费(含邮费)_____元。招标人在收到单位介绍信和邮购款(含手续费)后_____日内寄送。

5.投标文件的递交

5.1　投标文件递交的截止时间(投标截止时间，下同)为___年___月___日___时___分，地点为_____。

5.2　逾期送达的或者未送达指定地点的投标文件，招标人不予受理。

6.发布公告的媒介

本次招标公告同时在＿＿＿＿＿＿＿＿＿＿＿＿＿＿＿＿（发布公告的媒介名称）上发布。

7.联系方式

招标人：＿＿＿＿＿＿＿＿＿＿	招标代理机构：＿＿＿＿＿＿＿＿
地　址：＿＿＿＿＿＿＿＿＿	地　址：＿＿＿＿＿＿＿＿
邮　编：＿＿＿＿＿＿＿＿＿	邮　编：＿＿＿＿＿＿＿＿
联系人：＿＿＿＿＿＿＿＿＿	联系人：＿＿＿＿＿＿＿＿
电　话：＿＿＿＿＿＿＿＿＿	电　话：＿＿＿＿＿＿＿＿
传　真：＿＿＿＿＿＿＿＿＿	传　真：＿＿＿＿＿＿＿＿
电子邮件：＿＿＿＿＿＿＿＿	电子邮件：＿＿＿＿＿＿＿＿
网　址：＿＿＿＿＿＿＿＿＿	网　址：＿＿＿＿＿＿＿＿
开户银行：＿＿＿＿＿＿＿＿	开户银行：＿＿＿＿＿＿＿＿
账　号：＿＿＿＿＿＿＿＿＿	账　号：＿＿＿＿＿＿＿＿

＿＿＿年＿＿＿月＿＿＿日

第一章　投标邀请书(适用于邀请招标)

＿＿＿＿＿＿＿＿＿＿（项目名称）＿＿＿＿＿＿＿＿＿标段施工投标邀请书

＿＿＿＿＿＿＿＿＿＿（被邀请单位名称）：

1.招标条件

本招标项目＿＿＿＿＿＿＿＿（项目名称）已由＿＿＿＿＿＿＿＿（项目审批、核准或备案机关名称）以＿＿＿＿＿＿＿＿（批文名称及编号）批准建设,项目业主为＿＿＿＿＿＿＿＿,建设资金来自＿＿＿＿＿＿＿＿（资金来源）,项目出资比例为＿＿＿＿＿＿＿＿,招标人为＿＿＿＿＿＿＿＿。项目已具备招标条件,现邀请你单位参加＿＿＿＿＿＿＿＿（项目名称）＿＿＿＿＿＿＿标段施工投标。

2.项目概况与招标范围

＿＿（说明本次招标项目的建设地点、规模、计划工期、招标范围、标段划分等）。

3.投标人资格

3.1　本次招标要求投标人须具备＿＿＿＿＿＿＿＿（资质）,＿＿＿＿＿＿＿＿（业绩）,并在人员、设备、资金等方面具有相应的施工能力。

3.2　你单位＿＿＿＿＿＿＿＿（可以或不可以）组成联合体投标。联合体投标的,应满足下列要求:＿＿＿＿＿＿＿＿＿＿＿＿＿＿＿＿＿＿＿＿＿＿＿＿＿＿＿＿＿＿＿。

4.招标文件的获取

4.1　凡有意参加投标者,请于＿＿＿年＿＿月＿＿日至＿＿＿年＿＿月＿＿日(法定公休日、法定节假日除外),每日上午＿＿时至＿＿时,下午＿＿时至＿＿时(北京时间,下同),在＿＿＿＿＿＿＿＿(详细地址)持单位介绍信购买招标文件。

4.2　招标文件每套售价＿＿＿＿＿＿＿＿元,售后不退。图纸押金＿＿＿＿＿＿＿＿元,在退还图纸时退还(不计利息)。

4.3　邮购招标文件的,需另加手续费(含邮费)＿＿＿＿＿＿＿＿元。招标人在收到单位介绍信和邮购款(含手续费)后＿＿＿日内寄送。

5.投标文件的递交

5.1　投标文件递交的截止时间(投标截止时间,下同)为＿＿＿年＿＿月＿＿日＿＿时＿＿分,地点为＿＿＿＿＿＿＿＿＿＿＿＿＿＿＿＿＿＿＿＿。

5.2　逾期送达的或者未送达指定地点的投标文件,招标人不予受理。

6.确认

你单位收到本投标邀请书后,请于＿＿＿＿＿＿＿＿＿＿＿＿＿(具体时间)前以传真或快递方式予以确认。

7.联系方式

招　标　人:＿＿＿＿＿＿＿＿＿	招标代理机构:＿＿＿＿＿＿＿＿＿
地　　　址:＿＿＿＿＿＿＿＿＿	地　　　　址:＿＿＿＿＿＿＿＿＿
邮　　　编:＿＿＿＿＿＿＿＿＿	邮　　　　编:＿＿＿＿＿＿＿＿＿
联　系　人:＿＿＿＿＿＿＿＿＿	联　系　　人:＿＿＿＿＿＿＿＿＿
电　　　话:＿＿＿＿＿＿＿＿＿	电　　　　话:＿＿＿＿＿＿＿＿＿
传　　　真:＿＿＿＿＿＿＿＿＿	传　　　　真:＿＿＿＿＿＿＿＿＿
电子邮件:＿＿＿＿＿＿＿＿＿	电　子　邮　件:＿＿＿＿＿＿＿＿＿
网　　　址:＿＿＿＿＿＿＿＿＿	网　　　　址:＿＿＿＿＿＿＿＿＿
开户银行:＿＿＿＿＿＿＿＿＿	开　户　银　行:＿＿＿＿＿＿＿＿＿
账　　　号:＿＿＿＿＿＿＿＿＿	账　　　　号:＿＿＿＿＿＿＿＿＿

＿＿＿年＿＿月＿＿日

第一章　投标邀请书(代资格预审通过通知书)

＿＿＿＿＿＿＿＿＿＿(项目名称)＿＿＿＿＿＿＿＿＿＿标段施工投标邀请书

＿＿＿＿＿＿＿＿＿＿＿＿(被邀请单位名称):

你单位已通过资格预审,现邀请你单位按招标文件规定的内容,参加＿＿＿＿＿＿＿＿＿(项目名称)＿＿＿＿＿＿＿＿＿标段施工投标。

请你单位请于＿＿＿＿年＿＿月＿＿日至＿＿＿＿年＿＿月＿＿日(法定公休日、法定节假日除外),每日上午＿＿时至＿＿时,下午＿＿时至＿＿时(北京时间,下同),在＿＿＿＿＿＿(详细地址)持本投标邀请书购买招标文件。

招标文件每套售价＿＿＿＿＿＿＿＿元,售后不退。图纸押金＿＿＿＿＿＿＿＿元,在退还图纸时退还(不计利息)。邮购招标文件的,需另加手续费(含邮费)＿＿＿＿＿＿＿＿元。招标人在收到单位介绍信和邮购款(含手续费)后＿＿日内寄送。投标文件递交的截止时间(投标截止时间,下同)为＿＿＿＿年＿＿月＿＿日＿＿时＿＿分,地点为＿＿＿＿＿＿＿＿＿＿＿＿。

逾期送达或者未送达指定地点的投标文件,招标人不予受理。

你单位收到本投标邀请书后,请于(具体时间)前以传真或快递方式予以确认。

招　标　人:＿＿＿＿＿＿＿＿＿	招标代理机构:＿＿＿＿＿＿＿＿＿
地　　　址:＿＿＿＿＿＿＿＿＿	地　　　　址:＿＿＿＿＿＿＿＿＿
邮　　　编:＿＿＿＿＿＿＿＿＿	邮　　　　编:＿＿＿＿＿＿＿＿＿
联　系　人:＿＿＿＿＿＿＿＿＿	联　系　　人:＿＿＿＿＿＿＿＿＿
电　　　话:＿＿＿＿＿＿＿＿＿	电　　　　话:＿＿＿＿＿＿＿＿＿
传　　　真:＿＿＿＿＿＿＿＿＿	传　　　　真:＿＿＿＿＿＿＿＿＿
电子邮件:＿＿＿＿＿＿＿＿＿	电　子　邮　件:＿＿＿＿＿＿＿＿＿
网　　　址:＿＿＿＿＿＿＿＿＿	网　　　　址:＿＿＿＿＿＿＿＿＿
开户银行:＿＿＿＿＿＿＿＿＿	开　户　银　行:＿＿＿＿＿＿＿＿＿
账　　　号:＿＿＿＿＿＿＿＿＿	账　　　　号:＿＿＿＿＿＿＿＿＿

＿＿＿年＿＿月＿＿日

2)投标须知的编写

投标须知是指导投标单位进行报价的依据,投标须知中首先应列出前附表,将项目招标主要内容列在表中,便于投标单位了解。

(1)投标须知内容

编写投标须知时应包括以下 7 个部分内容:

①总则;

②工程说明;

③招标范围及工期;

④资金来源;

⑤合格的投标单位;

⑥勘察现场;

⑦投标费用,由投标单位承担。

相关链接

《标准施工招标文件》(2007 年版)第一卷

投标须知

表 4.2　投标须知前附表

条款号	条款名称	编列内容
1.1.2	招标人	名称：_____ 地址：_____ 联系人：_____ 电话：_____
1.1.3	招标代理机构	名称：_____ 地址：_____ 联系人：_____ 电话：_____
1.1.4	项目名称	
1.1.5	建设地点	
1.2.1	资金来源	
1.2.2	出资比例	
1.2.3	资金落实情况	
1.3.2	计划工期	计划工期：_____日历天 计划开工日期：____年____月____日 计划竣工日期：____年____月____日
1.3.3	质量要求	

续表

条款号	条款名称	编列内容
1.4.1	投标人资质条件、能力和信誉	资质条件：＿＿＿＿＿＿ 财务条件：＿＿＿＿＿＿ 业绩条件：＿＿＿＿＿＿ 信誉要求：＿＿＿＿＿＿ 项目经理(建造师，下同)资格：＿＿＿ 其他要求：＿＿＿＿＿＿
1.4.2	是否接受联合体投标	□不接受 □接受
1.9.1	踏勘现场	□不组织 □组织，踏勘时间：＿＿＿＿＿ 　　　踏勘集中地点：＿＿＿
1.10.1	投标预备会	□不召开 □召开，召开时间：＿＿＿＿＿ 　　　召开地点：＿＿＿＿＿
1.10.2	投标人提出问题的截止时间	
1.10.3	招标人书面澄清的时间	
1.11	分包	□不允许 □允许，分包内容要求：＿＿＿＿ 　　　分包金额要求：＿＿＿＿ 　　　接受分包的第三人资质要求： 　　　＿＿＿＿＿＿＿
1.12	偏离	□不允许 □允许
2.1	构成招标文件的其他材料	
2.2.1	投标人要求澄清招标文件的截止时间	
2.2.2	投标截止时间	＿＿＿年＿＿月＿＿日＿＿时＿＿分
2.2.3	投标人确认收到招标文件澄清的时间	
2.3.2	投标人确认收到招标文件修改的时间	
3.1.1	构成投标文件的其他资料	
3.3.1	投标有效期	
3.4.1	投标保证金	投标保证金的形式：＿＿＿＿＿ 投标保证金的金额：＿＿＿＿＿
3.5.2	近年财务状况的年份要求	＿＿＿年

续表

条款号	条款名称	编列内容
3.5.3	近年完成类似项目的年份要求	_____年
3.5.5	近年发生诉讼及仲裁情况的年份要求	_____年
3.6	是否允许递交投标备选投标方案	□不允许 □允许
3.7.3	签字或盖章要求	
3.7.4	投标文件副本份数	_____份
4.1.2	封套上写明	招标人的地址：_____ 招标人的名称：_____ _____（项目名称）_____标段 投标文件在_____年___月___日___时 ___分前不得开启
4.2.2	递交投标文件地点	
4.2.3	是否退还投标文件	□否 □是
5.1	开标时间和地点	开标时间:同截止时间 开标地点:_____
5.2	开标程序	密封情况检查: 开标顺序:
6.1.1	评标委员会的组建	评标委员会构成:_____人,其中招标代表_____ 人,专家_____人 评标专家确定方式:_____
7.1	是否授权评标委员会确定中标人	□是 □否,推荐的中标候选人数:_____
7.3.1	履约担保	履约担保的形式:_____ 履约担保的金额:_____
⋮		
10	需要补充的其他内容	
⋮	⋮	

（2）招标文件

①招标文件的澄清。投标单位提出的疑问和招标单位自行的澄清,应规定在什么时间以书面形式说明,并向各投标单位发送。投标单位收到后以书面形式确认。澄清是招标文件的

组成部分。

②招标文件的修改。这是指招标单位对招标文件的修改。修改的内容应以书面形式发送至各投标单位。修改的内容为招标文件的组成部分,修改的时间应在招标文件中明确。

（3）对投标文件的编制要求

应规定清楚编制投标文件和投标的一般要求,一般投标文件的编制应符合以下要求。

①投标文件的语言及度量衡单位。招标文件应规定投标文件适用何种语言,国内项目投标文件使用中华人民共和国法定的计量单位。

②投标文件的组成说明。投标文件由投标函、商务和技术三部分组成。如果采用资格后审,还包括资格审查文件。

投标资信文件（也称投标函部分）主要包括法定代表人身份证明书、投标文件签署授权委托书、投标函以及其他投标资料（包括营业执照、房屋建筑工程施工资质、安全生产许可证等）。

③商务部分。商务部分分两种情况:采用综合单价形式的,包括投标报价说明、投标报价汇总表、主要材料报价表、设备清单报价表、工程量清单报价表、措施项目报价表、其他项目报价表、工程预算书等;采用工料单价形式的,包括编制说明、工程费用计算程序表、三材汇总表、材料汇总表。

④技术部分。技术部分主要包括施工组织设计、项目管理机构配备情况和拟分包项目情况表。

其中,施工组织设计包括投标单位应编制的施工组织设计,拟投入的主要施工机械设备表,劳动力计划表,计划开工、竣工日期,施工进度网络图和施工总平面图;项目管理机构配备情况包括项目管理机构配备情况表、项目经理简历表、项目技术负责人简历表和项目管理机构配备情况辅助说明资料。

⑤投标担保。投标单位提交投标文件的同时,应按照表4.1第13项的规定提交投标担保。投标担保可采用银行保函、专业担保公司的保证,或保证金担保方式,具体方式由招标单位在招标文件中规定。招标人在招标文件中要求投标人提交投标保证金的,投标保证金不得超过招标项目估算价的2%。投标保证金有效期应当与投标有效期一致。投标有效期为从招标文件规定的投标截止之日起到完成评标和招标单位与中标人签订合同的30~180天。

相关链接

投标单位有下列情况之一的,投标保证金不予返还:在投标有效期内,投标单位撤回其投标文件的;自中标通知书发出之日起30日内,中标人未按该工程的招标文件和中标人的投标文件要求,与招标单位签订合同的;在投标有效期内,中标人未按招标文件的要求向招标单位提交履约担保的;在招标投标活动中被发现有违法违规行为,正在立案查处的。

招标单位应在与中标人签订合同后5个工作日内,向中标人和未中标的投标单位退还投标保证金和投标保函。

⑥投标单位的备选方案。如果表4.1第16项中允许投标单位提交备选方案时,投标单位除提交正式投标文件外,还可提交备选方案。备选方案应包括设计计算书、技术规范、单价分析表、替代方案报价书、所建议的施工方案等资料。

⑦投标文件的份数和签署。见表4.1第17项所列。

（4）投标文件的提交要求

①投标文件的装订、密封和标记；

②投标文件的提交，见表4.1第17项规定；

③投标文件提交的截止时间，见表4.1第18项规定；

④迟交的投标文件，将被拒绝投标并退回给投标单位；

⑤投标文件的补充、修改与撤回；

⑥资格预审申请书材料的更新。

（5）开标

开标应包括以下内容：

①开标，并邀请所有投标单位参加，见表4.1第19项规定；

②审查投标文件的有效性。

（6）评标

评标应包括以下内容：

①评标委员会与评标；

②评标过程的保密；

③资格后审；

④投标文件的澄清；

⑤投标文件的初步评审；

⑥投标文件计算错误的修正；

⑦投标文件的评审、比较和否决。

（7）合同的授予

合同的授予包括合同授予标准、中标通知书、合同协议书的订立、履约担保等内容。

①合同授予标准。招标单位不承诺将合同授予投标报价最低的投标单位。招标单位发出中标通知书前，有权依评标委员会的评标报告拒绝不合格的投标。

②中标通知书。中标人确定后，招标单位将于15天内向工程所在地的县级以上地方人民政府建设行政主管部门提交施工招标情况的书面报告；建设行政主管部门收到该报告之日起5天内，未通知招标单位在投标活动中有违法行为的，招标单位向中标人发出中标通知书，同时通知所有未中标人；招标单位与中标人订立合同后5天内向其他投标单位退还投标保证金。

③合同协议书的订立。中标通知书发出之日起30天内，根据招标文件和中标人的投标文件订立合同。

④履约担保。见表4.1第22项规定。

3）合同条款与格式的编写

（1）合同条款

合同条款包括合同通用条款和合同专用条款。

（2）合同授予的编写

应写明合同授予标准。一般招标单位不承诺将合同授予投标报价最低的投标单位。招标单位发出中标通知书前，有权依评标委员会的评标报告拒绝不合格的投标。

（3）合同格式

合同文件格式有：合同协议书、房屋建设工程质量保修书、承包方银行履约保函或承包方履约担保书、承包方履约保证金、承包方预付款银行保函、发包方支付担保银行保函或发包方支付担保书等。

4）评标办法的编制

【引例2】

某市中心百货大楼施工工程评标办法编制实例

根据本工程的施工特点，为慎重选择本工程施工单位，根据《招标投标法》并结合市有关施工评标决标的规定，本着保护竞争，维护招标工作公开、公平、公正和诚实信用的原则，制定本评标办法。

（一）评标总则

1.本工程评标将以招标文件、补充说明中的各项有关要求作为对投标书全面评价的依据。采用两阶段评标法进行评标。

2.第一阶段为技术标评定。即评定经过公证处编号处理的技术标书（暗标）及投标公函（明标）。经过充分评议分析后，分别用记名评分法进行评定，得出各投标单位的技术标书（暗标）和投标公函（明标）得分。

3.第二阶段为商务标评定书。对商务报价中没有费用开口要求、非异常报价及非违规技术标的商务标书，以各投标单位的平均价为基数，用基准分加减附加分的评分方法对其报价进行评定，得出各投标单位的商务标得分。最后，进行各投标单位最终得分的计算。

$$最终得分＝技术标书得分＋投标公函得分＋商务标得分$$

（二）评标细则

1.暗标的评定（45 分）

1）暗标评分内容

（1）施工技术方案（35 分）

①建筑物（构筑物）的土建、钢结构、装饰以及室外总体等工程施工技术方案是否针对设计要求制订，套用的规范标准是否准确全面，能否保证本工程施工的质量，工程质量是否符合国家、地方的施工及质量验收标准。

②本工程建筑物（构筑物）单体较多，施工工序安排是否切实可行，施工进度计划安排及其关键线路是否合理可行，能否满足招标人的进度要求，对完成规定工期有何保证措施。

③土建、钢结构、装饰和室外总体工程的施工技术方案是否结合现场实际情况考虑，是否考虑与设备安装工程等招标人另行发包工程的施工协调的方案，是否考虑本工程的总承包管理方案，方案是否具有可操作性、合理性。

④对现场周边环境，特别是原有管线、建筑物及设施的保护有哪些具体措施。

⑤工程中的劳动力及机械设备安排是否合理，对施工中可能遇到的不利因素是否采取了针对性的措施。施工方案是否考虑到向专业分包单位、招标人另行发包的专业工程项目的施工单位提供施工工作面、施工协调等工作。

⑥是否针对本工程施工重点和难点问题，对本工程实施是否有优化方案，是否制订了相应的施工技术措施方案。

综上所述,结合施工质量保证措施、施工总承包管理方案、选用的主要施工机械及其布置、劳动力组织计划等进行综合评定。

（2）工程管理、安全文明施工管理的组织措施（10分）

①对本工程的建设目标有何组织措施,如何达到施工质量目标,如何保证进度目标的实现,采取何种措施确保安全目标的实现。

②对工程现场管理、安全文明施工管理等方面所采取的组织措施是否针对适应本工程专业多的特点,是否结合《建设工程安全生产管理条例》有关规定。

施工现场平面布置是否合理,现场临时设施和生活设施的搭设是否满足某市有关规定及招标文件要求;针对本工程施工实际情况（主要是难点、重点）,对安全文明施工管理带来的困难以及现场不利条件下施工带来的影响等,是否采取了相应的方法,其组织实施的可行性、有效性如何。

在工程施工期间,是否配备专职安全员,是否建立动用明火申请批准制度,是否配备一定数量的消防灭火器材等;是否建立安全用电制度;在工程进入后期阶段时,是否考虑根据实际情况采取保护措施,确保已建工程完好无损。

综上所述,结合本工程的施工技术方案,对工程管理及安全文明施工管理进行综合评定。

2）评分办法

以上施工技术方案、工程管理及安全文明施工管理两项指标的评定按如下规定进行。

①先由各评委对所有技术标标书（暗标）进行评议和分析,据此各自记名打分,然后各评委将技术标标书的评分结果（评分表）交公证处,完成暗标的评定。评委打分可以计一位小数,且此小数只能为 0.5 分。

②汇总所有评委对两项指标的评分,从中去掉一个最高分、一个最低分,然后用算术平均法分别求出每一个投标单位的平均得分（简称暗标得分）。平均得分值四舍五入,保留两位小数。

③本工程技术标为暗标。标书中所有内容和文字说明一律不能用图签,不注明单位名称,不署名,不带有任何能辨认的标志,不能有任何暗示性的文字,否则将视为违规标书。经评委一致确认后,该技术标将不予评定。同时,该投标单位的商务标书不再参与商务标的开标和评标。

2. 投标公函的评定（明标,10分）

1）投标公函主要评定内容

（1）人员情况（4分）

主要评定拟担任本工程的项目经理及主要管理人员以往同类型工程业绩,以及人员结构工种配备是否齐全,能否满足本工程施工管理的需要。

（2）专业资质情况（3分）

①不具备钢结构制作安装专业资质及同类工程施工业绩的投标单位,主要评定是否提供了分包或合作单位的专业资质证明、营业执照、诚信手册、近几年同类工程业绩及协议书（其中,协议书必须为盖章原件）。

②具备钢结构制作安装专业资质及同类工程施工业绩的投标单位,主要评定是否提供了本单位专业资质证明及近几年同类工程业绩。

（3）乙供设备材料情况（3分）

对于本工程主要的乙供设备材料,投标单位是否根据主要乙供设备材料表列出详细型号、品牌、规格、生产厂家等资料,该资料是否能满足招标人及设计要求。

2)评分办法

①先由各评委对所有投标公函进行评议和分析,据此再各自记名打分。完成投标公函的评定,评委打分可以计一位小数,且此小数只能为0.5分,最低评分至少为1分。

②分别汇总所有评委对每一份投标公函的评分,从中去掉一个最高分、一个最低分,然后用算术平均法求出每一份投标公函的平均得分(简称明标得分)。明标得分值四舍五入,保留两位小数。

3.技术标得分

技术标得分=暗标(技术标书)得分+明标(投标公函)得分

4.商务标的评定(总分45分)

①首先对各投标单位的商务标进行甄别,如果投标单位的商务标书未按招标文件要求编制,则该投标单位的商务标视为无效标,同时该投标单位的商务报价不再进入以下商务标得分的评分程序。

②由各位评委集体对各投标单位(不进入商务标得分评分程序的投标单位除外)的总报价进行分析,在取得基本一致意见后进行甄别。

对有下列情况的商务标书只评为____分,并且对这些商务标书的总报价不再进行基准分加减附加分的评分:

a.最高报价高于平均报价____%者(含____%)。

b.最低报价低于平均报价____%者(含____%)。

c.报价编制说明中有不符合招标文件规定的要求者。

d.如没有上述a,b,c所列的情况,对总报价最低的投标者,其报价中如果报价汇总表存在某一单项有明显漏项且未说明其为优惠者(简称单项异常报价)。

注1.百分比=(最高报价-平均报价)÷平均报价×100%

百分比=(最低报价-平均报价)÷平均报价×100%

注2.平均报价等于从各家有效的投标报价中去掉一个最高报价、一个最低报价,然后对剩余的投标报价取算术平均值。

注3.单项异常报价的标准:评标工作人员对该单项报价以其他投标单位相同项的平均价纠正后,将使该投标单位的总报价增加10%以上(含10%)。

注4.上述单项报价指商务标格式文件规定填写的"投标报价汇总表"中所列的项目(有二级子项的计算二级子项)。

注5.其他投标单位相同项的平均价与其他投标单位相同项费用之和除以其他投标单位数(其他投标单位为不去除最高、最低报价的其他投标单位)。

注6.以上各百分比的计算,百分比数均保留一位小数。

注7.对商务标单项异常报价情况的认定须经到会评委一致确认。

以上甄别各项只进行一次。

③如没有上述②中a,b,c,d所列的情况,则去掉一个最高报价、一个最低报价,然后用算术平均法求出本次投标平均价。如有上述情况的一种或几种,则计算投标平均价时不计入这些投标单位的报价,以剩余投标单位总报价之和,除以剩余投标单位数,得出本工程投标平均价。

④得出投标平均价后,根据以下规定,求出各投标单位的商务标得分。商务标得分值保留两位小数。

a.投标平均价为基准分37.5分。

b.总报价每高出投标平均价1%扣0.5分,最多扣7.5分。

c.总报价每低于投标平均价1%加0.5分,最多加7.5分。

⑤本指标的评分由评标小组指定两位工作人员,会同公证处的公证员根据评标细则的规定进行计算,并将计算结果汇总成表交全体评委审阅。

(三)最终得分与中标单位的确定

1.各投标单位最终得分按以下公式进行计算

$$技术标得分=技术标书得分+投标公函得分$$

$$最终得分=技术标得分+商务标得分$$

最终得分值四舍五入保留两位小数。

注1.对技术标出现违规标书的投标单位,最终得分为零分。

注2.对商务标视为无效标的投标单位,最终得分只计取技术标得分。

2.投标单位的最终得分若出现并列分,则并列者中技术标得分高的列前。能因此项确认或调整而要求变更原总报价。

(四)本评标办法经某市建设和管理委员会同意并备案,适用于某百货大楼工程的评标

(五)本工程评标需有2/3以上评委参加为有效

(六)本工程评标由市公证处进行公证

(七)本评标办法由市某公司负责解释

某公司
年　月　日

【引导问题2】　阅读某市中心百货大楼施工工程评标办法编制实例,回答以下问题:

①评标办法的编制内容有哪些?

②评标办法的编制要求和步骤有哪些?

③评标办法的审查内容有哪些?

评标办法犹如整个招标活动中的一架天平,一边是招标人的技术商务要求,一边是投标人的实力。它是招标人选择中标人的尺度,是招标文件的一个重要组成部分,应在招标文件中公布。

(1)评标办法的编制内容

招标人或者其委托的招标代理人编制的评标办法,一般由以下几部分内容组成:

①评标组织。即由招标人设立的负责工程招标评标的临时组织。评标组织的形式为评标委员会,人员构成一般包括招标人和有关方面的技术、经济专家。

②评标原则。它是贯穿于整个评标活动全过程的基本指导思想和根本准则。评标总的原则是平等竞争、机会均等、公正合理、科学正当、择优定标。

③评标程序。评标程序是进行评标活动的次序和步骤。只对被确认为有效的投标文件进行评标,评标程序一般可概括为两段(初审、终审)、三审(符合性、技术性、商务性评审)。

④评标方法。评标的方法是多种多样的,一般主要有最低评标价法、综合评价法、性价比法和两阶段评议法。

⑤评标日程安排。评标的时间、地点通常在投标须知中已具体阐明。

⑥评标过程中发生争议问题的澄清、解释和协调处理。在评标过程中,可能会发生各种意想不到的争议。为了避免倾向性,有失公允,招标人必须事先制订好对争议问题的澄清、解释规则和协调处理程序。

(2)评标办法的编制要求和步骤

评标办法由建设工程招标人负责编制。建设工程招标人没有编制评标办法的能力的,由其委托招标代理人编制。

①评标办法的编制要求应符合以下3点:

a.评标办法必须公正,对所有投标人应一律平等,不得含有任何偏向性或歧视性条款;

b.评标办法应当科学、合理,据此可以客观、准确地判断出所有投标文件之间的差别和优劣;

c.评标办法应当简明扼要、通俗易懂,具有高度的准确性、可操作性。

②评标办法的编制步骤可分为以下4步:

a.确定评标组织的形式、人员组成和运作制度;

b.规定评标活动的原则和程序;

c.选择和确定评标的方法;

d.明确评标的具体日程安排。

(3)评标办法的审查

评标办法编制完成后,必须按规定报送建设工程招标投标管理机构审查认定。主要审查内容如下:

①评标办法与招标文件的有关规定是否一致;

②评标办法是否符合有关法律、法规和政策,是否体现公开、公正、平等竞争和择优的原则;

③评标组织的组成人员是否符合条件和要求,是否有应当回避的情形;

④评标方法的选择和确定是否适当,如评标因素设置是否合理、分值分配是否恰当、打分标准是否科学合理、打分规则是否清楚等;

⑤评标的程序和日程安排是否妥当;

⑥评标定标办法是否存在多余、遗漏或不清楚的问题。

相关链接

不见面开评标

"不见面开评标"是政府采购数字化改革的一项重要工作,通过不同地区在线协同抽取专家、远程异地协同评标、在线连接询标、评审过程云存储等功能,实现政府采购项目全过程数字化、智能化采购。评标全程可在"虚拟开标大厅""虚拟评标大厅"完成,供应商在"云端"完成演示、述标和答辩等评标应答,实现在线投标解密、在线直播观看、在线评标询标、在线答疑演示、在线实时监控、在线资料归档等数字化功能。这种评标方式既能有效缓解部分地区或行业评审专家结构性短缺问题,又有利于防止评审腐败行为发生,实现政府采购数字化智慧监管,打通全流程数字化采购最后一公里。

5）工程量清单的编制

招标工程量清单应由具有编制能力的招标人或受其委托、具有相应资质的工程造价咨询人编制。招标工程量清单必须作为招标文件的组成部分，其准确性和完整性应由招标人负责。招标工程量清单是工程量清单计价的基础，应作为编制招标控制价、投标报价、计算或调整工程量、索赔等的依据之一。招标工程量清单应以单位（项）工程为单位编制，应由分部分项工程项目清单、措施项目清单、其他项目清单、规费和税金项目清单组成。在清单编制阶段，通过将设计单位提供的 BIM 建筑信息模型导入相关计算软件，在建筑计算模型的基础上计算汇总各专业的工程量，套用地方政府或行业发布的工程定额，优化模型，可以避免漏项，减少重复计量。

（1）编制依据

①2013 版清单计价规范和相关工程的国家计量规范；

②国家或省级、行业建设主管部门颁发的计价定额和办法；

③建设工程设计文件及相关资料；

④与建设工程有关的标准、规范、技术资料；

⑤拟定的招标文件；

⑥施工现场情况、地勘水文资料、工程特点及常规施工方案；

⑦其他相关资料。

（2）编制原则

①按工程的施工要求将工作分解立项。注意将不同性质的工程分开，不同等级的工程分开，不同部位的工程分开，不同报价的工程分开，单价、合价分开。

②尽可能不遗漏按招标文件规定需要施工并报价的项目。

③既便于报价，又便于工程进度款的结算与支付。

（3）工程量清单与报价表的前言说明

工程量清单与报价表的前言说明既指导投标人报价，又对合同价及结算支付控制具有重要作用。通常应作如下说明：

①工程量清单应与投标须知、合同条件、技术规范和图纸一并理解使用。

②工程量清单中的工程量是暂定工程量，仅为报价所用。施工时支付工程款以监理工程师核实的实际完成的工程量为依据。

2013版清单
相关术语

③工程量清单的单价、合价已经包括了人工费、材料费、施工机械费、其他直接费、间接费、利润、税金、风险等全部费用。

④工程量清单中的每一项目必须填写，未填写项目不予支付。因为此项费用已包含在工程量清单中的其他单价和合价中。

（4）分部分项工程量清单项目特征描述技巧①

①必须描述的内容：

a.涉及正确计量的内容必须描述。例如：门窗洞口尺寸或框外围尺寸，由于"2003 规范"将门窗以"樘"计量，1 樘门或窗有多大，直接关系到门窗的价格，对

项目特征描述

① 节选自马楠《2013 新版清单计价规范》讲义。

门窗洞口或框外围尺寸进行描述就十分必要;"2008 规范"虽然增加了按"m²"计量,若采用"樘"计量,上述描述仍是必需的。

b.涉及结构要求的内容必须描述。例如:混凝土构件的混凝土强度等级,是 C20 还是 C30 或 C40 等,因混凝土强度等级不同,其价格也不同,必须描述。

c.涉及材质要求的内容必须描述。例如:油漆的品种是调和漆,还是硝基清漆等;管材的材质是碳钢管,还是塑钢管、不锈钢管等;还需对管材的规格、型号进行描述。

d.涉及安装方式的内容必须描述。例如:管道工程中的钢管的连接方式是螺纹连接还是焊接;塑料管是粘接连接还是热熔连接等就必须描述。

②可不描述的内容:

a.对计量计价没有实质影响的内容可以不描述。例如:对现浇混凝土柱的高度、断面大小等的特征规定可以不描述,因为混凝土构件是按"m³"计量,对此的描述实质意义不大。

b.应由投标人根据施工方案确定的可以不描述。例如:对石方预裂爆破的单孔深度及装药量的特征描述,若由清单编制人来描述较困难,由投标人根据施工要求,在施工方案中确定,自主报价比较恰当。

c.应由投标人根据当地材料和施工要求确定的可以不描述。例如:对混凝土构件中混凝土拌合料使用的石子种类及粒径、砂子种类及特征规定可以不描述,因为混凝土拌合料使用卵石还是碎石,使用粗砂还是中砂,除构件本身特殊要求需要指定外,主要取决于工程所在地砂、石子等材料的供应情况。至于石子的粒径大小主要取决于钢筋配筋的密度。

d.应由施工措施解决的可以不描述。例如:对现浇混凝土板、梁的标高的特征规定可以不描述。因为同样的板或梁,都可以将其归并在同一个清单项目中,但由于标高的不同,将会导致因楼层的变化对同一项目提出多个清单项目。有的可能会讲,不同的楼层工效不一样,但这样的差异可以由投标人在报价中考虑,或在施工措施中去解决。

③可不详细描述的内容:

a.无法准确描述的可不详细描述。例如:土壤类别,由于我国幅员辽阔,地域差异较大,特别是南方,在同一地点,由于表层土与表层土以下的土壤,其类别是不相同的,要求清单编制人准确判定某类土壤的所占比例是困难的。在这种情况下,可考虑将土壤类别描述为综合,注明由投标人根据地勘资料自行确定土壤类别,决定报价。

b.施工图纸、标准图集中标注明确,可不再详细描述。对这些项目可描述为见××图集××页号及节点大样等。由于施工图纸、标准图集是发承包双方都应遵守的技术文件,这样描述,可以有效减少在施工过程中对项目理解的不一致。同时,对不少工程项目,要将项目特征一一描述清楚,也是一件费力的事情,如果能采用这一方法描述,就可以收到事半功倍的效果。因此,建议这一方法在项目特征描述中尽可能采用。

c.还有一些项目可不详细描述,但清单编制人在项目特征描述中应注明由招标人自定,如土石方工程中的"取土运距""弃土运距"等。首先要清单编制人决定在多远取土,或弃土运往多远时是困难的。其次,由投标人根据在建工程施工情况统筹安排,自主决定取、弃土方的运距,可以充分体现竞争的要求。

④计价规范规定多个计量单位的描述：

a.计价规范对"A.2.1混凝土桩"的"预制钢筋混凝土桩"计量单位有"m"和"根"两个计量单位，但是没有具体的选用规定。在编制该项目清单时，清单编制人可以根据具体情况选择"m""根"其中之一作为计量单位。但在项目特征描述时，若以"根"为计量单位，单桩长度应描述为确定值，只描述单桩长度即可；若以"m"为计量单位，单桩长度可以按范围值描述，并注明根数。

b.计价规范对"A.3.2砖砌体"中的"零星砌砖"的计量单位为"m³""m²""m""个"4个计量单位，但是规定了砖砌锅台与炉灶可按外形尺寸以"个"计算，砖砌台阶可按水平投影面积以"m²"计算，小便槽、地垄墙可按长度以"m"计算，其他工程量按"m³"计算，因此在编制该项目的清单时，应将零星砌砖的项目具体化，并根据计价规范的规定选用计量单位，并按照选定的计量单位进行恰当的特征描述。

⑤规范没有要求，但又必须描述的内容：对规范中没有项目特征要求的个别项目，但又必须描述的应予以描述。由于计价规范在我国初次实施，难免在个别地方存在考虑不周的地方，需要在实际工作中来完善。例如："A.5.1厂库房大门、特种门"，计价规范以"樘"作为计量单位，但又没有规定门大小的特征描述，那么，"框外围尺寸"就是影响报价的重要因素，因此，就必须描述，以便投标人准确报价。同理，"B.4.1木门""B.5.1门油漆""B.5.2窗油漆"也是如此，需要注意增加描述门窗的洞口尺寸或框外围尺寸。

计量单位按附录规定填写，附录中该项目由两个或两个以上计量单位的，应选择最适宜计量的方式决定其中一个进行填写。工程量应按附录规定的工程量计算规则计算填写。

建筑工程量清单与定额计量的差异

6）技术规范的编写

技术规范应主要说明工程现场的自然条件、施工条件及本工程的施工技术要求和采用的技术规范。

（1）工程现场的自然条件

说明工程所处的地理位置、现场环境、地形、地貌、地质与水文条件、地震烈度、气温、雨雪量等。

（2）施工条件

说明建设用地面积、建筑物占地面积、现场拆迁情况、施工交通、水电、通信等情况，以及临时设施布置及临时用地表。

（3）施工技术要求

主要说明施工的材料供应、技术质量标准、工期等以及对分包的要求，各种报表（如开工报告、测量报告、试验报告、材料检验报告、工程进度报告、报价报告、竣工报告等）的要求，以及测量、试验、工程检验、施工安装、竣工等要求。

"1+X"装配式建筑构件制作与安装职业技能等级证书考评大纲

装配式建筑构件制作与安装职业技能等级标准

（4）技术规范

一般采用国际国内公认的标准规范以及施工图中规定的施工技术要求，一般由招标人委托咨询设计单位编写。

特别提示

在说明现场条件时,应明确临时设施、加工车间、现场办公、设备及仓储、供电、供水、卫生、生活等设施的情况和布置。招标人因此应提交一份施工现场临时设施布置图表并附文字说明。同时,招标人要列表注明全部临时设施用地的面积、详细用途和需用的时间。

7)投标书及其附录、投标保证格式

(1)投标书格式

投标书是由投标人授权的代表签署的一份投标文件,是对承包商具有约束力的合同的重要部分。投标书应附有投标书附录,投标书附录是对合同条件中重要条款的具体化,如列出条款号及以下内容:履约保证金、误期赔偿费、预付款、保留金、竣工时间、保修期等。

(2)投标保函格式

投标保函决定投标人的投标文件能否为招标人所接收。

4.3.3 资格审查文件的编制

(1)资格审查文件的编制目的

资格预审程序可以帮助招标人较全面地了解申请投标人各方面的情况,提前将不合格、竞争能力较差的投标人淘汰,节约评标时间,减少招标和投标成本。在编制资格预审文件时,应结合招标工程特点突出对投标人实施能力的考察。

(2)资格审查文件的编制内容

①资格预审申请函;

②法定代表人身份证明或附有法定代表人身份证明的授权委托书;

③联合体协议书;

④申请人基本情况表;

⑤近年财务状况表;

⑥近年完成的类似项目情况表;

⑦正在施工和新承接的项目情况表;

⑧近年发生的诉讼及仲裁情况;

⑨其他材料,见申请人须知前附表。

4.3.4 工程招标控制价的编写

招标控制价是招标人根据国家或省级、行业建设主管部门颁发的有关计价依据和办法,以及拟定的招标文件和招标工程量清单,结合工程具体情况编制的招标工程的最高投标限价。在招标控制价编制过程中,应用BIM技术对工程量进行统计、优化、比对,套用地方政府或行业发布的工程定额,优化模型、完善计价,可以提高报价的速度、效率和准确性。招标控制价是在建设市场发展过程中对传统标底概念性质上进行的界定,其作用体现在3个方面:

①招标人通过招标控制价可以清除投标人之间合谋超额利益的可能性,有效遏制围标、串标行为;

②投标人通过招标控制价可以避免投标决策的盲目性,增强投标活动的选择性和经济性;

③招标控制价与经评审的合理最低价评标配合,能促使投标人加快技术革新和提高管理水平。

相关链接

2013 版清单计价规范关于招标控制价的一般规定

5.1.1 国有资金投资的建设工程招标,招标人必须编制招标控制价。

5.1.2 招标控制价应由具有编制能力的招标人或受其委托具有相应资质的工程造价咨询人编制和复核。

5.1.3 工程造价咨询人接受招标人委托编制招标控制价,不得再就同一工程接受投标人委托编制投标报价。

5.1.4 招标控制价按照本规范第 5.2.1 条的规定编制,不应上调或下浮。

5.1.5 招标控制价超过批准的概算时,招标人应将其报原概算审批部门审核。

5.1.6 招标人应在发布招标文件时公布招标控制价,同时应将招标控制价及有关资料报送工程所在地或有该工程管辖权的行业管理部门工程造价管理机构备查。

1) 招标控制价的编制依据

①2013 版工程量清单计价规范。

②国家或省级、行业建设主管部门颁发的计价定额和计价办法。

③建设工程设计文件及相关资料。

④拟定的招标文件及招标工程量清单。

⑤与建设项目相关的标准、规范、技术资料。

⑥施工现场情况、工程特点及常规施工方案。

⑦工程造价管理机构发布的工程造价信息;工程造价信息没有发布的,参照市场价。

⑧其他相关资料。

2) 招标控制价的编制内容

招标控制价的编制内容包括分部分项工程费、措施项目费、其他项目费、规费和税金的编制。

(1) 分部分项工程费

$$分部分项工程费 = \sum 分项工程量 \times 综合单价$$

相关链接

2013 版清单计价规范相关规定

5.2.2 综合单价中应包括招标文件中划分的应由投标人承担的风险范围及其费用。招标文件中没有明确的,如是工程造价咨询人编制,应提请招标人明确;若是招标人编制,应予明确。

5.2.3 分部分项工程和措施项目中的单价项目,应根据拟定的招标文件和招标工程量清单项目中的特征描述及有关要求确定综合单价计算。

（2）措施项目费

2013版清单计价规范将措施项目明确分为单价项目和总价项目，单价项目应按分部分项工程量清单的方式采用综合单价计价，总价项目采用以"项"为单位的方式计价。

相关链接

2013版清单计价规范相关规定

3.1.4　工程量清单应采用综合单价计价。

3.1.5　措施项目中的安全文明施工费必须按国家或省级、行业建设主管部门的规定计算，不得作为竞争性费用。

5.2.3　分部分项工程和措施项目中的单价项目，应根据拟定的招标文件和招标工程量清单项目中的特征描述及有关要求确定综合单价计算。

5.2.4　措施项目中的总价项目，应根据拟定的招标文件和常规施工方案按本规范第3.1.4和3.1.5条的规定计价。

（3）其他项目费

其他项目费包括暂列金额、暂估价、计日工和总包服务费。

其他项目费应按下列规定计价：

①暂列金额应按招标工程量清单中列出的金额填写；

②暂估价中的材料、工程设备单价应按招标工程量清单中列出的单价计入综合单价；

③暂估价中的专业工程金额应按招标工程量清单中列出的金额填写；

④计日工应按招标工程量清单中列出的项目根据工程特点和有关计价依据确定综合单价计算；

⑤总承包服务费应根据招标工程量清单列出的内容和要求估算。

（4）规费和税金

$$规费＝社会保险费＋住房公积金＋工程排污费$$

其中，社会保险费包括养老保险费、失业保险费、医疗保险费、工伤保险费、生育保险费。

税金应包括增值税、城市维护建设税、教育费附加和地方教育附加。

一般纳税人执行一般计税法的建筑企业，应缴增值税＝销项税－进项税，销项税＝含税价÷（1+9%）×9%；

一般纳税人执行简易计税法的和小规模纳税人建筑企业，应缴增值税＝含税价÷（1+3%）×3%。

营改增基础知识（1）

营改增基础知识（2）

营改增对分部分项工程费的影响

营改增对措施项目费的影响

营改增对其他项目费、规费、税金的影响

营改增后两项特殊政策

相关链接

招标控制价案例(1)　招标控制价案例(2)　招标控制价案例(3)　招标控制价案例(4)　招标控制价案例(5)

3)招标控制价的编制注意事项

①审核工程量清单应注意以下几个方面:

a.工程量清单的完整性;

b.工程量清单的准确性;

c.项目特征描述的准确性。

②综合单价的确定应注意以下几个方面:

a.综合单价的定额套用;

b.材料价格的确定;

c.风险范围的确定。

4)招标控制价的投诉与处理

若发现招标控制价编制过低,招标控制价编制不符合工程实际情况,及招标控制价未按规定编制等问题,投标人和管理部门分别可以按照 2013 版清单计价规范规定提起投诉和处理。

常见投诉情形有以下 10 种[②]:

①招标控制价总价是否由具有资质的造价咨询单位和人员编制和复核?

②招标控制价总价是否与细节构成完全吻合,是否随意上调下浮,是否在评标办法中将其下浮后作为拦标价?

③招标控制价公布的时间是否符合相关规定?

④编制招标控制价总价时,人、材、机单价是否先用信息价再用市场价?

⑤建设主管部门对费用标准的政策规定有幅度时,是否按幅度上限执行?

⑥编制招标控制价时,安全与文明施工费、规费和税金是否竞争?

⑦招标控制价的综合单价是否包括招标人要求投标人所承担的风险内容及其范围(幅度)产生的风险费用?

⑧招标文件中有无"无限风险、所有风险由承包人承担"的字样?

⑨招标人提供了有暂估单价的材料时,是否按暂定的单价计入综合单价?

---

②　节选自马楠《2014〈建筑工程施工发包与承包计价管理办法〉解读暨全过程造价精细化管理关键技术操作与案例分享》。

⑩招标控制价复核后误差是否大于±3％？

4.3.5　招标文件的汇总与审核

招标文件应对照《标准施工招标文件》(2007 年版)的组成部分,根据项目具体要求,进行汇总和审核。

(1)审核要点

①是否遵守法律、法规、规章和有关方针、政策的规定,是否符合有关贷款组织的合法要求。保证招标文件的合法性,是编制和审定招标文件必须遵循的一个根本原则。不合法的招标文件是无效的,不受法律保护。

②招标文件反映的情况和要求必须真实可靠,讲求信用,不能欺骗或误导投标人。招标人或招标代理人对招标文件的真实性负责。招标文件的内容应当全面系统、完整统一,各部分之间必须力求一致,避免相互矛盾或冲突。招标文件确定的目标和提出的要求,必须具体明确,不能发生歧义,模棱两可。

③分标是否适当。工程分标是指就工程建设项目全过程(总承包)中的勘察、设计、施工等阶段招标,分别编制招标文件,或者就工程建设项目全过程招标或勘察、设计、施工等阶段招标中的单位工程、特殊专业工程,分别编制招标文件。工程分标必须保证工程的完整性、专业性,正确选择分标方案,编制分标工程招标文件,不允许任意肢解工程,一般不能对单位工程再分部、分项招标,编制分部、分项招标文件。属于对单位工程分部、分项单独编制的招标文件,建设工程投标管理机构不予审定认可。

④工程量清单是否准确无误。

⑤是否兼顾招标人和投标人双方的利益。招标文件的规定要公平合理,不能不恰当地将招标人的风险转移给投标人。

⑥招标控制价编制是否存在缺陷。

(2)填写审核表(表 4.3)

表 4.3　招标文件重点问题审核工具表(模板)③

项目名称			审核人		
编制单位			审图时间		
审查内容	问题列项	审图要求及审核依据	满足打√,不满足打×	问题描述	整改要求
编制资质	人员资料:是否具有注册资格	是否签章			
	单位自制:是否满足相应资质	是否签章			
立项情况	立项报批	是否落实			
	资金落实	是否落实			
	审批手续	是否办妥			

---

③　节选自马楠《2014〈建筑工程施工发包与承包计价管理办法〉解读暨全过程造价精细化管理关键技术操作与案例分享》。

续表

审查内容	问题列项	审图要求及审核依据	满足打√,不满足打×	问题描述	整改要求
编制依据	立项批文	是否办妥			
	可研报告	是否依照可研报告			
	规划证书	是否依照规划证书			
	设计文件	是否依照设计文件			
	技术规范	是否依照技术规范			
	标准定额	是否依照标准定额			
	造价信息	是否依照造价信息			
	规费费率	是否依照规费费率			
	相关税率	是否按照相关税率			
现场条件	三通一平	是否符合现场要求			
	地质水文	是否符合现场要求			
	现场踏勘纪要	是否符合现场要求			
招标文件	招标方式	是否合理			
	发包模式	是否合理			
	计价方式	是否合理			
	招标范围	是否符合要求			
	标段划分	是否符合要求			
	合同类型	是否符合要求			
	工期要求	是否符合要求			
	质量要求	是否符合要求			
	付款条件	是否符合要求			
	甲供材料	是否符合要求			
	专业发包	是否符合要求			
	乙供材料	是否符合要求			
招标工程量清单	编制说明	是否按照反映编制说明			
	分部分项项目清单	是否依据其特征描述			
	单价措施项目清单	是否依据常规方案			
	总价措施项目清单	是否依据常规方案			
	其他项目清单	项目是否齐全			
	规费清单	项目是否齐全			
	税金项目清单	项目是否齐全			

续表

审查内容	问题列项	审图要求及审核依据	满足打√,不满足打×	问题描述	整改要求
招标控制价	编制原则	是否符合原则			
	总价偏差	是否符合要求			
	与概算比较	是否符合要求			
合同条款	通用条款	是否全面			
	专用条款	是否合法			
	协议书	是否规范			
评标办法	资格预审	是否合理			
	详细评审	是否合理			
	担保情况	是否提供			
发布环节	发布时间	是否符合规定要求			
	送达时间	是否符合规定要求			
其他					

4.4　任务实施与评价

4.4.1　任务实施

①根据教学所选项目情况,按照相关规定,完成该项目的投标须知,并完成投标须知表的填写。

②确定本项目的招标控制价,并陈述理由。

③完成本项目的招标文件审定,并陈述理由。

④参照《标准施工招标文件》(2007年版),按照招标文件的组成部分和本项目具体情况,进行文件汇总与装订。

4.4.2　任务评价

①此次任务完成中存在的主要问题有哪些?

②问题产生的原因有哪些?

③请提出相应的解决方法。

④你认为还需加强哪些方面的指导(实际工作过程及理论知识)?

知识回顾

在招标文件编制与审定阶段,招标单位或者招标代理人应当根据招标决策,按照招标文件的编制依据和内容编写招标文件。其内容主要涉及商务、技术、经济、合同等方面,由正式文本、对正式文本的解释和对正式文本的修改三部分构成。招标文件必须表明:招标单位选择投标单位的原则和程序,如何投标,建设背景和环境,项目技术经济特点,招标单位对项目在进度、质量等方面的要求,工程管理方式等。施工招标文件一般包含4卷,即商务卷、图纸、技术标准和要求、投标文件格式。商务卷包含招标公告或投标邀请书、投标须知、评标办法、合同条款及格式、工程量清单等内容。

本次任务还包括招标控制价的编制与审核。招标控制价为分部分项工程费、措施项目费、其他项目费、规费和税金5个清单子目合价。招标人应在发布招标文件时公布招标控制价,同时应将招标控制价及有关资料报送工程所在地或有该工程管辖权的行业管理部门工程造价管理机构备查。

文件编制的重点是工程量清单与报价表的编制、工程招标控制价的编写。招标文件的审定原则是遵守法律、法规、规章和有关方针、政策的规定,符合有关贷款组织的合法要求,兼顾招标人和投标人双方利益,以保证文件真实可靠、完整统一、具体明确、诚实信用。

课后训练

一、单项选择题

1.工程量清单是招标单位按国家颁布的统一工程项目划分、统一计量单位和统一工程量计算规则,根据施工图纸计算工程量,提供给投标单位作为投标报价的基础。结算拨付工程款时以(　　　)为依据。

    A.工程量清单　　　　B.实际工程量　　　C.承包方报送的工程量　　D.合同中的工程量

2.我国施工招标文件内容的编写应遵循的规定有(　　　)。

    A.明确投标有效期不超过18天

    B.明确评标原则和评标方法

    C.招标文件的修改,可用各种形式通知所有招标文件接收人

    D.明确评标委员会成员名单

3.(　　　)是发包人为解决承包人在施工准备阶段资金周转问题提供的协助,性质上属于借款。

    A.预付款　　　　　　B.投标保证金　　　C.履约保证金　　　　　　D.工程进度付款

4.(　　　)属于工程量清单中其他项目清单的组成部分。

    A.措施项目清单　　　　　　　　B.总承包服务费

    C.规费项目清单　　　　　　　　D.分部分项工程量清单

5.(　　　)是工程量清单子目单价组成的一个分解表,主要用于分析清单项目综合单价的合理性,或作为合同履行中计算变更单价、确定新增子目单价的依据。

    A.总承包服务费　　　　　　　　B.规费项目清单

    C.综合单价分析表　　　　　　　D.分部分项工程量清单

6.关于招标控制价的编制,论述正确的是(　　　)。

    A.计价依据包括国家或省级、行业建设主管部门颁发的计价定额和计价办法

    B.招标人在招标文件中公布招标控制价时,应只公布招标控制价总价,不得公布招标控制价各组成部分的详细内容

    C.综合单价中不包括招标文件中要求投标人所承担的风险内容及其范围产生的风险费用

    D.暂列金额一般可以按分部分项工程费的15%~20%为参考

7.当投标报价确定分部分项工程综合单价时,下列做法错误的是(　　　)。

    A.当出现招标文件中分部分项工程量清单特征描述与设计图纸不符时,投标人应以分

部分项工程量清单的项目特征描述为准,确定投标报价的综合单价

B.承包人不应承担由于法律、法规或有关政策出台导致工程税金、规费、人工费发生变化而产生的风险

C.招标文件中在其他项目清单中提供了暂估单价的材料,应按其暂估单价计入分部分项工程量清单项目的综合单价中

D.对于主要由市场价格波动导致的价格风险,一般采取的方式是承包人承担8%以内的材料价格风险,15%以内的施工机械使用费风险

8.《政府采购货物和服务投标管理办法》规定的(   )属于"经评审的最低投标价法"。

　　A.综合评价法　　　　B.最低评标价法　　C.综合评分法　　　　　　D.性价比法

9.招标文件的(   )内容,将来并不构成合同文件。

　　A.合同条款　　　　　B.设计图纸　　　　C.投标人须知　　　　　　D.技术标准与要求

二、多项选择题

1.招标文件应当包括(   )等所有实质性要求和条件,以及拟签订合同的主要条款。

　　A.招标工程的报批文件　　　　　　　　B.招标项目的技术要求

　　C.对投标人资格审查的标准　　　　　　D.投标报价要求

　　E.评标标准

2.采用工料单价法编制标底时,各分项工程的单价中应包括(   )。

　　A.人工费　　　　　　B.材料费　　　　　C.机械使用费　　　　　　D.其他直接费

　　E.间接费

3.支付担保的形式有(   )。

　　A.银行保函　　　　　B.质保　　　　　　C.履约保证金　　　　　　D.担保公司担保

　　E.抵押

4.在土建工程招标文件的主要内容中,合同格式文件包括(   )。

　　A.预付款保函格式　　　　　　　　　　B.合同协议书格式

　　C.履约保函格式　　　　　　　　　　　D.中标通知书格式

5.技术规格应(   ),详细描述招标货物的技术要求,应特别注意正确选用技术指标。

　　A.从原则到具体　　　B.从局部到整体　　C.从一般到特殊　　　　　D.从概略到详细

6.有关招标控制价的理解,下列阐述中正确的是(   )。

　　A.招标控制价应在招标文件中公布,不应上调或下浮

　　B.国有资金投资的工程建设项目应实行工程量清单招标,并应编制招标控制价

　　C.招标控制价超过批准的概算时,招标人应将其报原概算审批部门审核

　　D.投标人的投标报价高于招标控制价的,其投标应予以拒绝

　　E.招标控制价类似标底,需要保密

7.招标文件应当包括(   )等所有实质性要求和条件以及拟签订合同的主要条款。

　　A.招标工程的报批文件　　　　　　　　B.招标项目的技术要求

　　C.对投标人资格审查的标准　　　　　　D.投标报价要求

　　E.评标标准

8.招标文件中"评标办法"主要包括（　　　　）。

　A.选择评标方法　　　　　　　　B.确定评标程序

　C.组建评标委员会　　　　　　　D.出具书面评标报告

　E.确定评审因素和标准

三、拓展训练

1.上网进入当地建设工程交易中心网站,选择一个招标项目,完成投标须知的编制工作。

算量应用实例

2.教师可围绕本学校已建或在建项目,指定完成某项目招标文件的审定工作。

3.扫码阅读图片,请陈述 BIM 技术在工程量清单和招标控制价编制中可以发挥哪些作用?

4.扫码观看学生招标建模作品,教师指导各项目小组自选项目,进行 BIM 技术在招标文件编制中的应用实践。

康都火车站
项目概况

康都火车站
BIM模型

四、拓展思考

我国自主研发的三代核电技术"华龙一号"全球首堆示范工程,展示了中国工程的"难度",结合党的第二十大精神,谈谈你对工匠精神的理解。

任务 5　招标日常事务与纠纷处理

【引例1】

某集团工程施工招标时间安排见表5.1。

表 5.1　施工招标时间安排

序号	工作内容	时间	备注
1	签署招标代理委托协议	4.17	文本合同、计划批文
2	向市建委提交备案说明,申请提前进入招标程序	4.17	—
3	向业主递交招标文件初稿	4.18	施工图纸、工程报建证、晒图
4	与业主共同到建筑市场备案	4.19	计划批文、报建证、建设工程规划许可证(或允许提前进入招标程序的证明)、代理公司授权委托书、营业执照及资质证书复印件、全部合同原件

续表

序号	工作内容	时间	备注
5	向市招标办递交关于本项目进行邀请招标的申请	4.19~4.20	1.带建设单位营业执照、代码证复印件及申请 2.需业主缴纳劳务保证金后方可办理
6	向建筑市场递交招标文件进行审核	4.23	—
7	完善招标文件	4.24	上午
8	制订并发放投标邀请函	4.24	
9	发放资格预审文件	4.24	下午
10	投标单位递交资格预审文件	4.25	下午5时30分前
11	确定合格投标申请人并发放资格预审合格通知书	4.26	—
12	发放招标文件	4.26	下午
13	现场勘察	4.27	一般采用自行现场踏勘的方式
14	提交质疑文件	4.27	—
15	答复质疑文件	4.30	—
16	投标文件递交	5.15	8时30分至9时整
17	开标	5.15	建设工程规划许可证须提前完成(上午9时整)
18	评标	5.15	推荐单位排名和发布中标公示
19	制作评标报告	5.15~5.16	—
20	到建筑市场备案	5.16~5.17	—
21	发布中标通知书	5.17~5.18	—

【引导问题1】　根据引例1简述招标日常事务的主要工作内容及重点。

【引例2】

某建设项目实行公开招标,招标过程中出现了下列事件:

①招标方于5月8日起发出招标文件,文件中特别强调由于时间较紧要求各投标人不得迟于5月23日之前提交投标文件(即确定5月23日为投标截止时间),并于5月10日停止出售招标文件,6家单位领取了招标文件。

②招标文件中规定:如果投标人的报价高于标底15%以上一律确定为无效标。招标方请咨询机构代为编制了标底,并考虑投标人存在着为招标方有无垫资施工的情况编制了两个不同的标底,以适应投标人情况。

③5月15日招标方通知各投标人,原招标工程中的土方量增加20%,项目范围也进行了

调整,各投标人据此对投标报价进行计算。

④招标文件中规定:投标人可以用抵押方式进行投标担保,并规定投标保证金额为投标价格的5%,不得少于100万元,投标保证金有效期时间同投标有效期。

⑤按照5月23日的投标截止时间要求,一个外地的投标人于5月21日从邮局寄出了投标文件,由于天气原因5月25日招标人收到投标文件。本地A公司于5月22日将投标文件密封加盖了本企业公章并由准备承担此项目的项目经理本人签字按时送达招标方。本地B公司于5月20日送达投标文件后,5月22日又递送了降低报价的补充文件,补充文件未对5月20日送达文件的有效性进行说明。本地C公司于5月19日送达投标文件后,考虑自身竞争实力于5月22日通知招标方退出竞标。

⑥开标会议由本市常务副市长主持。开标会议上对退出竞标的C公司未宣布其单位名称,本次参加投标单位仅有5个单位,开标后宣布各单位报价与标底时发现5个投标报价均高于标底20%以上,投标人对标底的合理性当场提出异议。与此同时,招标方代表宣布5家投标报价均不符合招标文件规定,此次招标作废,请投标人等待通知(若某投标人退出竞标,其保证金在确定中标人后退还)。3日后招标方决定6月1日重新招标,招标方调整标底,原投标文件有效。7月15日经评标委员会评定本地区无中标单位,由于外地某公司报价最低故确定其为中标人。

⑦7月16日发出中标通知书。通知书中规定:中标人自收到中标书之日起30日内按照招标文件和中标人的投标文件签订书面合同。与此同时,招标方通知中标人与未中标人。投标保证金在开工前30日内退还。中标人提出投标保证金不需归还,当作履约担保使用。

⑧中标单位签订合同后,将中标工程项目中2/3的工程量分包某未中标人E,未中标人E又将其转包给外地的农民施工单位。

公开招标时,经资格预审5家单位参加投标,招标方确定的评标准则如下:

采取综合评分法选择综合分值最高单位为中标单位。评标中,技术性评分占总分的40%,投标报价占60%。技术性评分中包括施工工期、施工方案、质量保证措施、企业信誉四项内容各占总评分的10%,其中每单项评分满分为100分。

计划工期为40个月,每减少一个月加5分(单项),超过40个月为废标。设置复合标底,其中招标方标底(6 000万元)占60%,投标方有效报价的算术平均数占40%。各单位报价与复合标底的偏差度(取整数)在±3%内为有效标,其中−3%对应满分100分,每上升1%扣5分。

企业信誉评分原则是:以企业近三年工程优良率为准,100%为满分,如有国家级获奖工程,每项加20分,如有省级优良工程每项加10分;项目班子施工经验评分原则是:以近三年来承建类似工程与承建总工程百分比计算,100%为100分。该项组织施工方案质量保证措施得分由评委会专家评出。该项得分=优良率×100+优质工程加分+类似工程比×100。投标单位相关数据表见表5.2至表5.4。

表5.2　投标单位相关数据表（1）

投标单位	报价/万元	工期/月	企业信誉(近三年优良工程率及获奖工程)	项目班子施工经验(承建类似工程百分比)/%	施工方案得分	质保措施得分
A	5 970	36	50%　获省优工程一项	30	85	90
B	5 880	37	40%	30	80	85
C	5 850	34	55%　获鲁班奖工程一项	40	75	80
D	6 150	38	40%	50	95	85
E	6 090	35	50%	20	90	80

表5.3　投标单位相关数据表（2）

投标单位	施工方案	质保措施	施工工期	企业信誉	得分
A	85	90	120	90	38.5
B	80	85	115	70	35
C	75	80	130	115	40
D	95	85	110	90	38
E	90	80	125	70	36.5

表5.4　投标单位相关数据表（3）

投标单位	投标报价/万元	报价偏离值	报价偏离度	得分
A	5 970		−0.42%	
B	5 880	−115	−1.92%	
C	5 850	−145	−2.42%	
D	6 150	155	2.59%	
E	6 090	95	1.58%	

【引导问题2】　根据引例2回答以下问题：

①招标日常事务的主要纠纷有哪些？

②说明投标过程中出现的上述8个事件的正确性及其理由。

③该引例采用了哪种评标办法,请按引例中的规定确定各投标人商务标得分。

5.1　任务导读

建设工程施工招标的主要工作程序可分为5个阶段:建设项目报建,编制招标文件,发放招标文件,开标、评标与定标,签订合同。

在完成建设项目报建和招标文件编制后,本任务的主要工作内容包括:发布招标公告或投标邀请书、审查投标人资格、发标、开标、评标和定标,同时处理招标过程中的相关纠纷。

招标日常事务与纠纷处理——提质增效,合法合规

招标基本程序

5.2 任务目标

①按照招标文件规定,制订招标工作程序。
②完成资格预审和招标文件发售工作。
③按照招标工作时限,完成招标文件答疑、澄清与修改、开标、评标工作。
④按照招标工作时限,完成定标工作,处理相关纠纷,完成招标资料归档。
⑤通过完成该任务,提出后续工作建议,完成自我评价,并提出改进意见。

常见招投标
纠纷

5.3 知识准备

5.3.1 资格审查

招标实务处理

【引例3】

某桩基工程施工投标邀请书(资格预审)

编号:

致 _____

1.某桩基工程已批准建设。资金自筹已毕,现决定对该项目的桩基工程施工进行邀请招标,择优选定承包人。

2.本次招标工程项目的概况如下:

①招标工程类别:Ⅰ类打桩工程。

②建设规模:总建筑面积约 40 885.8 m^2,建筑高度 36 m。

③结构类型:桩基工程采用钻孔灌注桩,框架结构,层数七层,地下一层。

④招标范围:某桩基工程设计图纸范围内的桩基工程,包括钻孔灌注桩及基坑围护等工程。

⑤工程建设地点:某县某路。

⑥计划开工日期:某年某月某日,竣工日期:某年某月某日,工期:100日历天。

⑦工程质量要求达到国家施工验收规范合格工程标准。

3.如你方对本工程上述(一个或多个)招标工程项目感兴趣,可向招标人提出资格预审申请,只有资格预审合格,才有可能被邀请参加投标。

4.请你方按本邀请书后所附招标人或招标代理机构地址,从招标人或招标代理机构处获取资格预审文件,时间为某年某月某日至某月某日,每天上午8时30分至11时30分,每天下午14时至17时(公休日与节假日除外)。

5.资格预审文件每套售价200元人民币,售后不退。如欲邮购,可以书面形式通知招标人,并另加邮费每套25元人民币,招标人将立即以航空挂号方式向投标人寄送资格预审文件。但在任何情况下,如寄送的文件迟到或丢失,招标人均不对此负责。

6.资格预审申请书必须经密封后,在某年某月某日某时以前送至我方。申请书封面上应清楚地注明"(招标工程项目名称和标段名称)资格预审申请书"字样。

7.迟到的申请资料(申请书)将被拒绝(以送达招标人的时间为准)。

8.我方将及时通知你方资格预审结果,并预计于某年某月某日发出资格预审合格通知书。

9.有关本项目投标的其他事宜,请与我方联系。

招标人地址:

联系人: 传真: 电话: 邮编:

购买招标文件联系电话:

购买招标文件联系人:

【引例4】

某公路改造工程施工招标公告(资格后审)

招标编号:

某公路改造工程项目经批准建设,国家补助资金已落实。项目法人为某工程建设指挥部,招标人为某工程建设指挥部,现对本项目在全国范围公开招标,符合条件的申请人均可投标,本项目不接受联合体申请,不得分包。现将招标有关事宜通告如下:

1.某公路改建工程起于某县,止于某县,路线全长68 km。

2.该项目为一个合同段,全长68 km,工程内容有路基、路面(沥青路面、块石路面)、安全设施等。

3.施工标段的申请:采用国内竞争性公开招标,资格后审的方式。凡具有独立法人资格、持有营业执照,具有不低于公路工程号业承包三级以上(含三级)资质,且近五年无不良业绩的施工企业,均可对上述标段进行报名。

4.符合条件的申请人须于某年某月某日至某年某月某日8时30分至17时30分(北京时间,下同)携带企业营业执照正本或副本原件、资质证书正本或副本原件、安全生产许可证副本、经公证的法人授权书原件、被授权人的身份证(原件及复印件)到某县(具体地址)购买标书(含资格后审文件),每套招标文件售价人民币壹仟元整(¥1 000.00),图纸资料费:人民币壹仟贰佰元整(¥1 200.00),售后不退。

5.投标人在送交招标文件时,应同时以现金形式向招标人提交投标保证金伍万元整(¥50 000.00)作为投标担保。

6.提交投标文件的截止日期为某年某月某日某时,投标文件必须在上述时间之前交到某处。

7.定于某年某月某日9时在某处公开开标,投标人应派其授权代表出席。

8.公告发布媒体:某报。

招标人地址:

联系人: 传真: 电话: 邮编:

招标代理机构地址:

联系人: 传真: 电话: 邮编:

购买招标文件联系电话:

购买招标文件联系人:

日期: 年 月 日

【引导问题3】 阅读引例3、引例4,回答以下问题:

①资格审查的种类有哪些?

②资格审查的主要内容有哪些?

③资格审查的方法与程序有哪些?

相关链接

招标公告和投标邀请书的媒介传播

1.《招标公告发布暂行办法》规定:《中国日报》《中国经济导报》《中国建设报》和中国采购与招标网为发布依法必须招标项目的招标公告的媒介。其中,依法必须招标的国际招标项目的招标公告应在《中国日报》发布。

2.对于投标邀请书,一般由招标人直接向被邀请的投标人通过传真、邮寄方式送达。
---

1)资格审查的种类

资格审查分为资格预审和资格后审。

资格预审是指在投标前对潜在投标人进行的资格审查,是在招标阶段对申请投标人的第一次筛选,目的是审查投标人的企业总体能力是否适合招标工程的需要。只有在公开招标时才设置此程序。

资格后审是指在开标后对投标人进行的资格审查。已进行资格预审的,一般不再进行资格后审,但招标文件另有规定的除外。资格后审适用于工期紧迫、工程较为简单的建设项目,审查的内容与资格预审基本相同。

2)资格审查的主要内容

资格审查应按资格审查文件的要求,主要审查潜在投标人或者投标人是否符合下列条件:

①具有独立订立和履行合同的能力,主要从专业、技术资格和能力,资金、设备和其他物质设施状况,管理能力,经验、信誉和相应的从业人员方面进行考察;

②营业状况良好,无被责令停业,投标资格被取消,财产被接管、冻结,破产状态等不良状况;

③信誉良好,最近3年内无骗取中标、严重违约及重大工程质量问题发生;

④法律、行政法规规定及本项目所需的其他资格条件。

对于需要有专门技术、设备或经验的投标人才能完成的大型复杂项目,应针对工程所需的特别措施或工艺专长、专业工程施工经历和资质及安全文明施工要求等内容进行更加严格的资格审查。

相关链接

《招标投标法实施条例》(节选)

第三十二条 招标人不得以不合理的条件限制、排斥潜在投标人或者投标人。

招标人有下列行为之一的,属于以不合理条件限制、排斥潜在投标人或者投标人:

(一)就同一招标项目向潜在投标人或者投标人提供有差别的项目信息;

(二)设定的资格、技术、商务条件与招标项目的具体特点和实际需要不相适应或者与合同履行无关;

(三)依法必须进行招标的项目以特定行政区域或者特定行业的业绩、奖项作为加分条件或者中标条件;

(四)对潜在投标人或者投标人采取不同的资格审查或者评标标准;

(五)限定或者指定特定的专利、商标、品牌、原产地或者供应商;

(六)依法必须进行招标的项目非法限定潜在投标人或者投标人的所有制形式或者组织形式;

(七)以其他不合理条件限制、排斥潜在投标人或者投标人。

　　【应用案例 1】　某水电站的引水发电隧洞施工招标,招标工程为建造一条洞长 9 400 m、洞径 8 m 的输水隧道。招标人资格审查的标准中要求投标人必须完成过洞长 6 000 m、洞径 6 m 以上的有压隧洞施工经历。

　　【专家评析】　招标人资格审查的标准中设立的洞长和洞径小于实际招标项目,但要求具有有压隧洞施工经历。这是该招标工程结构受力特点决定的。一般公路或铁路隧洞均为无压隧洞,洞壁受力总是指向洞内的外界山岩压力产生的压缩变形,而当水力发电隧洞无水时,受力特点为无压隧洞,但发电隧洞充水时内水压力大于外部的山岩压力,隧洞衬砌部分受拉伸变形。此外,在施工组织、施工技术、施工经验和管理等方面也应要求与招标项目在同一数量水平上。

　　3)资格审查的方法与程序

　　(1)资格审查的方法

　　资格审查办法一般分为合格制和有限数量制两种。合格制即依照考核因素和标准,凡能通过者,均可参加投标,合格者数量不受限定。有限数量制是指预先限定通过资格预审的人数,再量化各项审查指标,依照资格审查标准和程序,最后按得分由高到低确定通过资格预审的申请人。通过者不得超过限定数量。

　　(2)资格审查的程序

　　①初步审查,即一般符合性审查。

　　②详细审查,重点审查投标人的财务能力、技术能力和施工经验等内容。

　　③资格预审申请文件的澄清。在审查过程中,审查委员会可以以书面形式,要求申请人对所提交的资格预审申请文件中不明确的内容进行必要的澄清或说明。申请人的澄清或说明应采用书面形式,并不得改变资格预审申请文件的实质性内容。申请人的澄清和说明内容属于资格预审申请文件的组成部分。招标人和审查委员会不接受申请人主动提出的澄清或说明。

　　④提交审查报告。完成资格审查后,审查委员会应确定通过者名单,并向招标人提交书面审查报告。如果通过者数量不足 3 个,招标人应重新组织资格预审或不再组织资格预审而直接招标。

　　资格预审评审报告一般包括工程项目概述、资格预审工作简介、资格评审结果和资格、评审表等附件内容。

特别提示

　　资格预审申请人除应满足初步审查和详细审查的标准外,还不得存在下列任何一种情形:

　　1.不按审查委员会要求澄清或说明的。

　　2.在资格预审过程中弄虚作假、行贿或有其他违法违规行为的。

　　3.申请人存在下列情形之一:

　　①为招标人不具有独立法人资格的附属机构(单位);

　　②为本标段前期准备提供设计或咨询服务的,但设计施工总承包的除外;

　　③为本标段的监理人;

④为本标段的代建人；

⑤为本标段提供招标代理服务的；

⑥与本标段的监理人或代建人或招标代理机构同为一个法定代表人的；

⑦与本标段的监理人或代建人或招标代理机构相互控股或参股的；

⑧与本标段的监理人或代建人或招标代理机构相互任职或工作的；

⑨被责令停业的。

5.3.2 招标文件发售、现场踏勘、招标文件答疑、澄清与修改

1）发售招标文件

完成资格审查后，招标人向合格投标人发售招标文件，对于其中的设计文件，招标人可以酌情收取押金。但招标文件的发售价格以工本费为限，招标人不得以此牟利。一旦确定中标人，设计文件退回后，招标人应同时退还其押金。

招标文件的澄清或修改内容作为招标文件的组成部分，对招标人和投标人起约束作用。

2）现场踏勘与答疑

（1）现场踏勘

按投标须知规定的时间，招标人可组织投标人自费进行现场考察。目的是帮助投标人了解工程项目的现场条件、自然条件、施工条件以及周围环境条件，以便确定投标策略，编制投标文件，从而避免中标人在履行合同过程中以不了解现场情况推卸应承担的责任。投标人在踏勘现场中的疑问，招标人可以书面形式答复，也可以在投标预备会上答复。

（2）招标文件答疑、澄清与修改

①召开投标预备会与招标答疑。按招标文件中规定的时间和地点，招标人应主持召开投标预备会，也称标前会议或者答疑会。目的在于解答投标人提出的关于招标文件和现场踏勘的疑问。答疑会结束后，由招标人以书面形式将所有问题及问题的解答向获得招标文件的投标人发放。会议记录作为招标文件的组成部分。凡答疑内容与已发放招标文件不一致之处，应以会议记录的解答为准。问题及解答纪要须同时向建设行政主管部门备案。

②招标文件澄清与修改。招标人对招标文件所作的任何澄清和修改，须报建设行政主管部门备案，并在投标截止日期15日前发给获得招标文件的所有投标人。投标人收到招标文件的澄清或修改内容后应以书面形式确认。

招标人可根据招标文件答疑、澄清与修改情况，延长投标截止时间以便于投标人编制投标文件。

【应用案例2】 某市高速公路工程全部由政府投资。该项目为该市建设规划的重点项目之一，并且已经列入地方年度固定资产投资计划，项目概算已经报主管部门批准，施工图及有关部门技术资料齐全。现决定对该项目进行施工招标。经过资格预审，给潜在投标人发放招标文件后，业主对投标单位就招标文件所提出的问题统一作出了书面答复，并以备忘录的形式分发给各投标单位，具体格式见表5.5。

表5.5　招标文件备忘录

序号	问题	提问单位	提问时间	答复
1				
2				
⋮				
n				

在书面答复投标单位的提问后,业主组织各投标单位进行了施工现场踏勘。在提交投标文件截止时间前10日,业主书面通知各投标单位,由于某种原因,决定将该项工程的收费站工程从原招标范围内删除。

【问题】　该项目施工招标存在哪些问题或不妥之处?

【专家评析】　根据相关法律法规,该项目招标存在以下3方面的问题:

①招标工作步骤安排存在问题,现场踏勘环节应安排在书面答复投标单位问题前,因为投标单位可能在现场踏勘环节对施工现场提出问题。

②业主对投标单位的提问只能针对具体问题进行答复,但不应提及具体提问单位(投标单位)。而案例中的"招标文件备忘录"中的提问单位却透露了潜在投标人的信息。按《招标投标法》第二十二条规定,招标人不得向他人透露已获取招标文件的潜在投标人的名称、数量以及可能影响公平竞争的有关招标投标的其他情况。

③业主在提交投标文件截止时间前10日,业主书面通知各投标单位,由于某种原因,决定将该项工程的收费站工程从原招标范围内删除。这种做法不符合《招标投标法》中第二十三条规定"招标人对已发出的招标文件进行必要的澄清或者修改的,应当在招标文件要求提交投标截止时间至少十五日前,以书面形式通知所有招标文件收受人。该澄清或者修改的内容为招标文件的组成部分。"若迟于这一时限发出变更招标文件的通知,则应当将原定的投标截止日期适当延长,以便投标单位有足够的时间充分考虑这种变更对投标书的影响。本案例在提交投标文件截止时间前10日对招标文件做了变更,但并未说明投标截止日期已经相应延长。

相关链接

《招标投标法实施条例》(节选)

第三十九条　禁止投标人相互串通投标。

有下列情形之一的,属于投标人相互串通投标:

(一)投标人之间协商投标报价等投标文件的实质性内容;

(二)投标人之间约定中标人;

(三)投标人之间约定部分投标人放弃投标或者中标;

(四)属于同一集团、协会、商会等组织成员的投标人按照该组织要求协同投标;

(五)投标人之间为谋取中标或者排斥特定投标人而采取的其他联合行动。

第四十条　有下列情形之一的,视为投标人相互串通投标:

（一）不同投标人的投标文件由同一单位或者个人编制；

（二）不同投标人委托同一单位或者个人办理投标事宜；

（三）不同投标人的投标文件载明的项目管理成员为同一人；

（四）不同投标人的投标文件异常一致或者投标报价呈规律性差异；

（五）不同投标人的投标文件相互混装；

（六）不同投标人的投标保证金从同一单位或者个人的账户转出。

第四十一条　禁止招标人与投标人串通投标。

有下列情形之一的，属于招标人与投标人串通投标：

（一）招标人在开标前开启投标文件并将有关信息泄露给其他投标人；

（二）招标人直接或者间接向投标人泄露标底、评标委员会成员等信息；

（三）招标人明示或者暗示投标人压低或者抬高投标报价；

（四）招标人授意投标人撤换、修改投标文件；

（五）招标人明示或者暗示投标人为特定投标人中标提供方便；

（六）招标人与投标人为谋求特定投标人中标而采取的其他串通行为。

第四十二条　使用通过受让或者租借等方式获取的资格、资质证书投标的，属于招标投标法第三十三条规定的以他人名义投标。

投标人有下列情形之一的，属于招标投标法第三十三条规定的以其他方式弄虚作假的行为：

（一）使用伪造、变造的许可证件；

（二）提供虚假的财务状况或者业绩；

（三）提供虚假的项目负责人或者主要技术人员简历、劳动关系证明；

（四）提供虚假的信用状况；

（五）其他弄虚作假的行为。

5.3.3　开标

【引例5】

某办公楼的招标人于20××年10月11日向具备承担该项目能力的A,B,C,D,E 5家承包商发出投标邀请书。其中说明，10月17—18日9—16时在该招标人总工程师室领取招标文件，11月8日14时为投标截止时间。这5家承包商均接受邀请，并按规定时间提交了投标文件。但承包商A在送出投标文件后发现报价估算有较严重的失误，遂赶在投标截止时间前10分钟递交了一份书面声明，撤回已提交的投标文件。

开标时，开标会议由主管建设的上级主管部门派人主持。由招标人委托的市公证处人员检查投标文件的密封情况，确认无误后，由工作人员当众拆封。由于承包商A已撤回投标文件，故招标人宣布有B,C,D,E 4家承包商投标，并宣读这了4家承包商的投标价格、工期和其他主要内容。

【引导问题4】　引例5中的开标工作是否存在不妥之处？建设工程施工开标有哪些相应规定？

（1）建设工程施工开标的时间、地点

为体现公开、公平和公正原则，公开招标和邀请招标均应举行开标会议，并按招标文件确定的时间（一般与招标截止日同时）、地点举行。凡已建立建设工程交易中心的地方，开标都应在当地建设工程交易中心举行。

相关链接

推迟开标时间的情况：
①招标文件发布后对原招标文件作了变更或补充；
②开标前发现有影响招标公正情况的不正当行为；
③出现突发事件等。

（2）参加开标会议的人员

招标人代表、招标代理机构代表、各投标人代表、公证机构公证人员、建设行政主管部门及工程投标监督管理机构监督人员等。

（3）建设工程施工开标的程序

①招标人签收，投标人递交投标文件。

②投标人出席开标会的代表签到。

③开标会主持人宣布开标会开始，主持人宣布开标人、唱标人、记录人和监督人员和主要与会人员。

相关链接

主持人一般为招标人代表，也可以是招标人指定的招标代理机构的代表。开标人一般为招标人或招标代理机构的工作人员。唱标人可以是投标人的代表或者招标人或招标代理机构的工作人员。记录人由招标人指派，有形建筑市场工作人员同时记录唱标内容，招标办监管人员或招标办授权的有形建筑市场工作人员进行监督。记录人按开标会记录的要求开始记录。

④宣布开标纪律。

⑤公布在投标截止时间前递交投标文件的投标人名称，并点名确认投标人是否派人到场。

⑥按照投标人须知前附表规定检查投标文件的密封情况。

⑦按照投标人须知前附表的规定确定并宣布投标文件的开标顺序。

⑧设有标底的，公布标底。

⑨按照宣布的开标顺序当众开标，公布投标人名称、标段名称、投标保证金的递交情况、投标报价、质量目标、工期及其他内容，并记录在案。

⑩投标人代表、招标人代表、监标人、记录人等有关人员在开标记录上签字确认。

⑪投标文件、开标会记录等送封闭评标区封存。

引例5中开标会议由主管建设的上级主管部门派人主持，不妥。由招标人委托的市公证处人员检查投标文件的密封情况，不妥。开标会上不宣读A公司的名称，不妥。

特别提示

实行工程量清单招标的，招标文件约定在评标前先进行清标工作的，封存投标文件正本，副本可用于清标工作。

相关链接

开标记录表见表 5.6。

表 5.6 开标记录表

_____（项目名称）_____标段施工开标记录表

开标时间：_____年____月____日____时____分

序号	投标人	密封情况	投标保证金	投标报价/元	质量目标	工期	备注	签名
1								
2								
3								
4								
5								
⋮								
招标人编制的标底								

招标人代表：_____ 记录人：_____ 监标人：_____

____年____月____日

相关链接

《招标投标法实施条例》（节选）

第五十一条 有下列情形之一的，评标委员会应当否决其投标：

（一）投标文件未经投标单位盖章和单位负责人签字；

（二）投标联合体没有提交共同投标协议；

（三）投标人不符合国家或者招标文件规定的资格条件；

（四）同一投标人提交两个以上不同的投标文件或者投标报价，但招标文件要求提交备选投标的除外；

（五）投标报价低于成本或者高于招标文件设定的最高投标限价；

（六）投标文件没有对招标文件的实质性要求和条件作出响应；

（七）投标人有串通投标、弄虚作假、行贿等违法行为。

5.3.4 评标

1）评标的程序

（1）召开评标会

评标工作

开标会结束后，工作组整理开标资料，将开标资料转移至评标会地点并分发到评标专家组工作室，安排评标委员会成员报到。评标委员会成员报到后，由评标组织负责人召开第一次全体会议，宣布评标会开始。

　　首次会议一般由招标人或其代理人主持,评标会监督人员开启并宣布评标委员会名单和评标纪律,评标委员会主任委员宣布专家分组情况、评标原则和评标办法、日程安排和注意事项。招标人代表介绍项目基本情况,招标机构介绍项目招标和开标情况。如果设有入围条件,招标机构应按评标办法规定当众确定入围投标人名单;如果设有标底,则需要介绍标底设置情况,也可由工作组在评标会监督人员的监督下当众计算评标标底。同时,工作组可按评审项目及评标表格整理投标人的对比资料,分发到专家组,由评标专家进行确认。

　　(2)资格复审或后审

　　为确认投标人资格条件与投标预审相符,应对采用资格预审的招标项目的投标人资格条件进行复审;对于采用资格后审的项目,可以在此阶段进行资格审查,淘汰不符合资格条件的投标人。

　　(3)投标文件的澄清、说明或补正

　　对于投标文件中含义不明确、同类问题表述不一致或者有明显文字和计算错误的内容,评标委员会可以书面方式要求投标人以书面方式作必要的澄清、说明或者补正,但不得超出投标文件的范围或者改变投标文件的实质性内容。招标人和投标人不得变更或寻求变更价格、工期、质量等级等实质性内容。开标后,投标人对价格、工期、质量等级等实质性内容提出的任何修正声明或者附加优惠条件,一律不得作为评标组织评标的依据。所澄清和确认的问题,应当采取书面形式,经招标人和投标人双方签字后,作为投标文件的组成部分,列入评标依据范围。

　　①细微偏差的认定。细微偏差是指投标文件在实质上响应招标文件要求,但在个别地方存在漏项或者提供了不完整的技术信息和数据等情况,并且补正这些遗漏或者不完整不会对其他投标人造成不公平的结果。细微偏差不影响投标文件的有效性。

　　评标委员会应书面要求存在细微偏差的投标人在评标结束前予以补正。拒不补正的,在详细评审时可以对细微偏差做不利于该投标人的量化,量化标准应当在招标文件中规定。

特别提示

　　投标人的澄清或说明时不允许出现以下情况:
　　①投标文件没有规定的内容,澄清时加以补充;
　　②投标文件规定的是某一特定条件作为某一承诺的前提,但解释为另一条件;
　　③澄清或说明时改变了投标文件中的报价、主要技术指标、主要合同条款等实质性内容。

　　②算术错误的处理。在详细评标前,招标人或评标委员会一般按以下原则纠正其算术错误:

　　a.当以数字表示的金额与文字表示的金额有差异时,以文字表示的金额为准;

　　b.当单价与数量相乘不等于总价时,以单价计算为准;

　　c.如果单价有明显的小数点位置差错,应以标出的总价为准,同时对单价予以修正;

　　d.当各细目的合价累计不等于总价时,应以各细目合价累计数为准,修正总价。

　　按上述方法修正算术错误后,投标金额要相应调整。经投标人同意,修正和调整后的金额对投标人有约束作用。如果投标人不接受修正后的金额,其投标文件将被拒绝,其投标保证金也将被没收。

（4）投标文件的初步评审

投标文件初步评审主要包括熟悉招标文件和评标方法、鉴定投标文件的响应性、淘汰废标。

初步评审

①熟悉招标文件和评标方法。包括招标的目标,招标项目的范围和性质,招标文件中规定的主要技术要求、标准和商务条款,招标文件规定的评标标准、评标方法和在评标过程中考虑的相关因素。

②鉴定投标文件的响应性包括以下4个方面的内容:

a.评标专家审阅各个投标文件,主要检查确认投标文件是否从实质上响应了招标文件的要求;

b.投标文件正副本之间的内容是否一致;

c.投标文件是否按招标文件的要求提交了完整的资料,是否有重大漏项、缺项;

d.投标文件是否提出了招标人不能接受的保留条件等,并分别列出各投标文件中的偏差。

③淘汰废标。废标主要有4种类型:违规标、报价明显低于标底或控制价、投标人不具备资格、出现重大偏差。

a.违规标。投标人以他人的名义投标、串通投标、以行贿手段谋取中标或者以其他弄虚作假方式投标的,该投标人的投标应作废标处理。

b.报价明显低于标底或招标控制价。投标人报价明显低于其他投标报价,或者在设有标底时明显低于标底或招标控制价,使得其投标报价可能低于其个别成本的,投标人又不能以书面形式合理说明或者不能提供相关证明材料的,评标委员会可认定该投标人以低于成本报价竞标,其投标应作废标处理。

c.投标人不具备资格。投标人资格条件不符合国家有关规定和招标文件要求的,或者拒不按照要求对投标文件进行澄清、说明或者补正的,评标委员会可以否决其投标。

废标、无效投标及否决投标

d.出现重大偏差。根据评标定标办法的规定,投标文件出现重大偏差,评标委员会可将其淘汰。

评标机构对各投标人递交的投标文件进行初步审查后,根据专家的评审意见,将确定详细评审的名单。

相关链接

下列情况属于重大偏差:

①投标文件没有投标人授权代表签字和加盖公章;

②投标文件附有招标人不能接受的条件;

③没有按照招标文件要求提供投标担保或者所提供的投标担保有瑕疵;

④投标文件载明的招标项目完成期限超过招标文件规定的期限;

⑤明显不符合技术规格、技术标准的要求；

⑥投标文件载明的货物包装方式、检验标准和方法等不符合招标文件的要求；

⑦不符合招标文件中规定的其他实质性要求。

（5）投标文件的详细评审、比较和否决

在这一阶段，评标委员会根据招标文件确定的评标标准和方法，对各投标文件的技术部分和商务部分做进一步的评审和比较，并向评标委员会提交详细的书面评审意见。

①技术评审。技术评审的目的是确认和比较投标人完成投标工程的技术能力，以及施工方案的可靠性。技术评审的主要内容如下：

a.施工方案的可行性。主要从各类分部分项工程的施工方法、施工人员和施工机械设备的配备、施工现场的布置和临时设施的安排、施工顺序及其相互衔接等方面进行评审。应特别注意对该项目的关键工序的技术最难点、施工方法进行可行性和先进性论证。

b.施工进度计划的可靠性。主要审查施工进度计划及措施（如施工机具、劳务的安排）是否满足竣工时间要求，是否科学合理、切实可行。

c.施工质量保证。审查投标文件中提出的质量控制和管理措施，如对质量管理人员的配备、质量检验仪器的配置和质量管理制度进行审查。

d.工程材料和机器设备的技术性能符合设计技术要求。审查投标文件中关于主要材料和设备的样本、型号、规格和制造厂家名称、地址等，判断其技术性能是否达到设计标准。

e.分包商的技术能力和施工经验。如果投标人拟在中标后将中标项目的部分工作分包给他人完成，应当在投标文件中载明。主要应审查确定拟分包的工作是否是非主体、非关键性工作，分包人是否具备招标文件规定的资格条件和完成相应工作的能力与经验。

f.建议方案的技术评审。如果招标文件中规定可以提交建议方案，则应对投标文件中建议方案的技术可靠性与优缺点进行评审，并与原招标方案进行对比分析。

②商务评审。商务评审是指就投标报价的准确性、合理性、经济效益和风险性，从工程成本、财务和经济分析等方面进行评审，比较授标给不同投标人产生的不同后果。商务评审在整个评标工作中通常占有重要地位。商务评审的主要内容如下：

a.审查全部报价数据计算的正确性。主要审核投标文件是否有计算或累计上的算术错误。如果有，则按"投标人须知"中的规定改正和处理。

b.分析报价构成的合理性。判断报价是否合理，应主要分析报价中直接费、间接费、利润和其他费用的比例关系、主体工程各专业工程价格的比例关系等。同时，还应审查工程量清单中的单价有无脱离实际的"不平衡报价"，计日工劳务和机械台班（时）报价是否合理等。

c.对建议方案的商务评审（如果有的话）。

③对投标文件进行综合评价与比较。通过技术和商务评审，再按招标文件确定的评标标准和方法，对投标人的报价、工期、质量、主要材料用量、施工方案或组织设计、以往业绩和合同履行情况、社会信誉、优惠条件等方面进行综合评价和比较，并与标底进行对比分析，最终择优

选定中标候选人,以评标报告的形式向项目法人排序推荐不超过 3 名候选中标人。

相关链接

(6)形成评标报告

《招标投标法》第四十条规定:评标委员会完成评标后,应当向招标人提出书面评标报告,并推荐合格的中标候选人。在评标报告中,应当如实记载以下内容:

①基本情况和数据表;

②评标委员会成员名单;

③开标记录;

④符合要求的投标一览表;

⑤废标情况说明;

⑥评标标准、评标方法或者评标因素一览表;

⑦经评审的价格或者评分比较一览表;

⑧经评审的投标人排序;

⑨推荐的中标候选人名单与签订合同前要处理的事宜;

⑩澄清、说明、补正事项纪要。

另外,评标报告还应包括专家对各投标人的技术方案评价,技术经济分析和比较详细的比较意见,以及中标候选人的方案优势和推荐意见。评标报告由评标委员会全体成员签字。对评标结论持有异议的评标委员会成员,可以书面方式阐述其不同的意见和理由。评标委员会成员拒绝在评标报告上签字且不陈述其不同意见和理由的,视为同意评标结论。评标委员会应当对此作出书面说明并记录在案。向招标人提交书面评标报告后,评标委员会即告解散。评标过程中使用的文件、表格及其他资料应当即时归还招标人。

2)评标方法

建筑工程招标评标通常有综合评估法和经评审的最低投标价法两种方法。

【引例6】

某公路施工项目投标报价综合评估实例

(一)评标原则与评分办法

1.该工程评标工作要求遵循公平、公正、公开的原则。

2.评标工作由招标人依法组建的评标委员会负责。

在其评标细则中规定:

①合同应授予通过符合性审查、商务及技术评审,报价合理、施工技术先进、施工方案切实可行,重信誉、守合同、能确保工程质量和合同工期的投标人。

②评分时,评标委员会严格按照评标细则的规定,对影响工程质量、合同工期和投资的主要因素逐项评分后,按合同段将投标人的评标总得分由高至低顺序排列,并提出推荐意见,一个合同段应推荐不超过两名的中标候选单位。

3.评标时采用综合评分的方法,根据评标细则的规定进行打分,满分100分。其中各项评分分值如下:

①评标价60分。

②施工能力11分。

③施工组织管理12分。

④质量保证10分。

⑤业绩与信誉7分。

4.在整个评标过程中,由政府监督人员负责监督,其工作内容包括:

①监督复合标底的计算及保密工作。

②监督评标工作是否封闭进行,有无泄露评标情况。

③监督评标工作有无弄虚作假行为。

④监督人员对违反规定的行为应当及时进行制止和纠正,对违法行为报有关部门依法处理。

5.评标工作按以下程序进行:

①投标文件符合性审查与算术性修正。

②投标人资质复查。

③不平衡报价清查。

④投标文件的澄清。

⑤投标文件商务和技术的评审。

⑥确定复合标底和评标价。

⑦综合评分,提出评价意见。

⑧编写评标报告,推荐候选的中标单位。

(二)符合性审查及算术性修正

开标时应对投标文件进行一般符合性检查,投标人法人代表或其授权代表应准时参加招标人主持的开标会议,公证单位对开标情况进行公证。

评标阶段应对投标文件的实质性内容进行符合性审查,判定是否满足招标文件要求,决定是否继续进入详评。未通过符合性审查的投标书将不能进入评分。

1.通过符合性审查的主要条件

①投标文件按照招标文件规定的格式、内容填写,字迹清晰并按招标文件的要求密封。

②投标文件上法定代表人或其代理人的签字齐全,投标文件按要求盖章、签字。

③投标文件上标明的投标人与通过资格预审时无实质性变化。

④按照招标文件的规定提交了投标保函或投标保证金。

⑤按照招标文件的规定提交了授权代理人授权书。

⑥有分包计划的提交了分包比例和分包协议。

⑦按照工程量清单要求填报了单价和总价。

⑧同一份投标文件中,只应有一个报价。

2.算术性修正及澄清

①按照招标文件规定的修正原则,对通过符合性审查的投标报价的计算差错进行算术性修正。

②各投标人应接受算术修正后的报价,如不接受,招标人有权宣布其投标无效。

③澄清情况根据招标文件的规定,在评标工作中,对投标文件中需要澄清或说明的问题,投标单位发函要求予以澄清、说明或确认。要求说明、澄清或确认的问题主要包括:算术修正、工程量清单中计算错误、投标保函有效性等。

(三)技术评审和评分标准

1.通过技术评审的主要条件

①施工总体计划合理,保证合同工期的措施切实可行。

②机械设备齐全,配置合理,数量充足。

③组织机构和专业技术力量能满足施工需要。

④施工组织设计和方案合理可行。

⑤工程质量保证措施可靠。

2.计分标准

施工能力总分值11分,以拟投入本工程设备及财务能力因素划分。其中,施工设备占7分,财务能力占4分。

(1)施工设备按下面的规定进行评分

①土方机械占4分。其中,机械配套组合合理,评1分,否则评0~0.5分;机械数量满足要求,评1分,否则评0~0.5分;新机械占30%以上,评1分,否则评0~0.5分;有备用机械,评1分,否则评0~0.5分。

②桥梁机械占3分。其中,机械数量满足要求,评1分,否则评0~0.5分;机械配套组合合理,评1分,否则评0~0.5分;有备用机械,评0.5分,否则评0~0.2分;新机械占30%以上,评0.5分,否则评0~0.2分。

(2)财务能力按下面的规定评分

①近三年年均营业额占2分。其中,5 000万元以下的,评分0~0.5分;5 000万~7 000万元的,评分1分;7 000万元以上,评分2分。

②上一年流动比率占2分。其中,1以下的,评分0~0.5分;1~1.5的,评分1分;1.5以上,评分2分。

【引导问题5】　什么是综合评估法？它的评标程序有哪些？

（1）综合评估法

综合评估法是对投标人在投标文件中所说明的总体情况，包括投标价格、施工组织设计或施工方案、项目经理的资历和业绩、质量、工期、信誉和业绩等因素，进行综合评价从而确定中标人的评标定标方法，是目前适用最广泛的评标定标方法之一。

综合评估法的评标程序主要包括以下4个环节：

①初步评审。初步评审环节主要对投标文件进行形式评审、资格评审和响应性评审。

形式评审要点主要包括投标人名称、投标函签字盖章、投标文件格式、联合体投标人、报价唯一等内容是否满足投标人须知设置的相关要求。

资格评审要点主要包括投标人营业执照、安全生产许可证、资质等级、财务状况、类似项目业绩、信誉、项目经理、联合体投标人及招标人其他要求等内容是否满足投标人须知设置的相关要求。

响应性评审要点主要包括投标文件中承诺的投标内容、工期、工程质量、投标有效期、投标保证金、权利义务、已标价工程量清单、技术标准和要求等内容是否响应了投标人须知设置的相关要求。

②详细评审。详细评审环节评标委员会主要对施工组织设计、项目管理机构、投标报价、其他因素等4个板块进行评审。评标委员会按照投标人须知规定的评审要素、量化因素和分值对各评审项分别进行打分，然后计算出评审项的得分之和，最终得出投标文件的综合评估得分。评分分值计算保留小数点后两位，小数点后第三位"四舍五入"。

如评标委员会发现投标人的报价明显低于其他投标报价，或者在设有标底时明显低于标底，使得其投标报价可能低于其个别成本的，应当要求该投标人作出书面说明并提供相应的证明材料。投标人不能合理说明或者不能提供相应证明材料的，由评标委员会认定该投标人以低于成本报价竞标，其投标作废标处理。

③投标文件的澄清和补正。在评标过程中，评标委员会可以书面形式要求投标人对所提交投标文件中不明确的内容进行书面澄清或说明，或者对细微偏差进行补正。评标委员会不接受投标人主动提出的澄清、说明或补正。评标委员会对投标人提交的澄清、说明或补正有疑问的，可以要求投标人进一步澄清、说明或补正，直至满足评标委员会的要求。

投标人的澄清、说明和补正不得改变投标文件的实质性内容（算术性错误修正的除外）。投标人的书面澄清、说明和补正属于投标文件的组成部分。

④提交评标结果。评标委员会完成评标后，除"投标人须知"前附表授权直接确定中标人外，应按照各投标文件得分从高到低的顺序推荐中标候选人。同时，评标委员会还应当向招标人提交书面评标报告。

（2）经评审的最低投标价法

【引例7】

某段公路投资1 200万元，经咨询公司测算的标底为1 200万元，工期300天，每天工期损益价为 2.5 万元。甲、乙、丙 3 家企业的工期和报价以及经评标委员会评审后的报价见表 5.7。

表 5.7　评审报价

企业名称	报价/万元	工期/天	工期损益价格/万元	经评审综合价/万元
甲	1 000	260	650	1 650
乙	1 100	200	500	1 600
丙	800	310	775	1 575

综合考虑报价和工期因素后,以经评审的最低投标价作为选定中标候选人的依据,因此最后选定乙企业为中标候选人。

【引导问题 6】　什么是经评审的最低投标价法?它的评标程序有哪些?乙为什么成为中标候选人?

经评审的最低投标价法是指对招标文件作出了实质性响应,在技术和商务部分能满足招标文件的前提下,按照评价标准中的纠偏原则、报价折扣标准对报价进行调整,以及按其他规定的评比因素修正后得出的最低报价。

经评审的最低投标价法的评标程序具体可分为以下 3 个阶段:

①初步评审。其目的是发现并拒绝那些不作实质性响应的投标书,不给予进一步评标的机会。其主要审核内容包括:

a.投标人的资格证明文件。审核是否按招标文件的要求,提供了所有证明文件和资料,如投标人法人代表授权书、联营体的联营协议、联营体代表授权书、营业执照、施工等级证书、过去施工经历、资产负债表等。以上文件若为复印件,应经过公证。

b.合格性。主要审查投标人资格是否符合投标人须知中的要求。合格性的判定依据一般有我国的法律法规,投标人的法律地位,与为本招标项目提供(如设计、编制技术规格和其他文件)的咨询服务公司及附属机构是否有隶属关系,是否被世界银行列入不合格名单等。

c.投标保证金。审查保证金的格式、有效期、金额是否符合招标文件要求。以银行保函的形式提供投标保证金,必须与招标文件中提供的投标保函所写的文字、措施一致,不能接受担保的副本。联营体的投标保证金应以联营体各方的名义联合提供。

d.投标书的完整性。投标书应当是对整个工程进行投标。审查完整性主要审查标书是否按招标文件要求报价、投标文件的修改是否符合要求、正本是否缺页等。没有提供全部所要求的工程细目或工程量清单中的各个支付项的投标,一般被认为是非响应标书,但漏掉了非经常发生细目的报价,应被认为已包括列在其他相关细目的报价中。

e.实质性响应。实质性响应是指符合招标文件的全部条款和技术规范的要求,而无显著差异或保留。鉴别哪些属于无显著差异或保留是决定标书是否符合要求的一个十分重要的问题,也是评标中常常遇到的难题,需要认真予以鉴别。

一般来说,下列情况属于显著差异:投标人不合格;投标书迟交;投标书不完整;投标书未按要求填写、签字、盖章,或填写字迹模糊,辨认不清;投标保证金或投标保函不符合要求,不能接受;投标人或联营体的身份与资格预审通过者不一致;一份标书有多个报价;对规定为不调价的合同,投标人提出了价格调整;提出的替代设计方案,不能接受;施工的时间安排不符合要求;提出的分包额和分包方式不能接受;拒绝承担招标文件中赋予的重大责任和义务,如履约保函的提交和担保额、担保银行、保险范围的规定;对关键性条款表示反对,如适用法律、争议解决程序。

对存在上述之一问题的标书,将视为未做实质性响应,不能进入详评。

对出现下列差异的,在初评时一般不能构成拒标理由,在详评时进一步考虑:出现和招标文件不同的支付项;与完工期或维护期的要求有偏离;提出的施工方案特殊,难以鉴别和接受;在分项工程上有漏项;材料、工艺、设计等标准或型号代码与技术规范要求不同;对延期违约金的规定或金额有修改、限定;其他。

相关链接

显著差异或保留主要指以下3个方面:

①对工程的范围、质量及使用性能产生实质性影响;

②或偏离了招标文件的要求,而对合同中规定的招标人的权利或投标人的义务造成实质性限制;

③或纠正这种差异或保留将会对提交了实质上响应要求投标书的其他投标人的竞争地位产生不公正的影响。

②详细评审。只有通过初审,被确定为实质上符合要求的投标书才能进入详评,此阶段的审核主要包括以下5点:

a.勘误。包括计算错误和暂定金两项。计算错误的纠正方法是:当用数字表示的数额与用文字表示的数字不一致时,以文字为准;当单价与工程量的乘积与细目总价不一致时,通常以该行填报的单价为准,修改总价。除非招标人认为单价有明显的小数点错位,此时应以填报的细目总价为准,并修改单价。纠正的错误应在脚注中说明原因。此项修正后的金额对投标人起约束作用。

暂定金的纠正方法是:暂定金是招标人为不可预见费用或指定分包人等预留的金额,有时用投标价的百分比表示,有时固定的一笔金额表示。如果是用固定的一笔金额表示,在评标时可以从唱标价中减去,以便于其后评标步骤中对投标的比较。但对于暂定金额中包括的计日工,如果已给予了竞争性,则不应予以扣减。

b.按照评价标准中的纠编原则对报价进行无条件纠编。

c.增加。对投标中的遗漏项,取其他投标人的该项报价的平均值进行比较。

d.按评价标准中的报价折扣量化标准对报价进行调整。

e.偏差折扣。对投标人提出的可接受的偏差进行货币量化,如完工期、付款进度与安排等。

③授标建议。若对投标人进行了资格预审,此时应把合同授予经评审的最低投标价的投标人。否则,应先进行资格后审。只有资格后审合格,才能被授予合同。若经评审的最低投标价的投标人未通过资格后审,则拒绝其投标;此时,应继续对下一个经评审的最低投标价的投标人进行资格后审,直至确定中标人。

在对同一个投标人授予一个以上合同时,应考虑交叉折扣(即有条件折扣)。在满足资格条件的前提下,以合同总成本最低为原则选择授标的最佳组合。交叉折扣是该合同与其他合同以组合标的形式同时授予为条件而提供的折扣。交叉折扣只在完成评标和各个步骤的最后一步时才予以考虑。

特别提示

经评审的最低投标价法不设定标底,不能以投标价高于或低于标底某一限度而废标。招标人编制的标底在评标时仅作为参考。

可见,工程报价最低并不是工程评审综合价格最低。在评审时要将所有实质性要求,如工期、质量等因素综合考虑到评审价格中。例如:工期提前可能为投资者节约各种利息,项目及时投入使用后可及早回收建设资金,创造经济效益;可能因为工程质量不合格、合格而未达到优良给业主带来销售困难,因工程质量问题给投资者带来不良社会影响等。评审的综合价格是符合招标实质性条件的全部费用,报价不是定标的唯一依据。引例7中,丙报价最低,但工期已经超过了标底的工期,因此不予考虑。甲企业报价虽比乙企业低,但综合考虑工期的损益价后,乙企业较甲企业的价格低,最后选定乙企业为中标候选人。

相关链接

贵阳市开阳县棚户区城中村改造项目不见面、线上评标实例

在贵阳市公共资源交易中心封闭评标区,7名评标专家随机从省发改委评标专家库并行抽取。抽取的7名专家签到进场后分散在7间评标室中的独立卡位上,通过用电脑浏览招标文件评标。历经3小时,顺利完成项目的评标工作,评标全程不见面,仅能通过对话窗口方式进行文字交流,交流内容在系统中全程留痕,整个评标过程清晰透明。

这种分散独立卡位式评标,一方面从源头上"堵漏",专家要经过评标区、评标室、系统登录三道人脸识别后才能通过身份核验,进入系统自动随机分配的评标卡位,中途没有任何人工参与环节,既强化了专家身份的准确性,确保人、证一致,杜绝持虚假身份证评标的现象,又提高专家身份的保密性,有效避免其他人员接触评标专家。另一方面,同一项目评标专家分散在不同评标室独立卡位在线评标,同一项目的评标专家彼此不见面、不音频、不视频,系统自动隐匿评标专家信息,推动评标工作独立、客观、公正。(案例来源于贵州日报天眼新闻)

(3)工程款现值对投标方案的影响

工程款现值是指将来的一笔资产或负债折算到现在值多少。这是考虑了两个时间点上现金或资产的时间价值。其意思是,相同数目的资金,时间靠前的,价值大。因此,对于投标方现值越高,方案越优;对于招标方,现值越高,意味着前期进度款支付压力越大,方案越差。

【应用案例3】 某承包商参与某高层商用办公楼土建工程投标。为了既不影响中标,又能在中标后取得较好的收益,该承包商做了两套方案,详见表5.8。现假设桩基围护工程、主体工程的工期、装饰工程分别为4个月、12个月、8个月,月利率1%,并假设各分部工程每月完成的工作量相同且能按月度及时收到工程款(不考虑工程款结算所需的时间)。根据等额年金现值系数表查得:$(P/A,1\%,12)=11.2551$,$(P/A,1\%,8)=7.625$,$(P/A,1\%,4)=3.902$。一次支付现值系数表查得:$(P/F,1\%,4)=0.961$,$(P/F,1\%,16)=0.853$。

表 5.8　分部分项工程报价表　　　　　　　单位:万元

方案	桩基围护工程	主体结构工程	装饰工程	总价
A	1 480	6 600	7 200	14 200
B	1 600	7 200	6 480	14 200

【问题】　评标专家应为招标人选择哪个方案?

【专家评析】　A 方案中,每月所占用工程款:

$$A_1(围护)=1 480/4=370(万元)$$
$$B_1(主体)=6 600/12=550(万元)$$
$$C_1(装饰)=7 200/8=900(万元)$$

B 方案中,每月所占用工程款:

$$D_1(围护)=1 600/4=400(万元)$$
$$E_1(主体)=7 200/12=600(万元)$$
$$F_1(装饰)=6 480/8=810(万元)$$

$PV_A = A_1 \times (P/A,1\%,4) + B_1 \times (P/A,1\%,12) \times (P/F,1\%,4) + C_1 \times (P/A,1\%,8) \times (P/F,1\%,16) = 13 246.33(万元)$

$PV_B = D_1 \times (P/A,1\%,4) + E_1 \times (P/A,1\%,12) \times (P/F,1\%,4) + F_1 \times (P/A,1\%,8) \times (P/F,1\%,16) = 13 318.83(万元)$

$PV_A - PV_B = -72.5(万元)$

说明 B 方案工程款现值更高,评标人应为招标人选择 A 方案。

单价遗漏审查	非竞争性费用审查	计日工与总承包服务费审查	综合单价审查	报价低于成本评审	不平衡报价评审	投标报价评审结论的应用

5.3.5　定标

评标委员会推荐的中标候选人应当限定在 1~3 人,并标明排列顺序。招标人根据评标委员会提出的书面评标报告和推荐的中标候选人来确定最后的中标人,也可以授权评标委员会直接定标。

定标程序与所选用的评标定标方法有直接关系。一般来说,采用直接定标法(即以评标委员会的评标意见直接确定中标人),没有独立的定标程序;采用间接定标法(或称复议定标法,指以评标委员会的评标意见为基础,再由定标组织进行评议,从中选择确定中标人)的,有相对独立的定标程序,但通常也比较简略。大体来说,定标程序主要有以下 4 个环节:

①由定标组织对评标报告进行审议,审议的方式可以是直接进行书面审查,也可以采用类似评标会的方式召开定标会进行审查。

②定标组织形成定标意见。

③将定标意见报建设工程招标投标管理机构核准。

④按经核准的定标意见发出中标通知书。

5.3.6　签订合同

招标人和中标人应当自中标通知书发出之日起 30 天内,按照招标文件和中标人的投标文件订立书面合同,并完成合同备案。招标人和中标人不得再行订立背离合同实质性内容的其他协议。签订合同后 5 天内,应向中标人和未中标人退还投标保证金。

相关链接

中标通知书

_____（中标人名称）:

你方于_____（投标日期）所递交的_____（项目名称）_____标段施工投标文件已被我方接受,被确定为中标人。

中标价:_____元。

工期:_____日历天。

工程质量:符合_____标准。

项目经理:_____（姓名）。

请你方在接到本通知书后的_____日内到_____（指定地点）与我方签订施工承包合同,在此之前按招标文件第二章"投标人须知"第 7.3 款规定向我方提交履约担保。

特此通知。

招标人:_____（盖单位章）

法定代表人:_____（签字）

_____年____月____日

【综合应用案例】　某建设项目经主管机构批准进行公开招标,分为Ⅰ,Ⅱ两个标段分别招标。建设单位委托招标代理机构编制了Ⅰ标段标底为 800 万元,招标文件要求Ⅰ标段总工期不得超过 365 天（按国家定额规定应为 460 天）。通过资格预审并参加投标的有 A,B,C,D,E 5 家施工单位。开标会议由招标代理机构主持,开标时 5 个投标人的最低报价为1 100 万元。为了避免招标失败,业主提出休会,由招标代理机构重新复核和制定新的标底。招标代理机关复核后确认由于工作失误,对部分项目工程量漏算,致使标底偏低。招标代理机构重新确定了新的标底,A,B,C 3 家投标人认为新的标底不合理,向招标人提出要求撤回投标文件,由于上述问题导致定标工作在原定投标有效期没有完成。评标时由于 D 的报价中包含了赶工措施费被认为是废标,最后确定 E 为中标人,但 E 提出由于公司资金调度原因,请招标方在签订合同时退还投标保证金。为早日开工,招标方同意了 E 的要求。招标代理机构编制的Ⅱ标段标底为 2 000 万元,额定工期为 20 个月,招标文件对下列问题作了说明:

①项目公开招标,采取资格后审方式。

②投标人应具有一级施工企业资质。

③评标时,采用经评审的最低投标价法确定中标人。

④承包工程款按实际工程量计算,月终支付,招标人同意允许投标人提出的对工程款支付的具体要求。评标时,计算投标报价按月终支付形式计算的等额支付现值与投标人具体支付方案现值的差值作为对招标人的支付优惠,予以考虑。施工后实际支付仍按投标人中标报价支付。

⑤中外联合体参加投标时,按有关规定,评标价为投标报价的93%。

⑥投标人报送施工方案中的施工工期比招标文件中规定工期提前1个月,可使招标方产生50万元超前效益,在其投标报价扣减超前效益后作为评标价。

⑦招标文件规定了施工技术方案的具体要求,并允许投标人结合企业技术水平、管理水平提出新的技术方案并报价。

G,H,I,J,K,L,M,N 8个投标人参加了Ⅱ标段投标,评标情况见表5.9。

表5.9 评标情况表

投标人	投标报价/万元	施工工期/月	其他情况
G	1 800	16	一级资质;投标报价文字数额为壹仟捌佰叁拾万元;按招标文件支付
H	2 050	18	中外联合体;中方资质一级,附有联合体协议;按招标文件支付
I	1 920	20	一级资质;支付条件为第3、6、9、12、15、18月共6次等额支付工程款;第20个月支取余值
J	2 010	15	一级资质;报价单中某分项工程报价错误400×1 500=48(万元);按招标文件支付
K	1 600	22	一级资质;按招标文件支付
L	1 750	19	国内联合体;一级资质一个;三级资质两个;按招标文件支付
M	2 050	20	一级资质;投标截止日前报送补充施工方案,工期18个月,报价1 900万元;对原报价的有效性未作说明
N	1 830	20	一级资质;拟将主体工程分包给T公司,此部分报价为T公司报价

【问题】 根据该综合应用案例回答以下问题:

①Ⅰ标段招标工作存在着什么问题?撤标单位的做法是否正确?招标失败可否另行招标,投标单位的损失可否赔偿?

②确定Ⅱ标段8个投标人的投标文件的有效性,并说明理由。

③列出有效投标人的评标价格计算表。

④确定中标人和中标价格。

【专家评析】 ①错误1:开标后重新确定标底,且未经行业主管机构批准。

错误2:没有在投标有效期内完成定标工作,不符合《招标投标法》的相关规定。

错误3:评标时,确定 D 投标为废标。因为按照目前国内规定,当项目实际工期比定额工期减少20%以上时,投标报价中允许包括赶工措施费。

错误4:确定 E 为中标人并接受 E 提出提前归还投标保证金的要求。因为目前国内规定,招标人与中标人签订合同后5个工作日内应当向中标和未中标的投标人退还投标保证金。

错误5:A,B,C 3个投标人撤回投标文件的做法错误,因为投标是一种要约行为。当招标文件中内容(如标底)与所有投标人意向存在明显区别时(如报价偏高或偏低),可以重新招标。对投标人损失不予赔偿。

②评标结论说明见表5.10。

表5.10 评标结论说明表

投标人	评标结论	理由
K	废标	实际工期为22个月,超过招标文件中规定的20个月,即表示投标人在工期问题上与招标人要求矛盾,未做实质响应
L	废标	联合体中包含三级资质企业,联合体资质评定为三级
M	废标	多方案报价时,投标人必须对新旧技术方案作出两种报价,投标截止期前递送补充文件合理,但应在补充文件中说明原投标文件的有效性
N	废标	不能将工程主要部分分包,且报价非 N 本身报价
G	有效标	其报价应调整为1 830万元
H	有效标	其报价的93%作为评标价,即扣除 2 050×7%＝143.5(万元)
I	有效标	应计算报价优惠调整值
J	有效标	其投标报价应调控,增加报价12万元,即400×1 500＝60(万元),60-48＝12(万元)

③有效投标人的评标价格计算见表5.11。

表5.11 有效投标人的评标价格计算表 单位:万元

序号	项目	投标人			
		G	H	I	J
1	投标报价	1 830	2 050	1 920	2 022
2	支付优惠	—	—	−9.346	—
3	国内优惠	—	−143.5	—	—
4	工期超前优惠	−200	−100	—	−250
5	评标价	1 630	1 806.5	1 910.65	1 772

④按照经评审的最低投标价确定中标人的规定,中标人为 G,中标价格为1 830万元。

5.3.7 招标纠纷处理

【应用案例4】 某区一学校场平施工招标项目,招标文件要求投标人将缴纳投标保证金的银行入账单装入商务标的文件袋中,而潜在投标人共10家,其中有6家没有按此办理,仅有4家装入了商务标的文件袋中。在这种情况下,如果将6家都作废,就有可能导致本次招标失败。具体处理时,通过评标专家认定,对6家单位的此种情况作为细微偏差来予以处置。

【应用案例5】 某县一档案馆工程施工招标,招标文件中要求投标人将所有资料刻录成完整的光盘,然而有的投标人根本没有进行刻录,有的只刻录了一部分。本来资料上已经有的内容,再刻录光盘是否有必要? 招标代理机构在进行招标时,由于监督机构与招标代理机构、招标人之间在整个招标过程中存在各种倾向性,评标专家不能发挥独立的评标职能,在整个评标活动中受到监督机构及招标代理机构的左右或绑架,最后只好借此将所有投标人的投标判定为废标。这样一来,就给招标人实施项目管理活动在时间和经济上带来了极大损失。

【问题】 如何判定重大偏差与细微偏差?

【专家评析】 招标人和招标代理机构在制作招标文件时,一定要将重大偏差和细微偏差进行充分的界定,以使评标专家在进行评标时能够清晰界定偏差程度,从而大大降低招标失败的概率。目前推行的《中华人民共和国标准施工招标文件》(2007年版)对此有明确的规定,但是作为招标代理机构,在制作特定建设项目施工招标文件中也应予以明确。如果笼统地写按照某某规定执行,或是按照《标准施工招标文件》规定执行,评标专家在评审时还要去找规定,就会给审查带来困难。

【应用案例6】 某项目施工招标实行资格后审,评标专家在审查某投标人拟派项目经理的建造师资格时,由于该项目要求拟派项目经理具有市政建造师执业资格,但是该项目经理具有两个资格,主项资质是建筑工程建造师,增项资质是市政工程建造师。由于某市建设工程信息网有两个版本,其中一个版本查不到市政增项资质,因为这个版本上没有"建造师(项目经理)管理系统";另一个版本上有这个查询系统,能够查得到增项资质"市政建造师执业资格"。因此,该投标人就被判定为资质后审没有通过。对于这种情况,给某投标人带来的损失应该由谁承担? 由此引发的投诉及争议应该如何处理?

【问题】 评标专家进行网络查询时,无法查找招标文件规定的资格证书和相关资料,怎么办?

【专家分析】 为了避免出现以上情况,在开标和评标前,招标代理机构一定要做好准备工作,最好的办法是规范招标投标查询网络系统并保证网络畅通,将规范而畅通的网络查询系统作为评标系统的重要组成部分。建设系统披露的相关资料与发展改革系统管理的招标网无缝连接,真正实现资源共享,不仅可以减少评标失误或偏差,也可以减少招标投标中的投诉。

【应用案例7】 某区图书馆工程项目施工招标时,在开标会上,主持开标的主持人宣布了投标人的投标报价、工期、质量、安全文明施工专项费等相关内容。在宣读投标保证金的缴纳情况时,就将投标保证金符合与否的情况宣读了出来,刚宣读了两家,监督机构的人员就提出投标保证金是否有效不是招标代理机构决定的,而应该由评标专家来确认。这位监督人员说了几次,但是主持人还是照样宣读。

【问题】 开标会的主持人应在开标会上宣读哪些内容?

【专家评析】 ①哪些投标人购买了招标文件而没有参与投标;哪些是在投标文件递交时间截止后投标被拒收投标文件的;哪些是没有按规定缴纳投标保证金的,这些都应该在开标会开场时予以公布。

②作为招标代理机构的主持人,宣读投标人的投标文件时,应该将密封、印章情况示意给参加开标会的投标人看,哪些密封和印章规范符合要求,哪些不符合要求,不符合要求的不予以开启。

③主持人在宣读密封、印章符合要求的投标文件中载明的投标报价、工期、质量、投标保证金以及安全文明施工专项费等必备内容时,一定要清楚、明确、严肃认真。

【应用案例8】 某县职教中心实训楼工程施工招标,共有52家施工单位投标,在下午3时至3时30分投标时,递交投标文件的单位共计50家。投标文件内容包括商务标书和技术标书两部分。对于商务标书的编制,第三条补遗明确要求"商务标书的正本应使用打印、复印或不能擦去的墨水书写,文字要清晰、语义要明确,并按招标文件的要求逐页加盖投标人单位公章……否则将作为无效标书,即废标处理。"开标过程中,经过审查有16家单位没有"逐页加盖投标人单位公章",被判定为废标;有一家单位拟派项目经理与出席开标会的项目经理不一致,也被作为废标处理。

【应用案例9】 某次开标会规定,提交投标文件的截止时间是15时30分前,有3家投标人的经办人员递交投标文件时,将招标代理机构工作人员交给他们填写的登记记录表上的递交时间填写为16时10分、15时40分、16时12分。毫无疑问,这3家肯定是废标。他们不得不来投标,因为招标文件规定:作为潜在投标人既报了名,又交了投标保证金,就必须参与投标,否则投标单位将进入不诚信档案。同时,他们也担心投标保证金不能被退回。

【问题】 针对应用案例8、应用案例9中出现的情形,招标代理机构应如何应对?

【专家评析】 招标人应认真做好招标文件等文件资料的草拟、修改、签发等工作,确保所发出的各种文件资料经得起法律法规的检验,不能给搞投标小动作的投标人以任何可乘之机。补遗的发出必须作好记录,并要求潜在投标人收到后以传真方式作出收到的确认记录。如果应用案例9中的招标人或招标代理机构不对补遗收发作好细致的登记记录,或补遗的内容缺乏合法性,一旦遇到投诉,将受到行政处罚。若发生应用案例9类似事件,招标人或代理机构的工作人员一定要坚持原则,真实记录递交的投标文件的时间和内容,避免自己将来受到质疑和行政处罚。

【引例2专家评析】 招标日常事务纠纷主要集中在文件发售到合同签署期间的各个环节。引例2中的各事件具有一定的代表性。各事件的正确处理建议如下:

事件1:招标文件发出之日起至投标文件截止时间不得少于20天,招标文件发售之日至停售之日最短不得少于5个工作日。

事件2:编制两个标底不符合规定。

事件3:改变招标工程范围应在投标截止之日15个工作日前通知投标人。

事件4:投标保证金数额应不超过投标价格的2%,投标保证金有效期要比投标有效期多

30天。

事件5:5月25日招标人收到的投标文件为无效投标。A公司投标文件无法人代表签字为无效投标。B公司报送的降价补充文件未对前后两个文件的有效性加以说明为无效投标。

事件6:招标开标会应由招标方主持,开标会上应宣读退出竞标的C单位名称而不宣布其报价。宣布招标作废是允许的。退出投标的投标保证金应归还。重新招标评标一般应在15天内确定中标人。

事件7:应从7月16日发出中标通知书之日起30天内签订合同,签订合同后5天内退还全部投标保证金。中标人将投标保证金当作履约保证金使用的提法不正确。

事件8:中标人的分包做法及后续的转包行为是错误的。

问题3主要涉及评标办法的运用,参考建议如下:

经计算:

$$复核标底 = 6\,000 \times 60\% + (5\,970 + 5\,880 + 5\,850 + 6\,150 + 6\,090)/5 \times 40\%$$
$$= 5\,995.2(万元)$$

投标单位报价得分:

$$A单位得分 = 100 - 5 \times (3 - 0.42) = 87.1(分)$$
$$B单位得分 = 100 - 5 \times (3 - 1.92) = 94.6(分)$$
$$C单位得分 = 100 - 5 \times (3 - 2.42) = 97.6(分)$$
$$D单位得分 = 100 - 5 \times (3 + 2.59) = 72.05(分)$$
$$E单位得分 = 100 - 5 \times (3 + 1.58) = 77.1(分)$$

投标单位综合得分:

$$A单位得分 = 38.5 + 87.1 \times 0.6 = 90.76(分)$$
$$B单位得分 = 35 + 64.6 \times 0.6 = 91.76(分)$$
$$C单位得分 = 40 + 97.6 \times 0.6 = 98.56(分)$$
$$D单位得分 = 38 + 72.05 \times 0.6 = 81.23(分)$$
$$E单位得分 = 36.5 + 77.1 \times 0.6 = 82.6(分)$$

根据综合评分法规定,应选择C单位为中标单位。

5.3.8 招投标资料归档

招标结束后,招标管理部门将备案资料与其他投标过程中的资料一并整理成册,作为投标资料归档。

中标项目归档应提交以下资料:

①报建表(含项目批准文件);

②发包方案(含招标条件的相关证明文件);

③自行办理招标事宜备案表(含相关证明材料);

④委托招标代理合同书;

⑤招标公告(公开招标项目);

⑥资格预审报告书(含投标报名申请书或邀请投标函、资格预审文件、投标资格预审合格通知书、投标预审结果通知书);

⑦招标文件(公开招标项目包括工程量清单等其他资料)、答疑纪要、工程标底(如果有);

⑧评标报告；

⑨中标结果公示书；

⑩书面报告；

⑪中标通知书；

⑫施工合同。

5.4　任务实施与评价

5.4.1　任务实施

①根据教学所选项目情况,提交该项目资格预审报告；

②根据项目情况,按相关规定,完成该项目的投标答疑,提交评标报告,提出招标纠纷预防措施；

③根据招标情况,进行招投标资料归档。

5.4.2　任务评价

①此次任务完成中存在的主要问题有哪些?

②问题产生的原因有哪些?

③请提出相应的解决方法。

④你认为还需加强哪些方面的指导(实际工作过程及理论知识)?

知识回顾

本次任务主要包括审查投标人资格、发标、投标答疑、开标、评标、定标等工作,同时还应处理招标过程中的相关纠纷,最后完成相关招标资料归档工作。

通过完成任务,应掌握开标、评标、定标等工作流程,熟悉评标过程的初步评审和详细评审内容,掌握综合评标法和经评估最低投标价法,具备典型招标事务纠纷处理能力。

课后训练

一、单项选择题

1.工程总承包招标主要以(　　)作为选择中标人的综合评标因素。

　A.服务人员素质能力及其服务方案优劣的差异

　B.产品的价格、使用功能、质量标准、技术工艺、售后服务

　C.投标报价竞争的合理性、技术管理方案的可行性、工程技术经济和管理能力及信誉可靠性

　D.投标人报价竞争的合理性,工程施工质量、造价、进度、安全目标等控制体系的完备性和管理措施的可靠性,施工方案及其技术措施的可行性,组织机构的完善性及其实施能力、信誉的可靠性

2.根据《招标公告发布暂行办法》规定:《中国日报》《中国经济导报》《中国建设报》"中国采购与招标网"为指定依法必须招标项目的招标公告发布媒体。其中,依法必须招标的国际招标项目的招标公告应在(　　)发布。

　A.《中国日报》　　　　　　　　　　　　B.《中国建设报》

C.《中国经济导报》　　　　　　　　　　D.中国采购与招标网

3.某工程项目在估算时的成本是 1 000 万元人民币,概算时的成本是 950 万元人民币,预算时的成本是 900 万元人民币,投标时某承包商根据自己企业定额的成本是 800 万元人民币。根据《招标投标法》中规定,投标人不得以低于成本的报价竞标。该承包商投标时报价不得低于(　　　)。

A.1 000 万元　　　B.950 万元　　　C.900 万元　　　D.800 万元

4.招标信息公开是相对的,对于一些需要保密的事项是不可以公开的。例如,(　　　)在确定中标结果之前就不可以公开。

A.评标委员会成员名单　　　　　　　　B.投标邀请书

C.资格预审公告　　　　　　　　　　　D.招标活动的信息

5.在评标时,(　　　)应当明确、严格,对所有在投标截止日期以后送到的投标书都应拒收,与投标人有利害关系的人员都不得作为评标委员会的成员。

A.评标程序　　　B.评标时间　　　C.评标标准　　　D.评标方法

6.按照《招标投标法》和相关法规的规定,开标后允许(　　　)。

A.投标人更改投标书的内容和报价

B.投标人再增加优惠条件

C.评标委员会对投标书的错误加以修正

D.招标人更改评标、标准和办法

7.评标委员会推荐的中标候选人应当限定在(　　　),并标明排列顺序。

A.1~2 人　　　B.1~3 人　　　C.1~4 人　　　D.1~5 人

8.关于评标委员会成员的义务,下列说法中错误的是(　　　)。

A.评标委员会成员应当客观、公正地履行职务

B.评标委员会成员可以私下接触投标人,但不得收受投标人的财物或者其他好处

C.评标委员会成员不得透露对投标文件的评审和比较的情况

D.评标委员会成员不得透露对中标候选人的推荐情况

9.投标单位在投标报价中,对工程量清单中的每一单项均需计算填写单价和合价在开标后,发现投标单位没有填写单价和合价的项目,则(　　　)。

A.允许投标单位补充填写　　　　　B.视为废标　　　　　C.退回投标书

D.认为此项费用已包括在工程量清单的其他单价和合价中

10.投标文件中总价金额与单价金额不一致的,应(　　　)。

A.以单价金额为准　　　　　　　　　B.以总价金额为准

C.由投标人确认　　　　　　　　　　D.由招标人确认

二、多项选择题

1.关于工程评标方法的叙述正确的有(　　　)。

A.评标方法一般包括经评审的最低投标价法、综合评估法或者法律、行政法规允许的其他评标方法

B.经评审的最低投标价法一般适用于具有通用技术、性能标准或者招标人对其技术、性能没有特殊要求,工程施工技术管理方案的选择性较小,且工程质量、工期、成本受施

工技术管理方案影响较小,工程管理要求简单的施工招标项目的评标

C.经评审的最低投标价法一般适用于工程建设规模较大、履约工期较长、技术复杂、工程施工技术管理方案的选择性较大,且工程质量、工期和成本受不同施工技术管理方案影响较大,工程管理要求较高的施工招标项目的评标

D.综合评估法一般适用于具有通用技术、性能标准或者招标人对其技术、性能没有特殊要求,工程施工技术管理方案的选择性较小,且工程质量、工期、成本受施工技术管理方案影响较小,工程管理要求简单的施工招标项目的评标

E.综合评估法一般适用于工程建设规模较大、履约工期较长、技术复杂、工程施工技术管理方案的选择性较大,且工程质量、工期和成本受不同施工技术管理方案影响较大,工程管理要求较高的施工招标项目的评标

2.土建工程招标文件内容中的资格标准包括( )。

A.业绩要求 B.财务能力要求

C.关键设备的要求 D.投标人需要更新的信息

E.未决诉讼

3.土建工程的初步评审工作需要重点评审的内容包括( )。

A.土建工程施工组织计划的合理性

B.关键施工设备是否满足施工的最低要求

C.报价是否有重大漏项

D.主要工程细目单价的合理性分析

E.施工安全保障措施、环境保护措施是否满足要求

4.以下关于开标的说法中正确的有( )。

A.由投标人代表确认开标结果

B.按招标文件规定,宣布开标次序,公布标底

C.投标人应按招标文件要求参加开标会议,投标人不参加,投标文件无效

D.招标人代表检查确认投标文件的密封情况,也可以由招标人委托的公证机构检查确认并公证

5.中标人的投标应当符合下列条件之一( )。

A.能够最大限度地满足招标文件中规定的各项综合评价标准

B.能够满足招标文件的各项要求,并经评审的价格最低,但投标价格低于成本的除外

C.未能实质上响应招标文件的投标,投标文件与招标文件有重大偏差

D.投标人的投标弄虚作假,以他人名义投标、串通投标、行贿谋取中标等其他方式投标的

6.重大偏差的投标文件包括以下情形( )。

A.没有按照招标文件要求提供投标担保或提供的投标担保有瑕疵

B.没有按照招标文件要求由投标人授权代表签字并加盖公章

C.投标文件记载的招标项目完成期限超过招标文件规定的完成期限

D.明显不符合技术规格、技术标准的要求

E.投标附有招标人不能接受的条件

7.投标文件的初步评审主要包括以下内容(　　)。

  A.投标文件的符合性鉴定   B.投标文件的技术评估

  C.投标文件的商务评估   D.投标文件的澄清

  E.响应性审查   F.废标文件的审定

8.推迟开标时间的情况有下列几种情形(　　)。

  A.招标文件发布后对原招标文件作了变更或补充

  B.开标前发现有影响招标公正情况的不正当行为

  C.出现突发严重的事件

  D.因为某个投标人坐公交车延误了时间

9.在开标时,如果投标文件出现下列情形之一,应当场宣布为无效投标文件,不再进入评标(　　)。

  A.投标文件未按照招标文件的要求予以标志、密封、盖章

  B.投标文件未按照招标文件规定的格式、内容和要求填报,投标文件的关键内容字迹模糊、无法辨认

  C.投标人在投标文件中对同一招标项目报有两个或多个报价,且未书面声明以哪个报价为准

  D.投标人未按照招标文件的要求提供投标保证金或者投标保函

  E.组成联合体投标的,投标文件未附联合体各方共同投标协议

  F.投标人未按照招标文件的要求参加开标会议

三、案例分析

【案例1】　某工程项目业主邀请甲、乙、丙 3 家承包商参加投标。根据招标文件的要求,这 3 家投标单位分别将各自报价按施工进度计划分解为逐月工程款,见表 5.12。招标文件规定:按逐月进度拨付工程款,若甲方不能及时拨付工程款,则以每月 1% 的利率计息;若乙方不能保证逐月进度,则以每月拖欠工程部分的 2 倍工程款滞留至工程竣工(滞留工程款不计息)。

表 5.12　各投标单位逐月工程款汇总表   单位:万元

投标单位	1	2	3	4	5	6	7	8	9	10	11	12	工程款合计
甲	90	90	90	180	180	180	180	180	230	230	230	230	2 090
乙	70	70	70	160	160	160	160	160	270	270	270	270	2 090
丙	100	100	140	140	140	140	300	300	180	180	180	180	2 080

评标规则规定:按综合百分制评标,商务标和技术标分别评分,商务标权重为 60%,技术标权重为 40%。

商务标的评标规则:以 3 家投标单位的工程款现值的算术平均数(取整数)为评标基数,工程款现值等于评标基数的得 100 分,工程款现值每高出评标基数 1 万元扣 1 分,每低于评标

基数 1 万元扣 0.5 分(商务标评分结果取 1 位小数)。

技术标评分结果为甲、乙、丙 3 家投标单位分别得 98 分、96 分、94 分。

【问题】 ①试计算 3 家投标单位的综合得分。

②试以得分最高者中标为原则,确定中标单位。

【案例 2】 某建设单位邀请 A,B,C 3 家技术实力和资信俱佳的施工企业参加投标。投标文件规定:评标时采用经评审的最低投标价中标的原则,但最低投标报价低于次投标价 10%的报价将不予考虑。工期不得长于 16 个月,若投标人自报工期少于 18 个月,在评标时考虑其给建设单位带来的收益,折算成综合报价进行评标。贷款月利率为 1%,并假设各分部工程每月完成的工程量相等,并且能按月及时收到工程款。报价与工期汇总见表 5.13。在评标时,考虑工期提前给建设单位带来的收益为每月 20 万元。等额年金系数和一次支付现值系数见表 5.14。

表 5.13 各方案的报价表

投标单位项目报价	基础工程		上部结构工程		安装工程		安装工程与上部工程搭接时间/月
	报价/万元	工期/月	报价/万元	工期/月	报价/万元	工期/月	
A	360	3	900	9	1 100	6	2
B	400	4	1 050	8	1 080	6	2
C	380	3	1 080	8	1 000	6	2

表 5.14 系数表

月份	N	2	3	4	5	6	7	8	10	12
等额年金系数	$(P/A,1\%,n)$	1.970	2.941	3.902	4.853	7.625	8.566	7.651	7.751	8.602
一次支付现值系数	$(P/F,1\%,n)$	0.980 3	0.970 6	0.961	0.951	0.942	0.971	0.923	0.887	0.870

注:计算结果保留小数点后两位。

【问题】 ①中标人法定投标条件是如何规定的,该项目采用的是哪种评标办法?

②不考虑资金的时间价值,应选哪家中标单位?

③考虑资金的时间价值,应选哪家中标单位?

四、拓展训练

教师可围绕本学校已建或在建项目,就某项目招标工作进行评价,并提出建议。

五、拓展思考

2022 年,建筑业总产值达到 31.2 万亿元,是 2012 年的 2 倍多;建筑业从业人数达到 5 148.02 万人,比 2012 年增加了 960 多万人。请结合党的二十大精神,谈谈你对 1 分钱中标的看法。

学习单元 3　投标实务与合同签署

任务 6　投标前期决策与工作流程

【引例 1】

××学校综合教学楼施工招标公告

××学校综合教学楼建筑工程已经具备招标条件,现向社会公开进行施工招标。

一、工程名称及基本概况:

工程名称:××学校综合教学楼工程。建筑面积 17 532 m², 计划投资 3 500 万元人民币。

二、招标内容:土建工程、装饰工程、安装工程。

三、质量等级:合格。

四、资金来源:财政资金(已落实)。

五、建设地点:××市××镇。

六、工期要求:365 日历天。

七、报名条件:

1.资质要求:投标申请人必须是具有二级及以上建筑工程施工总承包资质的施工单位。

2.报名:投标单位法定代表人授权委托人(委托代理人必须是拟承担本项目的项目负责人)报名时,必须提交以下材料原件及两份复印件(复印件需加盖单位公章):法定代表人授权委托书、本人注册建造师证书、安全生产考核合格证书、身份证、企业营业执照(副本)、资质证书(副本)、安全生产许可证(副本)。

请同时携带项目管理机构人员的岗位证书(安全员需同时携带安全生产考核合格证书),并提交项目管理机构人员与投标单位签订的一年以上的劳动合同和养老保险缴纳手册原件,在报名合格后进行投标资格复核。外埠投标企业报名时,必须提供××省住房和城乡建设厅备案手续原件,备案材料从××省住房和城乡建设网下载。

八、招标人:××学校。

九、招标代理单位:××工程项目管理有限公司。

十、报名时间:自公告发布之日起5个工作日(2023年7月20日至2023年7月26日),每日受理时间为上午9时至11时30分,下午14时30分至17时(节假日不受理)。

十一、报名地点:××市建设工程招投标服务交易中心。

联 系 人:×××、×××

联系电话:××××××××、××××××××

某建筑施工企业从建设部门的相关网站上获知了这则招标公告。该公司具备一定经济、技术实力,并取得相应资质等级,该公司现在要决定是否参加该工程项目的投标工作。

【引导问题1】 根据引例1回答以下问题:

①什么是投标前期决策?投标决策的依据有哪些?

②简述投标决策日常事务的主要工作重点。

③根据该公告,初步制订投标工作流程。

心怀家国、智慧决策——二十大视角解读投标决策

6.1 任务导读

投标决策可以分为两阶段进行,即投标决策的前期阶段和投标决策的后期阶段。投标决策的前期阶段,必须在购买投标人资格预审资料前完成。所谓投标前期决策,是指依据信息分析结果,对于某一项目要不要投标作出决策。决策正确与否,关系到企业能否中标和中标后的效益问题,关系到施工企业的信誉、发展前景和职工的切身利益。前期决策的主要依据是招标公告,以及企业对招标工程、建筑市场、招标人以及潜在竞争人情况的调研和了解程度。如果是国际工程,还包括对工程所在国和工程所在地的调研和了解程度。投标前期决策日常事务的主要工作重点是收集决策依据和据此作出决策。

6.2 任务目标

①按照正确的方法和途径,收集和分析投标前期决策所需的信息。

②按照投标工作时间限定,准备投标决策资料,进行投标前期决策。

③依据决策结果,制订投标工作流程,并提出后续工作建议。

④通过完成该任务,提出后续工作建议,完成自我评价,并提出改进意见。

投标决策

6.3 知识准备

投标前期决策是指承包商通过对工程承包市场进行详尽的调查研究,广泛收集招标项目信息,并认真进行选择,确定适合本公司投标项目的过程。项目建设的复杂性、环境的不确定性,以及实施持续时间长、资金规模大等特点决定了建筑企业的承包经营具有很大风险。因此,承包商在投标时,要慎重决策,分析评定各方面的影响因素,尽可能使预期效益最大化。否则,不仅不易中标,即使中标也将难以盈利,造成资金和机会的浪费,最终影响自身的生存及发展。

6.3.1 决策原则

鉴于项目建设的特殊性,决策人在投标决策时应遵循以下原则:

（1）可靠性原则

投标之前要对招标项目是否通过正式批准,资金来源是否可靠,主要材料和设备供应是否有保证,设计文件完成的阶段情况及设计深度是否满足要求等进行了解。除此之外,还要了解业主的资信条件及合同条款的宽严程度,有无重大风险性。应当尽早回避那些利润小而风险大的招标项目以及本企业没有条件承担的项目。

（2）可行性原则

投标决策时,首先要考虑施工企业本身的经济实力、资源设备、技术生产以及施工经验情况,要量力而行,选择适合发挥自己优势的项目进行投标,避免选择本身不擅长且缺乏经验的项目。

（3）盈利性原则

利润是承包商追求的目标之一,拟投标项目是否有利可图是投标人前期决策的重要因素。继续决策时,应分析竞争形势,掌握当时当地的一般利润水平,并综合考虑本企业近期及长远目标,注意近期利润和远期利润的关系。

（4）审慎性原则

每次参与投标,都要花费大量人力、物力,付出一定的代价。如果中标,才有利润可言。特别是在基建任务不足的情况下,竞争非常激烈,承包商为了生存都在拼命压价,盈利甚微。承包商要审慎选择投标对象,除非在迫不得已的情况下,绝不能承揽亏本的施工任务。

6.3.2　影响投标决策的各种因素

1）企业自身因素

（1）技术实力

①拥有一支由估算师、建筑师、工程师、会计师和管理专家组成的经验丰富、业务精湛的专家队伍;

②具有工程项目设计、施工专业特长,以及解决工程施工中技术难题的能力;

③具有类似工程施工经验;

④具有一定技术实力的合作伙伴,如实力强的分包商、合营伙伴和代理人。

（2）经济实力

①垫资能力。有的招标人要求承包商"带资承包工程""实物支付工程",根本没有预付款。所谓"带资承包工程",是指工程由承包商筹资兴建,从建设中期或建成后某一时期开始,招标人分批偿还承包商的投资及利息,但有时这种利率低于银行贷款利率。承包这种工程时,承包商需投入大部分工程项目建设资金,而不只是一般承包所需的少量流动资金。所谓"实物支付工程",是指有的招标人用滞销的农产品、矿产品等折价支付工程款,而承包商推销上述物资谋求利润将存在一定难度。因此,投标人必须事先判断可获预付款的数额和取得预付款的条件,根据自己的垫资能力作出投标决策。

②固定资产和机具设备提供及投入所需资金能力。大型施工机械的投入不可能一次摊销,新增施工机械将会占用一定资金。另外,为完成项目必须有一批周转材料,如模板、脚手架等,这也是占用资金的组成部分。因此,投标人必须根据招标项目对以上能力作出判断。

③支付施工用款的资金周转能力。一般在建筑工程中,已完工程量需要监理工程师确认并经过一定的手续才能将其工程款拨入承包商账户,因此投标人必须具备一定的支付施工用款的资金周转能力。

④支付各种担保的能力。担保内容主要包括投标保函(或担保)、履约保函(或担保)、预付款保函(或担保)、缺陷责任期保函(或担保)等。

⑤支付各种税款和保险的能力。

⑥承担风险的能力。

(3)资信状况

承包商良好的信誉是施工质量、工期和安全等的有力保证,是能否投标、中标的重要标准之一。

(4)经营管理实力

具有高素质的项目管理人员,特别是懂技术、会经营、善管理的项目经理,能够根据合同要求,高效率地完成项目管理的各项目标,通过项目管理活动为企业创造较好的经济效益和社会效益。

2)企业外部因素

(1)招标人和监理工程师的情况

①招标人资信。主要包括招标人的合法地位、支付能力、公平性、公正性、履约信誉,以及招标人的倾向性及招标人倾向对象的基本情况等因素。

②监理工程师的情况。监理工程师处理问题的公正性、合理性等也会影响企业投标决策。

(2)竞争对手和竞争形势

①竞争对手。企业是否投标,应注意竞争对手的实力、优势及投标环境的优劣情况。另外,竞争对手的在建工程情况也十分重要。如果竞争对手的在建工程即将完工,可能急于获得新承包项目,投标报价不会很高;如果竞争对手的在建工程规模大、时间长,仍参加投标,则投标报价可能会较高。

②竞争形势。从总的竞争形势来看,大型承包公司的技术水平高,善于管理大型复杂工程,适应性强,承包大型工程的可能性大;中小型公司因为在当地有熟悉的材料、劳动力供应渠道,管理人员相对较少,承包中小型工程的可能性大。

3)风险问题

工程承包风险可分为政治风险、经济风险、技术风险、市场风险、商务及公共关系风险和管理方面的风险等。投标决策应对拟投标项目的各种风险进行深入研究,进行风险因素辨识,以便有效规避各种风险,避免或减少经济损失。

信息缺失风险是前期决策阶段的主要风险,主要包括两个方面:一是由于投标信息不真实、不准确而导致投标失误;二是工程项目的资料掌握不全,由于信息缺失而出现经济损失。

4)法律、法规情况

对于国内工程承包,我国法律、法规具有基本统一的特点,但各地也有一些特别规定。

如何对双碳项目投标决策关键因素进行分析,可扫码观看一段双碳项目投标决策关键因素分析视频。

双碳项目投标
决策关键因素
分析

6.3.3　决策工作

【引例2】

某水利枢纽工程开工之后,D承包商通过建设单位得知,Y市有一批库区淹没复建工程,主要是交通道路复建工程,而且将在近两三年内开工。

D承包商于2016年先后在Y市承担了两条公路的施工任务,与当地政府的一些主管职能部门建立了联系,而且关系比较融洽。得知上述信息后,D承包商的主要领导便与这些部门的领导见面交流,证实确有其事。之后D承包商的领导经常与当地部门联系,并表达了想要承担若干施工任务的意向。

经过长期的项目跟踪,D承包商向建设单位表达了愿意承担任务的诚意和决心,其间D承包商承担了两条城镇道路的施工,并以较低的价格完成,同时对支付条件也降低要求,充分表现了自己的诚意和信用,双方建立了良好的关系,为今后的投标打下了良好的基础。

2022年3月,D承包商及时得到淹没复建工程将公开招标的信息,4个项目分两次进行,其中,桥梁2座,2个标段;土坝2座,也分2个标段。根据这些有价值的招标信息,D承包商进行综合分析后决定:先期招标的桥梁投中等标价,后期招标的土坝投中等偏上报价。这种巧妙的报价策略具有较强的竞争力和针对性,结果两个标都被D承包商收入囊中。

【引例3】

某市的调蓄水库沉砂条渠工程由该市公用事业管理局负责招标,竞标单位有S单位、地方具有一级资质的施工单位等共10家投标人,招标公告发布日期为2022年12月。这次业主招标跟以往不同,将整个水库划为7个标段,而且不是同时招标。先行招标的工程是水库沉砂条渠工程,虽此工程投资不大,但施工难度不小。当时,建筑市场运行不够规范,该地区又有几家单位参加投标,很有可能一家只能中一个标。是否参加投标,S单位也有顾虑。经过对前期收集的信息进行研究,S单位认为对该项目信息掌握充分,不能放过这次机会,必须抢占先机,先打入市场,再寻求发展。2023年1月,S单位顺利通过资格预审,同年2月,购买了该招标工程的招标文件。最后S单位以第一标1 938.2万元人民币的报价,一举中标。

【引例4】

某城市污水处理厂的土建工程招标,招标公告规定:工期150天,标底价的±5%为有效标。该投标为邀请招标,A单位收到了邀请。为了更好地作出投标决策,A单位在投标资讯的收集上下了功夫。为了使获取该工程信息和情报的速度更快一些,并保证信息和情报的真实可靠,A单位在工程所在地建立了临时的信息工作站,通过信息工作站专职信息员的信息收集、分析筛选,为投标前期决策提供依据。功夫不负有心人,在强手如林的环境中,A单位脱颖而出,并一举中标。

【引导问题2】　根据引例2~4回答以下问题:

①获取招标项目信息的途径有哪些?

②如何进行信息的收集和分析?

如图6.1所示,投标前期决策工作主要分为3个阶段,即信息收集、分析和决策。

收集招标相关信息是投标决策的基础,也是投标成败的关键。及时获取真实、准确的招标

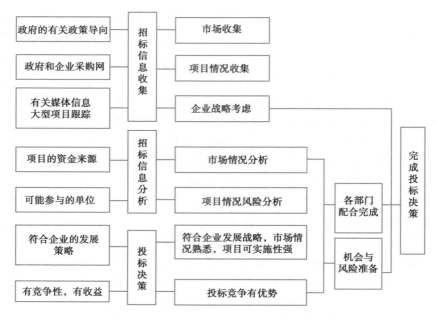

图 6.1 投标决策工作内容框图

信息是建设工程施工投标工作良好的开端和保障。

1)招标信息收集

多数公开招标项目属于政府投资或国家融资的工程,会在报刊等媒体刊登招标公告或资格预审通告。但对于一些大型或复杂的项目,获悉招标公告后再做投标准备工作,往往会因时间仓促而陷于被动。同时,保证信息的真实可靠也至关重要。因此,投标人必须提前跟踪招标项目,注意信息、资料的积累整理,并做好信息查证工作。通常,获取招标项目信息有如下途径:

①根据我国国民经济建设的建设规划和投资方向,从近期国家财政、金融政策所确定的中央和地方重点建设项目、企业技术改造项目计划来收集项目信息;

②从投资主管部门获取建设银行、金融机构的具体投资规划信息,跟踪发展和改革委员会立项的项目;

③跟踪大型企业的新建、扩建和改建项目计划,从而获取招标信息;

④收集同行业其他投标单位对工程建设项目的意向,把握招标动向;

⑤注意有关项目的新闻报道。

招标信息收集阶段,投标人应做好以下两方面工作:

①前期信息收集工作。单位应指定有关人员具体负责招标信息收集工作,主要任务是:每天阅读相关报纸的招标公告,浏览招标信息网页和其他相关招标媒体公告,将符合单位资质要求的招标信息及时记录下来,报请主管领导批示。

②外围协调工作。投标外围协调工作任务艰巨,责任重大,面对激烈的市场竞争,结合单位的实际情况,外围协调人员必须审时度势,权衡利弊,将协调工作从平常做起,从细处做起,主要是做好与往来单位之间的协调沟通,树立单位良好的对外形象和构建合作机制。根据前期信息采集人员获取的相关资料,提前跟业主单位技术管理人员进行沟通,获取更有价值的工

程信息,为投标工作奠定较好的基础。

2)招标信息分析

(1)分析招标公告

①根据《招标投标法》《政府采购法》以及国家各个主管部委的政令来分析公告的合法性。首先要搞清招标项目类型,是"政府采购",还是"法定的必须招标项目"。不同的类别,可能分别属于不同的主管部门,施行不同的具体办法。

②招标人资信情况。项目的审批和资金是否落实,支付能力和信誉如何等。

③公告的真实性。是否在法定指定媒体上发布同样的招标公告。

(2)论证投标

根据各种影响决策的因素,对投标与否作出论证。

3)投标决策

在对信息充分分析的基础上,选择投标对象,作出投标决策。目前可以利用BIM技术和项目大数据平台,做出投标精确决策,可扫右侧二维码观看实例。

投标智慧决策

(1)确定投标项目

一般应选择与企业的装备条件和管理水平相适应,技术先进,招标人的资信条件及合作条件较好,施工所需的材料、劳动力、水电供应等有保障,盈利可能性大的工程项目。通常以下项目应放弃投标:

①本施工企业主营和兼营能力之外的项目;

②工程规模、技术要求超过本施工企业技术等级的项目;

③本施工企业生产任务饱满,而招标工程的盈利水平较低或风险较大的项目;

④本施工企业技术等级、信誉、施工水平明显不如竞争对手的项目。

(2)决策注意事项

在选择投标对象时,应注意避免出现以下两种情况:

①工程项目不多时,为争夺工程任务而压低标价,结果即使中标但盈利的可能性很小,甚至亏损;

②工程项目较多时,企业总想多中标而到处投标,结果造成投标工作量大大增加而导致考虑不周,承包了盈利可能性甚微或本企业并不擅长的工程,而失去可能盈利较多的工程。

【专家评析】 引例2说明在大型工程或滚动发展的区域市场中,精明的投标人一般都是先介入工程,即在项目的规划阶段进行公关联络、信息收集,最先吃透招标信息。一旦招标,先期介入的投标人即可运用资讯优势,压倒对手。

引例3说明招标虽然是按一定的规则和程序实施,但每次招标的项目,不仅内容不同,而且形式、方法也有所不同。投标人需要通过工程市场资讯,把招标的内容和形式都了解得十分清楚,然后才能有的放矢去投标。

引例4说明市场经济"资讯重于一切",这里的资讯就是市场有效信息和有用情报、资料、消息等的总称。市场中成功交易的条件是交易主体占有充分完备的信息,如果信息流堵塞,信息中断或失真,都容易使交易主体作出错误的交易决策,导致交易行为失误。A的成功在于其对工程信息重要性有充分的认识,具有捕捉信息的能力,善于应用收集、加工信息的方法和技巧,把工程信息生产加工的附加值转化为投标决策的依据。

6.3.4　投标工作流程

（1）投标主要工作内容

如图 6.2 所示，投标主要工作内容包括投标决策、投标资料准备和投标文件编制 3 项。

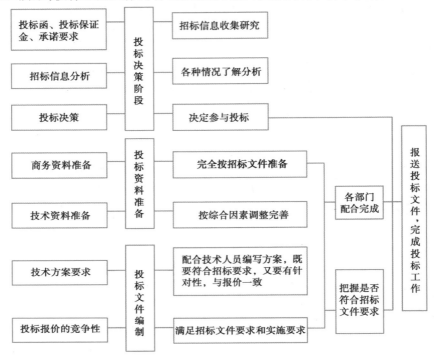

图 6.2　建筑施工投标工作内容

（2）投标主要步骤

投标步骤主要从以下 8 个阶段展开：

①建筑企业根据招标公告或投标邀请书，向招标人提交有关资格预审资料。

②接受招标人的资格审查。

③购买招标文件及有关技术资料。

④参加现场踏勘，并对有关疑问提出书面询问。

⑤参加投标答疑会。

⑥编制投标书及报价。投标书是投标人的投标文件，是对招标文件提出的要求和条件作出实质性响应的文本。

⑦参加开标会议。

⑧如果中标，接受中标通知书，与招标人签订合同。

6.4　任务实施与评价

6.4.1　任务实施

①根据教学所选项目情况，检查本次投标决策所需资料是否齐全，并完成表 6.1 的填写。

②根据本项目信息收集情况,完成信息收集分析表。

③对本次投标项目进行风险评估,完成风险评估表。

④请决定本次项目是否投标,并陈述理由。

表 6.1　投标决策资料清查表

决策资料清单	完成时间	责任人	任务完成打"√"
			□
			□
			□
			□

6.4.2　任务评价

①此次任务完成中存在的主要问题有哪些?

②问题产生的原因有哪些?

③请提出相应的解决方法。

④你认为还需要加强哪些方面的指导(实际工作过程及理论知识)?

专家支招

(1)影响投标决策的主观因素

①技术方面的实力;

②经济方面的实力;

③管理方面的实力;

④信誉方面的实力;

(2)决定投标或弃标的客观因素

①业主或监理工程师的情况;

②竞争对手和竞争形势的分析;

③法律、法规情况。

知识回顾

投标前期决策的原则包括可靠性、可行性、盈利性和审慎性四大原则。影响投标决策的因素包括企业自身因素、外部因素、风险因素及法规等因素。

投标主要工作内容包括投标决策、投标资料准备和投标文件编制。投标主要步骤分 8 个阶段展开。

课后训练

一、不定项选择题

1.以下(　　　)是招标信息的收集途径。

A.注意有关项目的新闻报道

B.收集同行业其他投标单位对工程建设项目的意向,把握招标动向

C.跟踪大型企业的新建、扩建和改建项目计划,获取招标信息

D.从投资主管部门获取建设银行、金融机构的具体投资规划信息,跟踪发展和改革委员会立项的项目

E.根据我国国民经济建设的建设规划和投资方向,从近期国家的财政、金融政策所确定的中央和地方重点建设项目、企业技术改造项目计划来收集项目信息

2.投标决策的原则有( )。

A.可靠性原则   B.有序性原则   C.可行性原则

D.盈利性原则   E.审慎性原则

3.施工招标中,投标人的必要合格条件包括( )。

A.营业执照   B.固定资产   C.资质等级

D.履约情况   E.分包计划

4.某办公楼扩建工程项目招标,有多家单位参与投标,根据《招标投标法》关于联合体投标的规定,下列说法正确的有( )。

A.甲单位资质不够,可以与别的单位组成联合体参与投标

B.乙、丙两单位组成联合体投标,它们应当签订共同投标协议

C.丁、戊两单位构成联合体,它们签订的共同投标协议应当提交给招标人

D.寅、庚两单位构成联合体,它们各自对招标人承担责任

E.H、I两单位构成联合体,两家单位对投标人承担连带责任

二、简答题

1.什么是投标前期决策?

2.投标前期决策包括几个工作阶段? 每个阶段的工作重点是什么?

3.投标决策应考虑哪些因素?

4.哪些情形下应放弃投标?

三、案例分析

【案例1】 ××国际机场临时工作通道工程施工招标公告

一、项目概况

1.招标编号:2021GCFZ09942。

2.项目名称:××国际机场临时工作通道工程。

3.工程地点:××县。

4.建设单位:××国际机场建设工作协调推进领导小组办公室。

5.工程概况:路基、排水等,详见图纸。

6.项目概算:1 000万元人民币。

7.招标类别:施工-市政。

8.标段划分:1个标段。

二、投标人资质要求

1.投标人资质:须具备市政公用工程或公路工程施工总承包三级及其以上资质,企业近3年内具备类似道路工程业绩。

2.项目经理资质:市政或公路工程专业二级建造师及以上,中级职称及以上,近 3 年内具备类似工程业绩,不能有在建工程。

3.资格审查方式:资格后审。

三、报名或领取招标文件和资格审查文件的时间及地点

1.报名时间:2022 年 12 月 31 日—2023 年 01 月 07 日(上午 8 时至 12 时,下午 14 时至 17 时 30 分)。

2.报名地点:××大厦二楼××室。

3.报名资料:身份证。

四、联系方式

单位:××招标投标中心。

地址:××市九狮桥街××号兴泰大厦二楼。

项目联系人:

电　话:　　　　　　　邮　箱:

传　真:　　　　　　　邮　编:

五、其他事项说明

1.招标文件收取成本费人民币 500 元,图纸及其他资料收取成本费 100 元,以上文件售后不退。

2.外地建筑企业在合肥招投标中心投标并中标后,必须在合肥市注册子公司,以子公司名义与业主单位签订合同。

【问题】　该招标公告存在哪些问题? 如果投标,存在哪些风险?

【案例2】　C 投标人于 2023 年 3 月底中标 F 市某水库扩建工程,并于当年 4 月中旬开工。该水库扩建工程是 F 市城市供水工程,工程施工进度计划安排得很紧,施工质量要求也很高,业主由地方的水利主管部门组成。

C 投标人能顺利中标,与其在当地有较广泛的社会关系,以及地方领导对 C 投标人的了解和支持是有内在联系的。C 投标人的领导通过招标项目所在地人脉关系,向他们积极宣传、介绍本企业的竞争优势,希望他们为本企业的投标助一臂之力。事实上,在后来的投标中,人脉关系为投标人收集招标工程的基本信息创造了有利条件。以社会关系为主体的地方信息网络的建立,使 C 投标人准确掌握了该地区若干年水利工程建设计划的详细情况。

2022 年底,C 投标人获取了该市水库扩建工程招标信息,其单位的领导立即前去联系,工程信息十分可靠。将有关工程概况掌握清楚后,C 投标人组织了投标班子。由于掌握的情况详细、具体,C 投标人投标书中的施工进度计划、施工方案和质量保证措施针对性极强。在工程报价中,C 投标人根据社会信息网络提供的市场商务信息,及时对已做的方案进行调整,最后顺利通过了开标、评审,直至中标,最后签订了施工承包合同。这是 C 投标人第一次进入该地区水利工程施工项目招投标市场。

C 投标人对该项目采用最低价投标,是因为社会信息网络准确介绍了项目业主的资信状况,使 C 投标人了解到只要工程质量好,施工进度能保证,业主对承包商的价款结算是比较优惠的。在实际施工中,很多事实都证明了这一信息的准确性,虽然 C 投标人是低价中标,但在合同实施过程中业主对承包商还是给予了应有的补偿。

为了进入该区域市场并站稳脚跟,C 投标人项目部决定把该项目作为一个示范工程,保证在完成施工进度的同时,狠抓工程质量,交付满意工程。在合同实施期间,承包商已完成的坝基开挖、清理、基础混凝土浇筑、混凝土砌石等项目共 97 个单元工程,其中 95 个单元工程质量评定为优良,仅 2 个单元工程评定为合格。业主和监理对此十分满意。该市市长 3 次来工地检查工作,称赞 C 投标人不愧为施工企业的优秀代表,要求业主保证工程施工所需的款项,还特别叮嘱业主单位,尽快制订一个工程进度和工程质量的奖励办法,拿出专款来奖励施工单位。

在 F 市水库扩建工程中,C 投标人从投标、中标到施工的顺利实施,与社会信息网络提供的准确资讯是密不可分的,同时与当地政府的大力支持和业主的充分信任也是息息相关的。C 投标人中标后,承诺在工程质量、施工进度方面一定对业主负责,他们是这样说的,也是这样做的。社会信息网络为投标人进入市场搭建了一座"便桥"。投标人通过一定的社会信息网络关系与地方政府及业主建立融洽的合作关系,通过抓住机会使双方的合作关系上升到信赖关系,投标人与招标人建立良性的承发包互动关系,这是投标人提高投标信息获取能力的必要条件。

【问题】 阅读案例2,总结投标前期决策应从哪些方面开展工作?

四、拓展训练

教师可围绕本学校已建或在建项目,要求学生就某项目投标前期决策进行描述和评价。

五、拓展思考

在 2022 年中国国际服务贸易交易会上,用机器人对着墙体扫描,建立数字模型,手持移动设备就能够实时查看立体影像,墙体内部的一条条钢筋管线宛如一幅纵横交错的经脉图呈现在眼前。请结合党的二十大精神,谈谈你对投标创新素养的理解。

任务 7　投标文件编制与策略运用

【引例1】

以下是某建筑工程公司对某高校实训楼翻建工程的投标资料(节选)。

施工投标文件

工程名称:某学院实训楼翻建工程

投标文件内容:第一部分(商务标)

法定代表人或委托代理人:_____(签字或盖章)

投　标　单　位:_____(盖章)

日　　　　期:_____年_____月_____日

第一部分　投标文件商务标部分目录

1.法定代表人资格证明书

2.投标文件签署授权委托书

3.投标函

4.投标函附录

5.投标担保

(1)投标银行保函

(2)投标担保书

6.建设工程施工项目投标书汇总表(开标一览表)

7.投标报价预算汇总表

8.建筑工程价差调整表

9. 投标报价预算书(略)

施工投标文件

工程名称:某学院实训楼翻建工程

投标文件内容:第二部分(技术标)

法定代表人或委托代理人:_____(签字或盖章)

投　标　单　位:_____(盖章)

日　　　　　期:____年__月__日

第二部分　投标文件技术标部分目录

一、施工组织设计(略)

1.工程概况

2.施工部署

3.施工准备

4.施工方法及质量通病防治措施

5.各项计划

6.工程技术管理机构及组织措施

二、项目管理机构配备情况表

1.项目管理班子配备情况表

2.项目经理简历表

3.项目技术负责人简历表

4.项目管理班子配备情况辅助说明资料表

(1)项目管理班子机构设置

(2)各管理人员岗位职责

(3)各管理人员岗位证、职称证、毕业证

(4)特种作业人员岗位证

5.税务登记证

6.项目经理资格证书

7.2021—2023 年经审计的财务报表

8.投标人综合业绩资料

(1)企业简介

(2)近 3 年获区、市级样板工程奖证书

(3)近 3 年获区、市级优良工程奖证书

(4)近 3 年获安全文明工地奖证书

(5)近 3 年建筑工程安全无事故证明、服从建筑市场证明

(6)近 3 年项目经理类似工程业绩证书

（7）企业社会荣誉，在建筑业检查评比中的获奖证书

（8）获区、市级重合同守信誉证书

（9）安全生产资格证、ISO 9000 体系认证证书

（10）承包工程履行合同评价的证明

（11）资信证明

三、附表

1.投标人一般情况表

2.年营业额数据表

3.近 3 年已完工程一览表

4.在建工程一览表

5.财务状况表

6.最近 3 年逐年的实际资产负债表

7.类似工程经验

8.关于诉讼和仲裁资料的说明

9.其他资料

我公司在近 3 年没有介入过任何诉讼或仲裁。

【引导问题1】 阅读引例 1 中的投标文件，回答以下问题：

①投标文件由哪几部分组成？

②编制投标文件需要做哪些资料准备？

③该投标文件存在哪些问题？

④投标策略有哪些？

精益求精，数智创新——二十大视角解读投标文件编制与策略运用

7.1 任务导读

投标文件是建设工程投标人单方面阐述自己响应招标文件要求，旨在向招标人提出愿意订立合同的意思表示，是投标单位确定、修改和解释有关投标事项的各种书面表达形式的统称，属于一种要约。它必须符合两个条件才能发生约束力：一是必须明确向招标人表示愿以招标文件的内容订立合同的意思；二是必须对招标文件提出的实质性要求和条件作出响应，不得以低于成本的报价竞标。投标文件是评标委员会进行评审和比较的对象，中标的投标文件将成为招标人和中标人订立合同的法定根据。投标文件的编制与策略选择是投标项目能否中标与后期盈利的关键工作之一。本次任务涉及投标资料准备、文件编制、策略选定、文件审核四大板块。

7.2 任务目标

①分析招标文件的要求和内容，制订投标所需资料的清单。

②按照招标文件的要求和投标工作时间限定，准备投标资料。

③按照投标文件编制规定和招标文件要求，制订投标文件编制工作计划。

④正确使用投标所需资料，协助其他人员，按照招标文件要求和投标时间限定，运用投标

策略和技巧,完成投标文件编制。

⑤按照单位管理流程,完成对投标文件的审核,完善已有投标文件。

⑥通过完成该任务,提出后续工作建议,完成自我评价,并提出改进意见。

7.3 知识准备

7.3.1 投标文件的组成

投标文件的
组成与编制

投标文件是由一系列有关投标方面的书面资料组成的。一般来说,投标人按照招标文件规定的内容和格式编制并提交投标文件。投标文件包括以下内容:

第一卷 商务部分

1.投标函及附录

2.法定代表人证明文件及授权委托书

3.联合体协议书(如采取联合体投标)

4.投标保证金

5.已标价的工程量清单

(1)工程量清单说明

(2)投标报价编制说明

(3)投标报价汇总表

(4)分项工程量清单

6.投标辅助资料(商务部分)

(1)单价汇总表

(2)材料费汇总表

(3)机械使用费汇总表

(4)单价分析表

(5)资金流量估算表

7.资信资料

(1)投标人基本情况表

(2)营业执照、资质证书复印件

(3)近5年内完成的类似工程汇总表和类似工程情况表

(4)近5年内完成的其他工程汇总表和其他工程情况表

(5)正在施工和准备承接的类似工程汇总表和类似工程情况表

(6)近5年内省部级以上奖励情况汇总表及证明资料

(7)银行资信等级、重合同守信用企业等信誉证明证书复印件

(8)近5年内诉讼情况汇总表

(9)财务状况

第二卷 技术部分

1.编制说明

2.施工规划总说明

3.施工总布置

4.施工总进度

5.施工组织及资源配置

6.施工方法与技术措施

7.施工质量控制与管理措施

8.安全保证与管理措施

9.环境保护措施与文明施工

10.信息管理

11.投标辅助资料(技术部分)

(1)拟投入本合同工作的施工队伍简要情况表

(2)拟投入本合同工作的主要人员表

(3)拟投入本合同工作的主要施工设备表

(4)劳动力计划表

(5)主要材料和水、电需用量计划表

(6)分包情况表

12.投标人按投标须知要求或投标人认为需提供的其他资料

第三卷 替代方案(如果有的话)

7.3.2 投标文件编制工作内容

如图7.1所示,投标文件编制工作内容包括商务文件、报价文件和技术文件的编制三部分。商务文件与报价文件组成以报价为核心的商务标,技术文件构成技术标,是投标报价的基础。

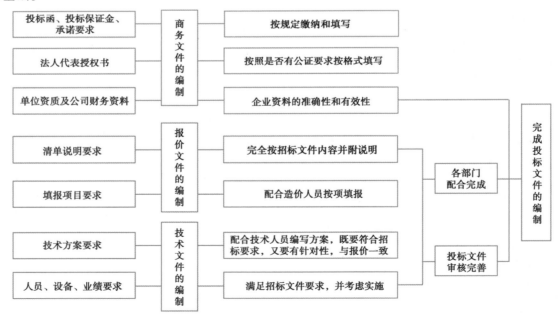

图7.1 投标文件编制工作框图

7.3.3　编制投标文件的步骤

投标单位在完成资料准备后,就要进行投标文件的编制工作。编制投标文件的一般步骤如下:

投标文件的编制要点和步骤

①熟悉招标文件、图纸、资料,若对图纸、资料存在疑问,用书面或口头方式向招标人询问、澄清;

②参加招标单位施工现场情况介绍和答疑会;

③调查当地材料供应和价格情况;

④了解交通运输条件和有关事项;

⑤编制施工组织设计,复查、计算图纸工程量;

⑥编制或套用投标单价;

⑦计算取费标准或确定采用的取费标准;

⑧计算投标造价;

⑨核对并调整投标造价;

⑩确定投标报价。

7.3.4　投标文件资料准备

投标文件资料应从以下3个方面进行准备:

(1)商务资料准备

商务资料主要包括投标函及附录、法定代表人证明文件及授权委托书、联合体协议、投标保证金,以及证明投标人施工和管理能力的单位资质、财务状况、物资装备和公司业绩等资料。

(2)清单资料准备

清单资料主要包括清单说明要求和填报项目要求。具体涉及投标报价汇总表、分部分项工程量清单表、单价汇总表、材料费汇总表、机械使用费汇总表、综合单价分析表、资金流量估算表等资料。

(3)技术资料准备

技术资料主要包括根据招标文件对技术方案、人员、设备、业绩等方面提出的要求而准备的资料。具体涉及施工方案,施工方法,施工进度计划,施工机械、设备、材料的选定,临时生产生活设施的安排,劳动力计划,施工现场平面和空间的布置等内容。

BIM招投标评测系统在资料编制中的应用

投标资料如何响应招标文件要求,我们可以利用 BIM 招投标评测系统查找资料准备中存在的问题,请大家扫右侧二维码观看一段视频。

7.3.5　编制施工规划或施工组织设计

施工规划或施工组织设计是关于施工方法、施工进度计划的技术经济文件,是指导施工生产全过程组织管理的重要设计文件,是确定施工方案、施工进度计划和进行现场科学管理的主要依据之一。施工组织设计的要求比施工规划的要求详细得多,编制起来要比施工规划更为

复杂。为避免未中标的投标人因编制施工组织设计而造成浪费,投标人在投标时一般只需编制施工规划即可,可在中标后再编制施工组织设计。但实践中,招标人为了让投标人更充分地展示实力,也常要求投标人编制施工组织设计。施工进度安排是否合理、施工方案选择是否恰当,对工程成本与报价有重要影响。编制一个好的施工组织设计,可以大大降低标价,提高竞争力。其编制原则是力争在保证工期和工程质量的前提下,尽可能使工程成本最低,投标价格更合理。

(1)施工组织设计的编制原则

在编制施工组织设计时,应根据施工特点和以往积累的经验,遵循以下5项原则:

①严格执行建设程序,按照招标文件中要求的工程竣工及交付使用期限,制订科学的进度计划。认真执行基本建设程序,是保证建筑安装工程顺利进行的重要条件。另外,在工程建设过程中,必须认真贯彻执行国家对工程建设的有关方针和政策。

②合理安排施工程序和施工顺序,选择施工方案。积极采用新材料、新设备、新工艺和新技术,结合工程特点和现场条件,使技术的先进适用性与经济合理性相结合。

③注意防止单纯追求技术先进而忽视经济效益的做法。遵守施工验收规范、操作规程的要求和有关消防、保安及环卫等规定,确保工程质量和施工安全。对于必须进入冬、雨期施工的工程项目,应落实季节性施工措施,保证全年施工生产的连续性和均衡性。

④尽量利用正式工程、已有设施,减少各种临时设施;尽量利用当地资源,合理安排运输、装卸与储存作业,减少物资运输量,避免二次搬运;精心进行场地规划布置,节约施工用地,不占或少占农田。

⑤根据构件的种类、运输和安装条件以及加工生产的水平等因素,通过技术经济比较,恰当地选择预制方案或现场浇筑方案。充分利用现有机械设备,扩大机械化施工范围,提高机械化程度。同时,充分发挥机械设备的生产率,保持作业的连续性,提高机械设备的利用率。

⑥制订质量、安全保证措施,预防和控制影响工程质量、安全的各种因素。

(2)施工组织设计的编制依据

施工组织设计应以工程对象的类型和性质、建设地区的自然条件和技术经济条件以及企业收集的其他资料等作为编制依据,主要应包括:

①工程施工招标文件、复核过的工程量清单及开工、竣工的日期要求;

②设计图纸和技术规范;

③建设单位可能提供的条件和水、电等供应情况;

④对市场材料、机械设备、劳动力价格的调查资料;

⑤施工现场的自然条件、现场施工条件和技术经济条件资料;

⑥有关现行规范、规程等资料;

(3)施工组织设计的编制程序与内容

编制施工组织设计应按照图7.2所示程序,完成以下内容的编写:综合说明;施工现场平面布置;项目管理班子主要管理人员;劳动力计划;施工进度计划;施工进度、施工工期保证措

施;主要施工机械设备;基础施工方案和方法;基础质量保证措施;基础排水和防沉降措施;地下管线、地上设施、周围建筑物保护措施;主体结构的主要施工方法或方案和措施;主体结构质量保证措施;采用的新技术、新工艺、专利技术;各种管道、线路等非主体结构质量保证措施;各工序的协调措施;冬、雨期施工措施;施工安全保证措施;现场文明施工措施;施工现场保护措施;施工现场维护措施;工程交验后的服务措施等。

技术标的
编制要点

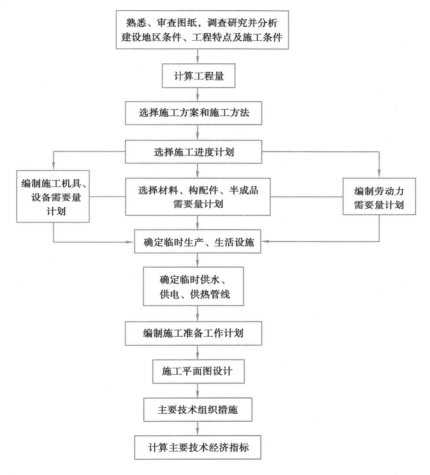

图 7.2　施工组织设计编制程序图

（4）施工组织设计的编制要求

编制施工组织设计,要在保证工期和工程质量的前提下,尽可能使成本最低、利润最大。具体要求是:

①根据工程类型编制出最合理的施工程序;

②选择和确定技术上先进、经济上合理的施工方法;

③选择最有效的施工设备、施工设施和劳动组织;

④周密、均衡地安排人力、物力和生产;

⑤正确编制施工进度计划;

⑥合理布置施工现场的平面和空间。

（5）BIM技术在施工组织设计中的运用

BIM三维场布投标应用1

BIM三维场布投标应用2

①BIM三维场布应用:某火车站项目利用BIM三维场布建模,提高了施工场地布置的合理性、安全性、经济性。

②BIM5D技术应用:某火车站项目利用BIM5D技术,提高了施工进度计划的精确性和合理性。

某火车站桩基础工期计划

某火车站总工期BIM5D计划

（6）装配技术、绿色双碳技术在施工方案中的应用响应招标文件对装配率、环保节能等方面的要求,在施工方案中应有相应的技术措施。

套筒灌浆准备——封缝料制备、分仓、封仓技术方案

套筒灌浆施工方案

水平构件安装（钢筋、管线、水泥抹平）技术方案

水平构件吊装技术方案

某火车站技术标施工临时设施光伏板布置要点

7.3.6　工程项目投标报价

投标报价是投标文件编制过程中的核心内容。它是承包商采取投标方式承揽工程项目时,在工程估价的基础上,考虑投标技巧及风险等所确定的承包该项工程的投标总价格。投标报价编制和确定的最基本特征是投标人自主报价,它是市场竞争形成价格的体现。

在满足招标文件要求的前提下,投标报价的高低是承包商能否中标的关键。同时,投标报价又是中标人与招标人进行合同谈判的基础,并且直接关系到中标人的未来经济效益。因此,承包商必须研究投标报价规律,提高投标报价能力,从而提高投标竞争能力与获益能力。

（1）投标报价应遵循的原则

①遵守有关规范、标准和建设工程设计文件的要求;

②遵守国家或省级、行业建设主管部门及工程造价管理机构制定的有关工程造价的政策要求;

③遵守招标文件中有关投标报价的要求;

④遵守投标报价不得低于成本的要求。

（2）投标报价的主要依据

①设计图纸;

②工程量清单;

③合同条件,尤其是有关工期、支付条件、外汇比例的规定;

④有关法规;

⑤拟采用的施工方案、进度计划;

⑥施工规范和施工说明书;

⑦工程材料、设备的价格及运费;

⑧劳务工资标准；

⑨当地生活物资价格水平。

此外，投标报价还应考虑各种有关的间接费用。

（3）投标报价的范围

【引例 2】

A 方通过招标与 B 方签订施工合同，A 方提供的工程量清单中，B 方没有报屋面防水工程单价，但把屋面防水费用列入了总报价，在评标时没有被发现。

【引导问题 2】　屋面防水费用能否得到支付？

【引例 3】

甲方通过招标与乙方签订了施工合同。在施工现场有 3 个很大的水塘，设计前勘察人员未走到水塘处，地形图上有明显的等高线，但未注明是水塘。承包商现场考察时也未注意到水塘。施工后发现水塘，按工程要求必须清除淤泥，并要回填。乙方认为招标文件中未标明水塘，应作为新增工程分项处理，提出 6 600 m^2 的淤泥外运量，费用为 133 000 元的索赔要求。甲方工程师认为，对此合同双方都有责任：甲方未在图上标明，提供了不详细的信息；而乙方未认真考察现场。最终甲方还是同意这项补偿，但甲方仅承认 60 000 元的赔偿。

【引导问题 3】　引例 3 中的纠纷如何解决？

【专家评析】　引例 2 中防水工程量能否得到支付的关键在于对投标报价范围的认定。引例 3 中纠纷解决的关键在于对工程实施地点、招投标双方权利义务的规定。

投标报价范围为投标人在投标文件中提出的满足招标文件各项要求的金额总和。这个总金额应包括按投标须知所列在规定工期内完成的全部项目。投标人应按工程量清单中列出的所有工程项目和数量填报单价和合价，每一项目只允许有一个报价，招标人不接受有选择的报价。工程量清单中投标人没有填入单价或合价的子目，其费用视为已分摊在工程量清单中其他相关子目的单价或合价中。因此，引例 2 中 A 方有权拒绝支付费用。

工程实施地点为投标须知前附表所列的建设地点。投标人应踏勘现场，充分了解工地位置、道路条件、储存空间、运输装卸限制以及可能影响报价的其他任何情况，而在报价中予以适当考虑。任何因忽视或误解工地情况而导致的索赔或延长工期的申请都将得不到批准。因此，招标人应为招标文件提供的不详细的工程现场信息承担责任，投标人应承担因忽视或误解工地情况而带来的工期和费用损失。

据此，工程量清单中标价的单价或金额应包括所需人工费、施工机械使用费、材料费、其他费用（运杂费、质检费、安装费、缺陷修复费、保险费，以及合同明示或暗示的风险、责任和义务等），以及管理费、利润等。

如招标文件对装配率、环保节能有明确要求，应在报价中考虑相应费用。

科技支撑碳达峰碳中和实施方案（2022—2030年）

光伏板成本分析

（4）投标报价的内容

【引例4】

以下为《建设工程工程量清单计价规范》（GB 50500—2013）下的投标报价案例①。

工程项目投标总价

招标人：××大学

工程名称：××大学教学楼工程

投标总价（小写）：827 940.00

（大写）：捌拾贰万柒仟玖佰肆拾元整

投标人：＿＿＿＿＿××建筑公司＿＿＿＿＿

（单位盖章）

法定代表人：××建筑公司

或其授权人：＿＿＿＿法定代表人＿＿＿＿

（签字或盖章）

编制人：＿＿＿＿＿×××签字＿＿＿＿＿

（造价人员签字盖专用章）

编制时间：××××年××月××日

单位工程投标报价汇总表

工程名称：某宿舍楼工程建筑工程　　　　　　标段：　　　　　　第1页 共1页

序号	汇总内容	金额/元	暂估价/元
1	分部分项工程	167 440.00	—
2	措施项目	179 000.00	—
2.1	其中：安全文明施工费	42 000.00	—
3	其他项目	320 000.00	—
3.1	其中：暂列金额	200 000.00	200 000.00
3.2	其中：专业工程暂估价	100 000.00	—
3.3	其中：计日工	10 000.00	—
3.4	其中：总承包服务费	10 000.00	—
4	规费	99 500.00	—
5	税金	20 000.00	—
投标报价合计＝1+2+3+4+5		827 940.00	—

---

① 节选马楠《2014〈建筑工程施工发包与承包计价管理办法〉解读暨全过程造价精细化管理关键技术操作与案例分享》。

措施项目清单与计价表
（一）总价项目

工程名称：某宿舍楼工程建筑工程　　　　　　标段：　　　　　　　　第 1 页 共 1 页

序号	项目名称	计算基础	费率	金额/元
1	安全文明施工费	人工费	10%	42 000.00
2	冬、雨季施工费	人工费	1%	8 000.00
3	夜间施工费	人工费	3%	26 000.00
4	二次搬运费	人工费	2%	16 000.00
5	大型机械设备进出场及安拆费	人工费+机械费	1.5%	30 000.00
	合计			122 000.00

注：本表适用于以"项"计价的措施项目。

措施项目清单与计价表
（二）单价项目

工程名称：某宿舍楼工程建筑工程　　　　　　标段：　　　　　　　　第 1 页 共 1 页

序号	项目编码	项目名称	项目特征描述	计量单位	工程量	金额/元	
						综合单价	合价
1	AB001	现浇钢筋混凝土平板模板及支架	矩形楼板，标准钢模板，木支撑，板底支模高 3 m	m²	1 200.00	20	24 000.00
2	AB002	现浇钢筋混凝土有梁板模板及支架	矩形梁，断面 200 mm×400 mm，标准钢模板，木支撑，梁底支模高度 2.6 m，板底支模高 3 m	m²	1 500.00	22	33 000.00
			本页小计				57 000.00
			合计				

注：本表适用于以量计价的措施项目。

其他项目清单与计价汇总表

工程名称：某宿舍楼工程建筑工程　　　　　　标段：　　　　　　　　第 1 页 共 1 页

序号	项目名称	计量单位	金额/元	备注
1	暂列金额	项	200 000.00	明细见详表
2	暂估价	项	100 000.00	—
2.1	材料（工程设备）暂估价	—	—	明细见详表
2.2	专业工程暂估价	项	100 000.00	明细见详表
3	计日工	项	10 000.00	明细见详表
4	总承包服务费	项	10 000.00	明细见详表
	合计		320 000.00	—

注：材料暂估单价进入项目综合单价，此处不汇总。

暂列金额明细表

工程名称:某宿舍楼工程建筑工程　　　　　　　　标段:　　　　　　第 1 页 共 1 页

序号	项目名称	计量单位	金额/元	备注
1	工程量清单中工程量偏差和设计变更	项	100 000.00	
2	政策性调整和材料价格风险	项	50 000.00	
2.1	其他	项	50 000.00	
	合计		200 000.00	

注:此表由招标人填写,如不能详列,也可只列暂定金额总额,投标人应将上述暂列金额计入投标总价中。

材料(工程设备)暂估单价表

工程名称:某宿舍楼工程建筑工程　　　　　　　　标段:　　　　　　第 1 页 共 1 页

序号	材料(工程设备)名称、规格、型号	计量单位	数量		单价/元		合价/元		差额/元		备注
			暂估	确认	暂估	确认	暂估	确认	单价	合价	
1	钢筋(规格见施工图)	t	10		5 000		5 000				用于所有现浇混凝土钢筋清单项目
2											
3											
4											

注:①此表由招标人填写,并在备注栏说明暂估价的材料、工程设备拟用在哪些清单项目上,投标人应将上述材料、工程设备暂估单价计入工程量清单综合单价报价中。

②材料、工程设备包括《建筑安装工程费用项目组成》中规定的材料、工程设备费用内容。

专业工程暂估价表

工程名称:某宿舍楼工程建筑工程　　　　　　　　标段:　　　　　　第 1 页 共 1 页

序号	工程名称	工程内容	暂估金额/元	结算金额/元	差额/元	备注
1	玻璃幕墙	设计制作安装	80 000.00			此项目原设计图纸有待二次设计
2	入户防盗门	安装	20 000.00			
3						
4						
	合计		100 000.00			

注:此表由招标人填写,投标人应将上述专业工程暂估价计入投标总价中。

计日工表

工程名称:某宿舍楼工程建筑工程　　　　　　　　　标段:　　　　　　　　　第1页 共1页

序号	项目名称	单位	暂定数量	实际数量	综合单价/元	合价/元	
						暂定	实际
一	人工						
1	普工	工日	50		40	2 000	
2	技工	工日	20		50	1 000	
3							
人工小计						3 000	
二	材料						
1	钢筋	t	1		5 500	5 500	
2	水泥	t	2		500	500	
3							
材料小计						6 000	
三	施工机械						
1	灰浆搅拌机	台班	2		250	500	
2	自升式塔吊	台班	1		500	500	
3							
施工机械小计						1 000	

总承包服务费计价表

工程名称:某宿舍楼工程建筑工程　　　　　　　　　标段:　　　　　　　　　第1页 共1页

序号	项目名称	项目价值/元	服务内容	计算基础	费率	金额/元
1	发包人发包专业工程	100 000	1.按专业工程承包人要求提供施工工作面并对施工现场进行统一管理,对竣工资料进行统一汇总 2.为专业工程承包人提供垂直运输机械和焊接电源接入点,并承担垂直运输费和电费 3.为防盗门安装后进行补缝和找平,并承担相应的费用	项目价值	5%	5 000
2	发包人提供材料	500 000	对发包人供应的材料进行验收、保管和使用发放	项目价值	1%	5 000
合计						10 000

注:此表项目名称、服务内容由招标人填写,编制招标控制价时,费率及金额由招标人按有关计价规定确定;投标时,费率及金额由投标人自主报价,计入投标总价中。

规费、税金项目清单与计价表

工程名称:某宿舍楼工程建筑工程　　　　　　　标段:　　　　　　　第 1 页 共 1 页

序号	项目名称	计算基础	费率	金额/元
1	规费		0.1%	99 500.00
1.2	社会保险费	(1)+(2)+(3)+(4)+(5)	—	84 000.00
(1)	养老保险费	人工费	14%	18 000.00
(2)	失业保险费	人工费	2%	12 000.00
(3)	医疗保险费	人工费	6%	18 000.00
(4)	工伤保险费	人工费	0.25%	12 000.00
(5)	生育保险费	人工费	0.25%	12 000.00
1.2	住房公积金	人工费	6%	12 000.00
1.3	工程排污费	按工程所在地环保部门规定计算列入	—	15 500.00
2	税金	销项税−进项税 销项税=含税价÷(1+9%)×9%	9%	20 000.00

注:①根据建设部、财政部发布的《建筑安装工程费用组成》的规定,规费"计算基础"为"定额人工费"。工程排污费按工程所在地环境保护部门收取标准,按实计入。

　　②工程造价=税前工程造价+应纳增值税额。

【引导问题4】 根据引例4总结投标报价的内容有哪些?

(5)综合单价法投标报价的步骤

用综合单价法编制投标价,就是根据招标文件中提供的各项目清单工程量,乘以相应的清单项目的综合单价并相加,即得到单位工程费,在此基础上运用一定的报价策略,获得工程投标报价。其报价步骤主要如下:

①准备资料,熟悉施工图纸。广泛收集各种资料,包括施工图纸、设计要求、施工现场实际情况、施工组织设计、施工方案、现行的建筑安装预算定额(或企业定额)、取费标准和地区材料预算价格等。

综合单价
报价方法

②测定分部分项工程清单项目的综合单价,计算分部分项工程费。分部分项工程清单项目的综合单价是确定投标报价的关键数据。由于工程投标报价所用的分部分项工程的工程量是招标文件中统一给定的,因此整个工程的投标报价是否具有竞争性主要取决于企业测定的各清单项目综合单价的高低。

例如,挖基础土方工程量,在招标文件的工程量清单中是按基础垫层底面积乘以挖土深度计算的,未将放坡的土石方量计入工程量内。投标人在投标报价时,可以按自己的企业水平和施工方案的具体情况,将基础土方挖填的放坡量计入综合单价内。显然,增加的量越小越有竞标能力。

相关链接

> 综合单价=人工费＋材料费＋机械费＋管理费＋利润＋由投标人承担的风险费用＋其他项目清单中的材料暂估价。
>
> 根据我国工程建设特点，投标人应完全承担的风险是技术风险和管理风险，如管理费和利润；应有限度承担的是市场风险，如材料价格、施工机械使用费等的风险；应完全不承担的是法律、法规、规章和政策变化的风险。因此，综合单价中不包含规费和税金。材料价格的风险宜控制在5%以内，施工机械使用费的风险可控制在10%以内，超过者应予以调整。
>
> 为方便合同管理，需要纳入分部分项工程量清单项目综合单价中的暂估价应只是材料费，以方便投标人组价。暂估价中的材料单价应按照工程造价管理机构发布的工程造价信息或参考市场价格确定。

（6）工程量清单计价格式填写规定

①封面应按规定内容填写、签字、盖章。

②投标总价应按投标报价汇总表合计金额填写。

③投标报价汇总表。表中单项工程名称应按单项工程投标报价汇总表的工程名称填写，表中金额应按单项工程投标报价汇总表的合计金额填写。

工程量清单
计价表

④单项工程投标报价汇总表。表中单位工程名称应按单位工程投标报价汇总表的工程名称填写，表中金额应按单位工程投标报价汇总表的合计金额填写。

⑤单位工程投标报价汇总表。表中的金额应分别按照分部分项工程量清单与计价表、措施项目清单与计价表和其他项目清单与计价表的合计金额及按有关规定计算的规费、税金填写。

⑥分部分项工程量清单与计价表。表中的序号、项目编码、项目名称、计量单位、工程数量必须按分部分项工程量清单中的相应内容填写。

⑦其他项目清单与计价汇总表。表中的序号、项目名称必须按其他项目清单中的相应内容填写，招标人部分的金额必须按招标人提出的数额填写。

⑧计日工表。表中的人工、材料、机械名称、计量单位和相应数量应按计日工作项目表中相应的内容填写，工程竣工后计日工作费应按实际完成的工程量所需费用结算。

⑨工程量清单综合单价分析表和措施项目费分析表，应由招标人根据需要提出要求后填写。

⑩措施项目清单与计价表。表中的序号、项目名称必须按措施项目清单中的相应内容填写，投标人可根据施工组织设计采取的措施增加项目。

⑪主要材料价格表。招标人提供的主要材料价格表应包括详细的材料编码、材料名称、规格型号和计量单位等，所填写的单价必须与工程量清单计价中采用的相应材料的单价一致。

（7）投标报价注意事项

①分部分项工程量清单综合单价的组成内容应符合规范术语的规定，对招标人给定了暂估单价的材料，应按暂估的单价计入综合单价中。

②分部分项工程费报价的最重要依据之一是该项目的特征描述。投标人应依据招标文件中分部分项工程量清单的项目特征描述确定清单项目的综合单价，当出现招标文件中分部分项工程量清单的项目特征描述与设计图纸不符时，应以工程量清单的项目特征描述为准。当

施工中施工图纸或设计变更与工程量清单的项目特征描述不一致时,发承包双方应按实际施工的项目特征,依据合同约定重新确定综合单价。

③投标人在自主决定投标报价时,还应考虑招标文件中要求投标人承担的风险内容及其范围(幅度),以及相应的风险费用。在施工过程中,当出现的风险内容及其范围(幅度)在招标文件规定的范围内时,综合单价不得变更,工程价款不作调整。

④规费和税金必须按国家或省级、行业建设主管部门的有关规定计算。规费和税金的计取标准依据有关法律、法规和政策规定,具有强制性,投标人不得任意修改。

⑤进行工程量清单招标项目的投标报价时,不能进行投标总价优惠(或降价、让利),投标人对招标人的任何优惠(或降价、让利)均应反映在相应清单项目的综合单价中。

投标报价案例
(1)

投标报价案例
(2)

投标报价案例
(3)

投标报价案例
(4)

特别提示

(1)可以计算工程量的项目

典型的是混凝土浇筑的模板工程,可以计算工程量且适宜采用分部分项工程量清单方式的措施项目应采用综合单价计价。

(2)不宜计算工程量的项目

其费用的发生和金额的大小与使用时间、施工方法或者两个以上工序相关,与实际完成的实体工程量的多少关系不大。典型的是大中型施工机械、临时设施等,以"项"为单位的方式计价,应包括除规费、税金外的全部费用。

(3)安全文明施工费

应按照国家或省级、行业建设主管部门的规定计价,不得作为竞争性费用。

7.3.7 报价策略

(1)不平衡报价

不平衡报价是指在工程项目的投标总价基本确定后,根据招标文件的付款条件,调整投标文件中子项目的报价,在不抬高总价以免影响中标(商务得分)的前提下,通过早回款、高结算,赢得项目利润的一种投标报价方法。但应注意避免畸高畸低的现象,以免失去中标机会。

投标策略

①对能早期结账收回工程款的项目(如土方、基础等)其单价可报较高价,以利于资金周转;对后期项目(如装饰、电气设备安装等)的单价可适当降低。

②利用工程量清单漏项。将原清单里与漏项项目相同、相似、类似的子目单价提高,以实现漏项项目在实施时能适用一个较高的单价。

投标技巧

③利用工程量清单项目特征描述错误。通过对照施工图纸与清单中的项目与各项指标,如单位面积含钢量、单位混凝土消耗量等,找出与历史或经验数据的差距,在合同履行阶段寻找重新组价的机会,从而达到高结算。

不平衡报价
概述

④利用工程量误差。利用工程量错算,估计今后工程量可能增加的项目,提高其单价,而工程量减少的项目降低其单价,以达到高结算。

⑤利用现场踏勘。利用土质条件、地质露头、地表植被、岩体断层、水文地质对施工条件的影响,以及利用取土弃土场地对施工方案及运距的影响,通过掌握现场的地形、地貌资料,结合招标文件的计量原则,对现场签证可能会增加的工程量报高价。

不平衡报价
SEDA模型简述

⑥利用物价波动。利用主材价格波动,在总价不变的情况下,适当降低主材价,相应调整其他材料费或人工费、机械费,以获得调价的机会,从而达到获利目的。可以利用大数据平台来准确预测物价波动幅度,合理寻找不平衡报价机会。

⑦没有工程量只填报单价的项目(如疏浚工程中的开挖淤泥工作等),其单价宜高,这样既不影响总的投标报价,又可多获利。

⑧对于暂定项目,其实施的可能性大的项目,可报高价;估计该工程不一定实施的,可报低价。

利用大数据
预测物价波动
实例

⑨计日工单价一般可稍高于工程单价表中的工资单价。

提高工程款
现值

利用项目特征
描述错误

利用工程量
误差

利用现场踏勘

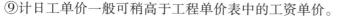
预测主材价格
波动

【应用案例1】　某别墅住宅项目,投标人复核工程量时发现,工程量清单中地下结构部分的A,B两个分项工程的工程量出现了统计错误(见表7.1),同时合同中没有投标人风险转移或者免责的条款,投标人由此可以进行不平衡报价。

表7.1　计算错误的工程量

工程分项名称	清单工程量/m³	实际工程量/m³	单价/(元·m⁻³)
A	5 000	7 500	100
B	3 000	2 000	80

【问题】　①该项目A,B分项价格可以进行不平衡报价吗?
②如何进行不平衡报价?

【专家评析】

(1)原总报价

$5\ 000 \times 100 + 3\ 000 \times 80 = 74$(万元)

(2)调整原则

$A' = 100 \times 1.1 = 110 \qquad B' = 80 \times 0.9 = 72$

(3)设置两个方程式

$5\ 000 \times X + 3\ 000 \times 72 = 740\ 000$　　　解得:$X = 104.8$ 元/m³

$5\ 000 \times 110 + 3\ 000 \times Y = 740\ 000$　　　解得:$Y = 63.3$ 元/m³

（4）结算值比较

7 500×100+2 000×80＝91（万元）

7 500×104.8+2 000×72＝93（万元）

7 500×110+2 000×63.3＝95.16（万元）

可见采用 104.8 元/m³、72 元/m³ 这组调价方案，单价调整幅度既没有超过 10%，结算值较调整前也得到了提高。

【应用案例2】 某村建工厂，位于较宽敞的黄土冲沟中，两侧出露较厚的中更新统老红土，某勘测单位进行地质勘察时未能正确认识这种地貌，本来地基土层为冲沟中的洪水堆积层，具有高压缩性、强失陷性，却误判为中更新统老红土，提供了过高的承载力和良好的工程性质，隐蔽了该土层极差的工程力学性质。

【问题】 ①该项目可以采用不平衡报价吗？

②如何不平衡报价？

【专家评析】 将原地基处理方案报低价，由于将改变地基处理方案，有可能赢得重新定价的机会。由于土质条件的改变，为了防止建筑物不均匀沉降带来墙体开裂，有可能增加承重墙数量、墙体厚度或增大梁的截面积，因此可适当提高混凝土、钢筋等材料的报价。

特别提示

不平衡报价一定要建立在对工程量仔细核对分析的基础上，特别是对于单价报得太低的子目，若这类子目在实施过程中工程量大幅增加，将对承包商造成重大损失。另外，不平衡报价一定要控制在合理幅度内（一般可在 10% 左右），以免引起招标人反对，甚至导致废标。如果不注意这一点，有时招标人会挑选出过高的项目，要求投标人进行单价分析，并围绕单价分析中过高的内容压价，以致投标人得不偿失。

（2）多方案报价法

当工程说明书或合同条款有不够明确之处时，往往会使投标人承担较大风险。为了减少风险就必须扩大工程单价，增加不可预见费，但这样做又会因报价过高而增加被淘汰的可能性。多方案报价法正是为了应对这种两难局面，利用工程说明书或合同条款不够明确之处，以争取达到修改工程说明书和合同为目的的一种报价方法。

具体做法是在标书上报两个单价：一是按原工程说明书合同条款报一个价；二是加以注解，即如工程说明书或合同条款可作某些改变时，则可降低多少的费用，使报价成为最低，以吸引业主修改说明书和合同条款。

特别提示

多方案报价并不是多报价，如果不按招标文件要求编制一个报价，并申明其为有效报价，其投标文件将被作为废标处理。

（3）增加建议方案

有时招标文件规定，可以提一个建议方案，即可以修改原设计方案，提出投标人的方案。

此时投标人应抓住机会,组织一批有经验的设计和施工工程师,对原招标文件的设计和施工方案进行仔细研究,提出更合理的方案以吸引业主,促成自己的方案中标。这种新的建议方案可以降低总造价,或提前竣工,或使工程运用更合理,但要注意的是对原招标方案一定也要报价,以供业主比较。

特别提示

　　提交增加建议方案时,不要将方案写得太具体,保留方案的技术关键,防止招标人将此方案交给其他投标人。要强调的是,建议方案一定要比较成熟,或过去有实践经验。如果仅为中标而匆忙提出一些没有把握的方案,可能引起后患。

　　(4)突然降价法

　　突然降价法是指在报价时先采取迷惑对方的手法,即先按一般情况报价或表现出自己对该工程兴趣不大,到快投标截止时,再突然降价。鲁布革水电站引水系统工程招标时,日本大成公司知道主要竞争对手是前田公司,因此在临近开标前把总报价突然降低8.04%,取得最低标,为以后中标打下了基础。其采取的方法正是突然降价法。

　　应用突然降价法,一般是采取降价函格式装订在标书中。降价函通常是一个简短的价格调整声明,称为"修正报价的声明书"或"投标报价调整函"。在降价函中,投标人根据招标人要求,或出于对降价合理性的解释,来决定声明中是否叙述及如何叙述降价理由。

相关链接

降价函1(修正报价的声明书)

　　致:＿＿＿＿＿＿＿(招标人名称)

　　经过进一步的分析和测算,我单位决定对＿＿＿＿＿(投标项目名称)投标书的原报价＿＿＿＿＿(大写)＿＿＿＿＿(小写)进行调整,调整后的最终报价为＿＿＿＿＿(大写)＿＿＿＿＿(小写)。

　　投标人:＿＿＿＿＿＿＿

　　法人代表:＿＿＿＿＿＿＿

　　授权代理人:＿＿＿＿＿＿＿

　　投标日期:＿＿＿＿＿＿＿

降价函2(投标报价调整函)

　　致:＿＿＿＿＿＿＿(招标人)

　　在充分研究招标文件及其补遗书的基础上,通过对施工现场的仔细勘察,结合我单位的综合实力及以往的施工经验,我们详细分析了原投标报价,在确保工程质量达到招标文件要求的前提下,认真测算了本标段工程成本,本着保本微利的原则,对原投标报价＿＿＿＿＿＿＿(大写)＿＿＿＿＿(小写)进行调整,调整后的最终报价为＿＿＿＿＿(大写)＿＿＿＿＿(小写)。工程量清单中各项费用按比例相应下调。

　　降价理由:

　　①我单位有着丰富的同类工程施工经验,一旦中标,我们将立即组织工程技术人员优化施工组织设计,使其更加科学合理。在施工中,我们将采用国内外先进的施工技术和长期以来积累的优秀的施工工法、先进的施工经验,有效地降低成本,提高效益。

②我单位在本工程所在地附近施工的某项目已基本结束,人员、设备处于待命状态,且所有机械设备都已维修、保养完毕,处于良好状况,一旦我单位中标,施工队伍可以就近调遣,保证人员、设备及时到场,并且可以减少调遣费用。

③严把材料采购和使用关。对建筑材料的采购坚持做到货比三家,利用本项目地理位置优势,随用随购,不积压、不浪费,同时确定经济合理的运输工具和运输方法,把材料费严格控制在投标报价范围内。在建筑材料使用上,必须严格按贯标程序文件执行,杜绝材料浪费,把废料降低到最低限度。

④缩短工期,提高劳动生产率,周密科学地制订工期计划,合理安排工序间的衔接,巧妙组织上场施工队伍,充分有效地使用劳动力,做到既不窝工也不误工,少投入、多产出,最大限度地挖掘企业的内部潜力。

⑤降低非生产人员的比例,减少管理费用和其他开支。所设立的项目经理部要做到精干高效,一专多能。此项目的项目经理由具有丰富的同类工程施工经验的某同志担任。

⑥减少临时工程和临时设施,尽量利用施工现场附近的原有房屋和构筑物,以满足施工需要。

⑦文明施工,安全生产。文明施工措施得力可行,杜绝各类事故发生,减少不必要的各种费用开支。

投标人:

法人代表:

授权的代理人:

投标日期:_____年_____月_____日

特别提示

采用突然降价法时,一定要在准备投标报价的过程中考虑好降价的幅度,在临近投标截止日期前,根据情报信息与分析判断,再作最后决策。

如果采用突然降价法中标,因为开标只降总价,在签订合同后可采用不平衡报价调整工程量表内的各项单价或价格,以期取得更高的效益。

(5)先亏后盈法

有的承包商,为了打进某一地区,依靠国家、某财团或自身的雄厚资本实力,采取一种不惜代价,只求中标的低价投标方案。采用这种方法的承包商必须有较好的资信条件,并且提出的施工方案也先进可行,同时要加强对公司情况的宣传,否则即使低标价,也不一定被业主选中。

(6)开口升级法

将工程中一些风险大、花钱多的分项工程或工作抛开,仅在报价单中注明,由双方再度商讨决定。这样可以大大降低报价,用最低价吸引业主,取得与业主商谈的机会,然后在议价谈判和合同谈判中逐渐提高报价。

(7)无利润算标

缺乏竞争优势的承包商,在不得已的情况下,只好在算标中不考虑利润去争取中标。这种方法一般是在条件时采用:

①中标后有可能将大部分工程分包给一些索价较低的分包商;对于分期建设的项目,先以低价获得首期工程,而后赢得机会创造第二期工程中的竞争优势,并在以后的实施中赚取利润。

②承包商在较长的时间内没有在建工程项目,如果再不中标,就难以维持生存。因此,虽然本工程无利可图,只要能有一定的管理费维持公司的日常运转,就可设法度过暂时的困难,

以图东山再起。

7.3.8 投标文件相关内容编制技巧

在投标文件中,除了最终的投标报价清单外,报价中所附的综合单价分析表是以后追加项目计算费的主要依据。编制综合单价分析表和合同用款估算表时,在保证费合理的前提下,应主要考虑如何反映投标人以后的利润空间。另外,在投标书中装订一份有吸引力的投标致函,也是非常必要的。

（1）投标致函的编制技巧

编制投标致函的目的是使招标人对投标人的优势有一个全面的了解。

投标致函一般装订在投标书首页,逐一列出投标书中的各种优惠条件以及公司优于其他竞争对手的优势。其意义在于宣传投标人的优势,解释投标报价的合理性。另外,附加对招标人的优惠条件,给招标人和评标人留下深刻印象。

投标致函通常应包含以下内容:

①结合项目具体情况,针对招标人感兴趣的方面,有重点地说明本公司的优势,特别是说明自己类似工程的经验和能力,使评标人感到满意。

②宣布最终投标报价。投标人出于保密的需要,或由于时间的紧迫性,在填写工程量清单时单价一般都较高,如果招标人允许,可以采取降价函的形式降低初步投标报价。另外,如果投标人有选择性技术方案,投标书内可能会出现两种报价,在投标致函中应明确最终投标报价。按惯例,投标书中出现两个投标报价,招标人可以按废标处理。

③声明由于最终报价的调整,投标书内其他和投标报价相关的内容也作相应变化。

④着重声明投标报价附带的优惠条件。如果企业有能力和条件向招标人提供某些优惠,可以专门列出。例如,主动提出支付条件的优惠、工期提前、赠给施工设备或免费转让新技术或技术专利、免费技术协作、代为培训人员等。

⑤如果发现招标文件中有某些明显的错误,而又不便在原招标和投标文件上修改,可以在此函中说明。如果进行这项修改调整是有益的,还可说明其对报价的影响。

⑥如果需要,对所选择的施工方案的突出特点作简要说明,主要表明选择这种施工方案可以更好地保证质量和加快工程进度,保证实现预定的工期。

⑦替代方案。如果招标人允许投标人有替代方案,可在投标致函中做重点论述,着重说明替代方案的突出优点。

⑧如果招标人允许,可以提出某些对招标人有利的建议。譬如:如果同时取得两个标段则拟再降价多少;适当提高预付款,则拟再降价多少;适当改变某种材料或者某种结构,不仅完全可保证同等质量、功能,而且可以降低价格等。致函中一定要声明这些建议只是供招标人参考的,如果本公司中标,而且招标人愿意接受这些建议时,可在投标人中标后商签合同时探讨细节。如果招标人不接受这些建议,投标人将按照招标人的意见签订合同。

（2）综合单价分析表的编制技巧

招标人有时在招标文件中明确规定,投标人在投标书中应附综合单价分析表。其目的有两个:一是考察单价的合理性;二是在以后增加项目时,可以参考综合单价分析表中的数据来决定单价。

为了给以后补充项目留有利润空间,在编制综合单价分析表时,应将人工费及机械设备费报得较高,而材料费报得较低。这是因为在编制新的补充项目单价时,一般是按照综合单价分析表中较高的人工费或机械设备费,而材料则往往采用市场价。

由于每个工程都有其特点,如现场道路情况、现场水源情况、供电情况、当地风土人情、气候条件、地貌与地质状况、工程的复杂程度、工期长短、对材料设备的要求等,在编制综合单价分析表之前,要充分了解项目的特殊性以及具体的施工方案,对单价进行逐项研究,确定合理的消耗量,然后根据施工步骤进行组价。

(3)合同用款估算表的编制技巧

合同用款估算表是根据投标书中的施工进度编制的,用款额根据工程量清单内的单价和总报价估算。编制合同用款估算表时,应结合综合单价分析表,运用不平衡报价技巧,尽量提高前期支付比例,减少资金呆滞和沉淀。

在编制合同用款估算表的过程中,要充分考虑监理工程师签发支付证书到实际支付的时间间隔,尽量提前收拢资金。

在编制过程中要考虑保证金的扣留和退还。保证金一般规定为3%,保修期一般是一年,保修期满后,招标人会返还全部保证金。但是如果按FIDIC条款(国际咨询工程师联合会编写的《土木工程合同条件》条款)执行,一旦工程拿到临时交验证书,即便以后还有一段时间的保修责任,承包商也可以提交一个保证金银行保函,保函金额是合同款的2.5%,招标人在拿到银行保函后将退还2.5%的现金给承包商。

7.3.9 建设工程投标文件的审核

(1)报价审核要点

①报价编制说明是否符合招标文件要求,繁简得当。

②报价表格式是否按照招标文件要求的格式,子目排序是否正确。

③"投标报价汇总表合计""投标报价汇总表""综合报价表"及其他报价表是否按照招标文件的规定填写,编制人、审核人、投标人是否按规定签字盖章。

④"投标报价汇总表合计"与"投标报价汇总表"的数字是否吻合,是否有算术错误。

⑤"投标报价汇总表"与"综合报价表"的数字是否吻合,是否有算术错误。

⑥"综合报价表"的单价与"单项概预算表"的指标是否吻合,是否有算术错误;"综合报价表"费用是否齐全,反复改动时要特别注意。

⑦"单项概预算表"与"补充单价分析表""运杂费单价分析表"的数字是否吻合,工程数量与招标工程量清单是否一致,是否有算术错误。

⑧"补充单价分析表""运杂费单价分析表"是否有偏高、偏低现象,并分析原因;所用工、料、机单价是否合理、准确。

⑨"运杂费单价分析表"所用运距是否符合招标文件规定,是否符合调查实际。

⑩配合辅助工程费是否与标段设计概算相接近,降价幅度是否满足招标文件要求,是否与投标书其他内容的有关说明一致,招标文件要求的其他报价资料是否准确、齐全。

⑪定额套用是否与施工组织设计安排的施工方法一致,机具配置尽量与施工方案相吻合,避免工、料、机统计表与机具配置表出现较大差异。

⑫定额计量单位、数量与报价项目单位、数量是否相符合。

⑬"工程量清单"中工程项目所含内容与套用定额是否一致。

⑭"投标报价汇总表"和"工程量清单"采用 Excel 表自动计算,数量乘以单价是否等于合价(合价按四舍五入规则取整)。合计项目反求单价,单价保留两位小数。

理实虚验证
定报价

完成上述审核后,可以依靠大数据成本平台,运用价值工程的方法,理实虚确定最终报价。

相关链接

报价审核指标

(1)每单位建筑面积用工、用料数量指标

施工企业在施工中可以按工程类型的不同,编制出各种工程的每单位建筑面积用工、用料的数量,将这些数据作为施工企业投标报价的参考值。

(2)主要分部分项工程占工程实体消耗项目的比例指标

一个单位工程是由若干分部分项工程组成的,控制各分部分项工程的价格是提高报价准确性的重要途径之一。例如,一般民用建筑的土建工程,是由土方、基础、砖石、钢筋混凝土、木结构、金属结构、楼地面、屋面、装饰等分部分项工程构成,它们在工程实体消耗项目中都有一个合理的大体比例。投标企业应善于利用这些数据审核各分部分项工程的小计价格是否存在特别过大或过小的偏差。

(3)工、料、机三费占工程实体消耗项目的比例指标

在计算投标报价时,工程实体消耗项目中的工、料、机三费是计算投标报价的基础,这三项费用分别占工程实体消耗部分一个合理的比例。根据这个比例,也可以审核投标报价的准确性。

(2)施工组织及施工进度安排审核

①工程概况描述是否准确。

②计划开竣工日期是否符合招标文件中工期的安排与规定,分项工程的阶段工期、节点工期是否满足招标文件的规定。工期提前要合理,要有相应措施,不能提前的决不提前,如铺架工程工期。

③工期的文字叙述、施工顺序安排与形象进度图、横道图、网络图是否一致,特别是铺架工程工期要针对具体情况仔细安排,以免与实际情况不符。

④施工队伍及主要负责人与资审方案是否一致,文字叙述与平面图、组织机构框图、人员简历及拟任职务等是否吻合。

⑤施工方案与施工方法、工艺是否匹配。

⑥施工方案与招标文件要求、投标书有关承诺是否一致。材料供应是否与甲方要求一致,是否统一代储代运,是否甲方供应或招标采购。临时通信方案是否按招标文件要求办理(有要求架空线的,不能按无线报价)。施工队伍数量是否按照招标文件规定配置。

⑦工程进度计划:总工期是否满足招标文件要求,关键工程工期是否满足招标文件要求。

⑧特殊工程项目是否有特殊安排:在冬季施工的项目措施要得当,影响质量的必须停工;

膨胀土雨季要考虑停工;跨越季节性河流的桥涵基础雨季前要完成,工序、工期安排要合理。

⑨网络图工序安排是否合理,关键线路是否正确。

⑩网络图如需中断时,是否正确表示,各项目结束是否归到相应位置,虚作业是否合理。

⑪形象进度图、横道图、网络图中工程项目是否齐全。

⑫平面图是否按招标文件要求布置了队伍驻地、施工场地及大型临时设施等位置,驻地、施工场地、大型临时设施占地数量及工程数量是否与文字叙述相符。

⑬劳动力、材料计划及机械设备、检测试验仪器仪表是否齐全。

⑭劳动力、材料是否按照招标要求编制了年、季、月计划。

⑮劳动力配置与劳动力曲线是否吻合,总工期数量与预算表中总工期数量的差异应合理。投标书中的施工方案、施工方法描述是否符合设计文件及招标文件要求,采用的数据是否与设计一致。

⑯施工方法和工艺的描述是否符合现行设计规范和现行设计标准。

⑰是否有防汛措施(如果需要),措施是否有力、具体、可行。

⑱是否有治安、消防措施及农忙季节劳动力调节措施。

⑲主要工程材料数量与预算表工料机统计数量是否吻合一致。

⑳机械设备、检测试验仪器仪表中设备种类、型号与施工方法、工艺描述是否一致,数量是否满足工程实施需要。

㉑施工方法、工艺的文字描述及框图与施工方案是否一致,与重点工程施工组织安排的工艺描述是否一致;总进度图与重点工程进度图是否一致。

㉒施工组织及施工进度安排的叙述与质量保证措施、安全保证措施、工期保证措施的叙述是否一致。

㉓投标文件的主要工程项目工艺框图是否齐全。

㉔主要工程项目的施工方法与设计单位的建议方案是否一致,理由是否合理、充分。

㉕施工方案、方法是否考虑与相邻标段、前后工序的配合与衔接。

㉖临时工程布置是否合理,数量是否满足施工需要及招标文件要求;临时占地位置及数量是否符合招标文件的规定。

㉗过渡方案是否合理、可行,与招标文件及设计意图是否相符。

虚拟交互验证
技术标合理性

在技术标审核中,可以充分利用虚拟交互技术验证方案的合理性。

(3)工程质量

①质量目标与招标文件及合同条款要求是否一致。

②质量目标与质量保证措施"创全优目标管理图"叙述是否一致。

③质量保证体系是否健全,是否运用 ISO9002 质量管理模式,是否实行项目负责人对工程质量终身负责制。

④技术保证措施是否完善,特殊工程项目如膨胀土、集中土石方、软土路基、大型立交、特大桥及长大隧道等,是否有单独保证措施。

⑤是否有完善的冬、雨季施工保证措施及特殊地区施工质量保证措施。

(4)安全保证措施、环境保护措施及文明施工保证措施

①安全目标是否与招标文件及企业安全目标要求一致。

②投标书是否附有安全责任状。

③安全保证体系及安全生产制度是否健全,责任是否明确。

④安全保证技术措施是否完善,安全工作重点是否有单独保证措施。

⑤环境保护措施是否完善,是否符合环保法规,文明施工措施是否明确、完善。

（5）工期保证措施

①工期目标与进度计划叙述是否一致,与形象进度图、横道图、网络图是否吻合。

②工期保证措施是否可行、可靠,是否符合招标文件要求。

（6）控制（降低）造价措施

①招标文件是否要求有此方面的措施（没有要求可不提）。

②若有要求,措施要切实可行、具体可信。

③遇到特殊有利条件时,是否能发挥优势,如队伍临近、就近制梁、利用原有大型临时设施等。

7.4　任务实施与评价

7.4.1　任务实施

①根据教学选用项目情况,准备本次任务需要的投标资料。

②完成投标资料清查表。

③本项目商务标的编制要点有哪些?

④本项目技术标的编制要点有哪些?

⑤本项目可采取哪些投标策略与技巧?

⑥本次评标标准见表7.2和表7.3,按照评标标准完成本次投标文件的审查以及投标文件审查表的填写。

表7.2　评标标准表（1）

条款号		评审因素	评审标准
2.1.1	形式评审标准	投标人名称	与营业执照、资质证书、安全生产许可证一致
		签字、盖章	符合招标文件第二章"投标人须知"第3.7.3项要求
		副本份数	符合招标文件第二章"投标人须知"第3.7.4项要求
		装订	符合招标文件第二章"投标人须知"第3.7.5项要求
		编页码和小签	符合招标文件第二章"投标人须知"第10.1款规定
		投标文件格式	符合招标文件第八章"投标文件格式"的要求和第二章"投标人须知"第3.7.1项要求
		联合体投标人	提交联合体协议书,并明确联合体牵头人（如有）
		报价唯一	只能有一个有效报价,即符合招标文件第二章"投标人须知"第10.3款要求

续表

条款号	评审因素		评审标准
2.1.3	响应性评审标准	投标内容	符合招标文件第二章"投标人须知"第1.3.1项规定
		工期	符合招标文件第二章"投标人须知"第1.3.2项规定
		工程质量	符合招标文件第二章"投标人须知"第1.3.3项规定
		投标有效期	符合招标文件第二章"投标人须知"第3.3.1项规定
		投标保证金	符合招标文件第二章"投标人须知"第3.4.1项规定
		权利义务	符合招标文件第四章"合同条款及格式"规定
		已标价工程量清单	符合招标文件第五章"工程量清单"给出的范围、数量以及"说明"中对投标人的要求
		技术标准和要求	符合招标文件第七章"技术标准和要求"规定
		成本	低于成本报价按招标文件第二章"投标人须知"第10.4款规定进行认定
		最高限价	扣除10%的不可预见费后的投标报价(修正价)不得超过招标文件第二章"投标人须知"7.3.1项规定的最高限价
2.1.4	施工组织设计和项目管理机构评审标准	施工方案与技术措施	方案与技术措施是否详尽、合理,与其他工种配合措施是否明确
		质量管理体系与措施	是否有质量认证证明资料,且质量措施完善、可行
		安全管理体系与措施	安全施工措施完善、可行、有保障
		环境保护管理体系与措施	环境保护措施完善、可行、有保障
		工程进度计划与措施	进度是否合理,施工措施是否明确、周密
		资源配备计划	满足招标文件要求
		施工设备	须配备与施工合同段工程规模、工期要求相适应的机械设备
		试验、检测仪器设备	满足工程要求
		施工组织机构	组织机构体系完整,管理机制有效运行
		综合管理水平	综合管理水平合格

表7.3 评标标准表(2)

条款号	量化因素	量化标准
2.2	单价遗漏	工程量报价清单如果某项未填写报价的,视为已经分摊到其他项目中
	付款条件	投标文件承诺满足专用合同条款要求
	算术性修正 （详细评审标准）	评标委员会只对通过初审、初评后的投标文件从报价方面进行算术性修正评审。看其是否有计算、累计或表达上的错误,修正错误的原则如下: a.数字表示的金额和用文字表示的金额不一致时,应以文字表示的金额为准。 b.单价与数量的乘积与合价不一致时,以单价为准,除非评标委员会认为单价有明显的小数点错误,此时应以标出的合价为准,并修改单价; c.各细目的合价累计不等于总价时,应以各细目合价累计数为准,修正总价。 d.按上述修正错误的原则及方法调整或修正投标文件的投标报价,应取得投标人的同意,并确认修正后的最终投标价。如果投标人拒绝确认,或在规定时间内未予澄清,则视为投标人放弃投标。 e.按上述修正错误的原则及方法调整,或修正投标文件的投标报价如果高于投标函中的文字报价数额,则在招标范围内所有项目的价格或费用仍以投标函中的文字报价为准,不得调增。如果调整或修正后的投标总价低于投标函中的文字报价数额,则以修正后的投标总价为准,并按中标价与修正后的投标总价的降幅同比例降低招标范围内的所有项目的价格或费用

7.4.2　任务评价

①此次任务完成中存在的主要问题有哪些?

②问题产生的原因有哪些?

③请提出相应的解决方法。

④你认为还需加强哪些方面的指导(实际工作过程及理论知识)?

投标报价
8个窍门

知识回顾

　　投标文件编制工作内容包括商务文件、报价文件和技术文件的编制三部分。商务文件与报价文件组成以报价为核心的商务标,技术文件构成技术标,是投标报价的基础。投标文件资料准备包括商务资料、清单资料和技术资料准备。

　　施工规划和施工组织设计是技术标的核心,其编制原则是力争在保证工期和工程质量的前提下,尽可能使工程成本最低,投标价格合理。投标报价是投标文件编制过程中的核心内容,是在工程估价的基础上,考虑投标技巧及其风险等所确定的承包该项工程的投标总价格。在综合单价法编制投标价的基础上,运用一定的报价策略,获得工程投标报价。报价策略包括不平衡报价、多方案报价、增加建议方案、突然降价、先亏后盈法、开口升级法、无利润算标等方法。

　　投标文件相关内容编制技巧包括投标致函编制技巧、单价分析表编制技巧和合同用款估算表编制技巧。建设工程投标文件的审核可参照每单位建筑面积用工、用料数量指标,主要分部分项工程占工程实体消耗项目的比例指标,工、料、机三费占工程实体消耗项目的比例指标进行审核。

课后训练

一、单项选择题

1.投标书是投标人的投标文件,是对招标文件提出的要求和条件作出( )的文本。

A.附和 　　B.否定 　　C.响应 　　D.实质性响应

2.投标文件正本( ),副本份数见投标人须知前附表。正本和副本的封面上应清楚地标记"正本"或"副本"的字样。当副本和正本不一致时,以正本为准。

A.1 份 　　B.2 份 　　C.3 份 　　D.4 份

3.投标文件应用不褪色的材料书写或打印,并由投标人的法定代表人或其委托代理人签字或盖单位章。委托代理人签字的,投标文件应附法定代表人签署的( )。

A.意见书 　　B.法定委托书 　　C.指定委托书 　　D.授权委托书

4.业主为防止投标人随意撤标或拒签正式合同而设置的保证金称为( )。

A.投标保证金 　　B.履约保证金 　　C.担保保证金 　　D.质量保证金

5.在项目施工投标中,资格预审须知中的附加合格条件一般不包括( )。

A.环境管理体系 　　　　　　B.财务状况

C.项目经理资质要求 　　　　D.同类工程施工经历

二、多项选择题

1.投标文件的内容包括( )。

A.施工组织设计 　　　　　　B.投标函及投标函附录

C.缴税证明 　　　　　　　　D.固定资产证明

E.投标保证金或保函

2.土建工程的初步评审工作需要重点评审的内容包括( )。

A.土建工程施工组织计划的合理性

B.关键施工设备是否满足施工的最低要求

C.报价是否有重大漏项

D.主要工程细目单价的合理性分析

E.资质条件是否满足要求

3.投标文件存在以下哪些问题,可能导致废标( )?

A.货物检验标准低于招标文件要求

B.没有按照招标文件要求提供担保

C.货物包装方式高于招标文件要求

D.报价金额的大小写不一致

E.总价金额和单价与工程量乘积之和的金额不一致

4.下列选项中不属于招标文件重大偏差的有( )。

A.单价总价不一致

B.明显不符合技术规格

C.组成联合体投标的,投标文件内附有联合体各方的共同投标协议

D.投标附有招标人不能接受的条件

E.投标文件记载的招标项目完成期限超过招标文件规定的完成期限

5.当投标报价确定分部分项工程综合单价时,下列做法正确的是( )。

A.当出现招标文件中分部分项工程量清单特征描述与设计图纸不符时,投标人应以分部分项工程量清单的项目特征描述为准,确定投标报价的综合单价

B.承包人不应承担由于法律、法规或有关政策出台导致工程税金、规费、人工费发生变化而产生的风险

C.招标文件中在其他项目清单中提供了暂估单价的材料,应按其暂估单价计入分部分项工程量清单项目的综合单价中

D.对于主要由市场价格波动导致的价格风险,建议可一般采取的方式是承包人承担8%以内的材料价格风险、15%以内的施工机械使用费风险

三、判断题

1.投标是承包单位以报标价的形式争取承包建设工程项目的经济活动,是目前承包商取得工程项目的一种最常见的且行之有效的活动。　　　　　　　　　　　　　( )

2.在不平衡报价中,对暂定项目要报高价。　　　　　　　　　　　　　( )

3.投标决策就是决定要不要投标。　　　　　　　　　　　　　　　　( )

4.招标预备会的目的在于澄清招标文件中的疑问,解答投标单位对招标文件和勘察现场提出的疑问和问题。　　　　　　　　　　　　　　　　　　　　　　　( )

5.由于企业的任务并不全依赖于投标获得,所以企业没有必要设立专门的投标班子。

( )

6.在制作投标报价时,应根据企业的具体情况,在施工预算的基础上确定,而不应该把施工预算作为投标报价。　　　　　　　　　　　　　　　　　　　　　( )

7.投标技巧中的不平衡报价是指在总报价基本确定的前提下,如何调整内部各个子项的报价,以既不影响总报价,又能在中标后可以获取较好的经济效益,因此在操作中对于较早期结账收回工程款的项目(如土方、基础)其单价应降低。　　　　　　　( )

四、综合案例分析

【案例 1】　某建筑工程的招标文件中标明,距离施工现场 1 km 处存在一个天然砂场,并且该砂可以免费取用。现场实地考察后承包商没有提出疑问,承包商在投标报价中没有考虑工程买砂的费用,只计算了取砂和运输费用。由于承包商没有仔细了解天然砂场中天然砂的具体情况,中标后,在工程施工中准备使用该砂时,工程师认为该砂级配不符合工程施工要求,而不允许在施工中使用,于是承包商只得自己另行购买符合要求的砂。

承包商以招标文件中标明现场有砂而投标报价中没有考虑为理由,要求业主补偿现在必须购买砂的差价,工程师不同意承包商的补偿要求。

【问题】　工程师不同意承包商的补偿要求是否合法?

【案例 2】　业主招标制造两台 50 t 的塔式起重机。招标文件包括 98 页的技术规范,并详细规定了设计要求。投标人在读过二三页,了解了主要的要求后,认为所要求的塔式起重机属于投标人公司的轻型塔式起重机,只要将投标人公司的相应塔式起重机加以改造就可以了。实际上,后面 90 多页的内容对塔式起重机有更具体的要求,塔式起重机根本不是轻型塔式起重机,而是重型塔式起重机。投标人的报价低于 400 万美元,而次低报价超过 700 万美元。由于差距太大,业主要求投标人确认自己的报价。投标人对标价进行了书面确认。业主对确认

还不放心,在授标以前召开了会议,进一步确定投标人是否理解了技术规范的要求,以及能否完成该要求。业主审查了技术和设计要求,但没有就巨大的报价差距进行磋商。业主要求投标人提供费用分析资料,投标人没有提供,但声称除了一个微不足道的错误外,没有其他错误,错误对总报价没有影响。考虑到投标人一再表示保证按照技术规范的要求履行合同,业主将合同授予投标人。在进行初步设计时,业主意识到履约可能存在问题并决定开会讨论,这时投标人才发觉价格上的巨大偏差。投标人要求修改合同,延长工期并增加费用。投标人认为,合同价格远远偏离实际成本是由于双方的错误造成的,业主无权要求投标人履行合同;如果业主坚持要求履行合同,则对合同的价格和工期进行公平的调整以使合同价格反映实际成本。

【问题】 投标人修改合同或撤销合同的诉讼请求能否得到支持?

【案例3】 某项工程公开招标,在投标文件的编制与递交阶段,某投标单位认为该工程原设计结构方案采用框架剪力墙体系过于保守。该投标单位在投标报价书中建议将框架剪力墙体系改为框架体系,经技术经济分析和比较,可降低造价约2.5%。该投标单位将技术标和商务标分别封装,在投标截止日期前一天上午将投标文件报送业主。次日(即投标截止日当天)下午,在规定的开标时间前1 h,该投标单位又递交了一份补充资料,其中声明将原报价降低4%。但招标单位的有关工作人员认为一个投标单位不能递交两份投标文件,因而拒收投标单位的补充资料。

该项目开标会由市招标办的工作人员主持,市公证处有关人员到会,各投标单位代表均到场。开标前,市公证处人员对各投标单位的资质进行审查,并对所有投标文件进行审查,确认所有投标文件有效后,正式开标。主持人宣读投标单位名称、投标价格、投标工期和有关投标文件的重要说明。

【问题】 ①招标单位的有关工作人员是否应拒绝该投标单位的投标? 说明理由。该投标单位在投标中运用了哪几种报价技巧? 是否得当? 并加以说明。

②开标会中存在哪些问题?

【案例4】 某企业准备对某项工程投标,根据掌握的资料,对手在该类工程上的标价(P)和本企业的估价(A)存在一定比值关系,各种比值出现的频数见表7.4。

表7.4 P/A 比值表

P/A	0.8	0.9	1.0	1.1	1.2	1.3	1.4	1.5	合计
频数	1	2	7	12	21	18	7	2	70

【问题】 请用竞争定价法为该企业确定最佳报价策略。

【案例5】 某工程项目业主邀请3家单位参加投标竞争。各投标单位的投标报价见表7.5,施工进度计划安排见表7.6。若以工程开工日期为折现点,贷款月利率为1%,假设各分部工程每月完成的工程量相等,并且能按月及时收到工程款。等额年金系数和一次支付现值系数见表7.7。评标委员会对甲、乙、丙3家投标单位的技术标评审结果见表7.8。评审办法规定:各投标单位报价比标底每下降1%,扣1分,最多扣10分;报价比标底每增加1%,扣2分,扣分不保底。报价与标底价差额在1%以内时可按比例平均扣减。评标时,不考虑资金时间价值,设标底价为2 125万元。

表 7.5　各投标单位的投标报价表
单位:万元

投标单位项目报价	基础工程	主体工程	装饰工程	总报价
甲	270	950	900	2 120
乙	210	840	1 080	2 130
丙	210	840	1 080	2 130

表 7.6　施工进度计划安排表

投标单位	项目	1	2	3	4	5	6	7	8	9	10	11	12
甲	基础工程	─	─	─									
	主体工程				─	─	─	─	─				
	装饰工程									─	─	─	─
乙	基础工程	─	─	─									
	主体工程				─	─	─	─	─				
	装饰工程									─	─	─	─
丙	基础工程	─	─										
	主体工程			─	─	─	─	─	─				
	装饰工程							─	─	─	─	─	─

注：施工进度计划/月

表 7.7　系数表

月份	n	2	3	4	5	6	7	8
等额年金系数	$(P/A,1\%,n)$	1.970 4	2.941 0	3.902 0	4.853 4	5.795 5	6.728 2	7.651 7
一次支付现值系数	$(P/F,1\%,n)$	0.980 3	0.970 6	0.961 0	0.951 5	0.942 0	0.932 7	0.923 5

注:计算结果保留小数点后 2 位。

表 7.8　技术标评审结果表

项目	权重	评审得分		
		甲	乙	丙
业绩、信誉管理水平、施工组织设计	0.4	98.70	98.85	98.80
投标报价	0.6			

【问题】　①就甲、乙两家投标单位而言,若不考虑资金时间价值,判断并简要分析业主应优先选择哪家投标单位?

②就乙、丙两家投标单位而言,若考虑资金时间价值,判断并简要分析业主应优先选择哪家投标单位?

③根据得分最高者中标原则,试确定中标单位。

五、拓展训练

1.教师可围绕本学校已建或在建项目,完成某项目施工投标文件的审核。

2.完成某项目施工投标文件技术标的编写。

3.扫码观看技术标实操验证视频,学习小组可就自己的技术方案开展实操验证。

实操验证定方案

六、拓展思考

代表中国工程"速度"的高铁工程,代表中国工程"跨度"的以港珠澳大桥为代表的中国桥梁工程,代表中国工程"高度"的上海中心大厦,代表中国工程"难度"的"华龙一号"全球首堆示范工程,充分展示出我国工程建设技术已经达到世界领先水平。请结合党的二十大精神,谈谈你对大国建造的理解。

任务 8 投标日常事务与纠纷处理

【引例1】

某单位决定参加某项目投标,招标代理单位发放的招标日程安排见表8.1。

表 8.1 招标日程安排表

序号	工作内容	日期
1	发布公开招标信息	2023 年 4 月 30 日
2	公开接受施工企业报名	2023 年 5 月 4 日 9 时至 11 时
3	发放招标文件	2023 年 5 月 10 日 9 时
4	答疑会	2023 年 5 月 10 日 9 时至 11 时
5	现场踏勘	2023 年 5 月 11 日 13 时
6	投标截止	2023 年 5 月 16 日
7	开标	2023 年 5 月 17 日
8	询标	2023 年 5 月 18—21 日
9	定标	2023 年 5 月 24 日 14 时
10	发中标通知书	2023 年 5 月 24 日 14 时
11	签订施工合同	2023 年 5 月 25 日 14 时
12	进场施工	2023 年 5 月 26 日 8 时
13	领取标书编制补偿费、保证金	2023 年 6 月 8 日

【引导问题1】 根据引例1回答以下问题:

①上述招标代理单位编制的招标日程安排有何不妥之处?并简述理由。

②根据招标安排,简述本次投标日常事务主要工作内容及重点。

8.1 任务导读

投标工作内容主要包括投标决策、投标资料准备与文件编制、投标日常事务与纠纷处理。前两项任务我们已经完成。投标日常事务与纠纷处理具体包括以下工作任务:

①根据招标公告或投标邀请书,向招标人提交有关资格预审资料;

②接受招标人的资格审查;

③购买招标文件及有关技术资料;

④参加现场踏勘,并对有关疑问提出书面询问;

⑤参加投标答疑会;

⑥审核与递送投标文件;

⑦参加开标会议,完成投标文件答疑、澄清和修正;

⑧如果中标,接受中标通知书,与招标人签订合同;

⑨处理相关投标纠纷。

8.2 任务目标

①描述工程施工投标工作流程,分析流程涉及的规定和内容,确定投标工作的思路和工作方式。

②按投标流程,完成资格预审、现场踏勘、投标预备会,分析招标文件的要求和内容,制订投标文件的编制计划。

③按照招标文件要求和投标时间限定,递送投标文件,出席开标会议,对投标文件进行答疑、澄清和修正。

④按照正确的方法和途径,处理相关投标纠纷。

⑤通过完成该任务,提出后续工作建议,完成自我评价,并提出改进意见。

8.3 知识准备

8.3.1 资格预审

投标人在获悉招标人的招标公告或投标邀请后,应当按照招标公告或投标邀请书中所提出的资格预审要求,向招标人申报资格审查。

资格预审是投标人投标过程中的第一关,只有通过资格预审,才能成为可以投标的合格投标人。有关资格预审文件的要求、内容以及资格预审评定,在前面的章节中已有所了解。这里仅就承包商申报资格预审时的注意事项进行介绍。

(1)积累资格预审有关资料

平时注意收集信息,发现可投标的项目,作好资格预审的预备。平时应将一般资格预审的有关资料准备齐全,进行计算机归档和存储。如需针对某个项目填写资格预审调查表时,可将有关资料随时调出,并加以补充完善。如果平时不准备资料,临时填写往往会因达不到招标人的要求而失去机会。

（2）填表时应突出重点

在填表时应加强分析，要针对工程特点填好重点部位，特别是要反映出本企业的施工经验、施工水平和施工组织能力。这往往是招标人考虑的重点。

（3）考虑联合体投标策略

当认为本企业某些方面难以满足投标要求时，则应考虑与其他施工企业组成联合体参加资格预审。

（4）做好跟踪工作

企业应做好递交资格预审调查表后的跟踪工作，发现不足之处，及时补送资料。

8.3.2　购领招标文件

投标人经资格预审合格后，便可向招标人申购招标文件和有关资料，同时要缴纳投标保证金。

缴纳投标保证金时应按招标文件的要求进行。一般来说，投标保证金可以采用现金，也可以采用支票、银行汇票，还可以是银行出具的银行保函。银行保函的格式应符合招标文件提出的格式要求。

投标保证金的额度，根据工程投资大小由招标人在招标文件中确定。国际上，投标保证金的数额较高，一般设定在占投资总额的 1%～5%。投标保证金有效期为直到签订合同或提供履约保函为止，通常为 3～6 个月，一般应超过投标有效期 28 天。

8.3.3　组建投标机构

投标不仅是在报价上比高低，还要在技术、经验、实力和信誉上进行比拼。一方面，承包商在技术上应具有先进的科学技术水平，能够完成高、新、尖、难工程；另一方面，承包商在管理上应具有现代先进的组织管理水平，能够以较低价中标，靠管理获利。因此，企业作出投标决策后，建立一个强有力的、专业的投标机构，对投标活动加以组织和管理，是投标获得成功的重要保证。这个投标机构不但其人员应素质良好，更重要的是要共同参与、协同作战，发挥群体力量。该机构应由如下 3 类人才组成：

（1）经营管理类人才

经营管理类人才主要指制定和贯彻经营方针与规划、负责工作的全面筹划和安排、有决策能力的人，包括经理、副经理、总工程师、总经济师、其他经营管理人才。

（2）专业技术类人才

专业技术类人才包括建筑师、结构工程师、设备工程师、其他各类专业技术人员。这些人应具备熟练的专业技能、丰富的专业知识，能从本公司的实际技术水平出发，制订投标用的专业实施方案。

（3）商务金融类人才

商务金融类人才主要指概预算、财务、合同、金融、保函、保险等方面的人才。

特别提示

组建投标机构应注意以下问题:

①项目经理是未来项目施工的执行者,为使其更深入地了解该项目的内在规律,把握工作要点,提高项目管理水平,在可能的情况下,应吸收项目经理人选进入投标机构。

②在国际工程(含境内涉外工程)投标时,还应配备懂专业和合同管理的翻译人员。

③承包商的投标机构应保持相对稳定,这样有利于提高机构中各成员及整体的素质和水平,提高投标的竞争力。

8.3.4　现场考察和参加标前会议

【引例2】

我国某施工单位作为分包商与奥地利某总承包公司签订了房建项目的分包合同。奥方在谈判中称,每平方米单价只要114美元即可完成合同规定的工程量,而实际上按当地市场情况工程花费不低于每平方米500美元。奥方对经双方共同商讨确定的条款还利用打字的机会将对自己有利的内容填进去,在准备签字的合同中擅自增加工程量等。该工程的分包合同价为553万美元,工期为24个月。而在工程进行到11个月时,中方已投入654万美元,但仅完成工程量的25%。预计如果全部履行分包合同,还要再投入1 000万美元以上。结果中方不得不抛弃全部投入资金,彻底解除分包合同。

【引例3】

某工程业主出于安全考虑,要求承包商在工程四周增加围墙。当然,这是合同内的附加工程。业主提出基本要求:围墙高2 m,上部为压顶、花墙,下部为实心砖墙,再下面为条形大放脚基础,再下为道渣垫层。业主要求承包商以延长米报价,单价包括所有材料、土方工程。承包商的造价师未到现场详细调查,仅按照正常地平以上2 m高,下为大放脚和道渣,正常土质的挖基槽计算费用,而忽视了当地为丘陵地带,而且有许多藕塘和稻田,淤泥很多,施工难度极大。结果实际土方量、道渣的用量和砌砖工程量大大超过预算。由于按延长米报价,业主不予补偿。

【引导问题2】　引例2和引例3中承包商的主要失误是什么? 现场考察对投标工作起什么作用?

1)现场考察

现场考察即投标人去工地现场进行考察。招标人一般在招标文件中注明现场考察的时间和地点,在文件发出后就应安排投标人进行现场考察的准备工作。

投标人现场考察和标前会议工作重点

施工现场考察是投标人必须经过的投标程序。按照国际惯例,投标人提交的报价一般被认为是在现场考察的基础上编制的。报价提交之后,投标人就无权因为现场考察不周、情况了解不细或因素考虑不全面等,提出修改投标、调整报价或提出补偿等要求。

现场考察既是投标人的权利,又是职责。因此,投标人在报价前必须认真进行施工现场考察,全面、仔细地调查了解工地及其周边环境等情况。去现场考察之前,投标人应先仔细研究招标文件,特别是文件中的工作范围、专用条款,以及设计图纸和说明,然后拟订出调研提纲,确定重点要解决的问题,做到事先有准备,因为有时招标人只组织投标人进行一次现场考察。

现场考察均由投标人自费进行。如果是国际工程,招标人应协助办理现场考察人员出入项目所在国境签证和居留许可证。引例 2 和引例 3 中,承包商没有进行全面的现场考察是承包工程失败的主要原因。进行现场考察应从下述 6 方面调查了解:

(1)自然地理条件

①施工现场的地理位置、地形、地貌、用地范围;

②气象、水文情况;

③地质情况;

④地震及设防烈度,洪水、台风及其他自然灾害情况;

⑤其他一些自然地理情况。

(2)市场情况

①建筑材料、施工机械设备、燃料、动力和生活用品的供应状况;

②价格水平与变动趋势;

③劳务市场状况;

④银行利率和外汇汇率;

⑤其他一些市场情况。

(3)施工条件

①施工场地四周情况,临时设施、生活营地如何安排;

②给水排水、供电、道路条件,通信设施现状;

③引接或新修给水排水线路、电源、通信线路和道路的可能性,以及最近的线路与距离;

④附近现有建筑工程情况;

⑤其他一些情况。

(4)招标人的情况

招标人的情况主要是招标人的资信情况,包括资金来源与支付能力、履约情况、招标人的信誉。

(5)竞争对手情况

①竞争对手的数量;

②竞争对手的资质等级;

③竞争对手的社会信誉;

④竞争对手类似工程的施工经验;

⑤竞争对手承揽该项目的优势与劣势;

⑥竞争对手的其他一些情况。

(6)其他条件

①交通运输条件,如运输方式、运输工具与运费;

②编制报价的有关规定;

③工地现场附近的治安情况。

2）参加标前会议

【引例4】

××中学新建教学楼工程招投标答疑文件

一、招标文件部分

1.问:抽签工程,投标单位可否不提供分部分项工程量清单综合单价分析表(简表),或由中标单位中标后提供此表?

答:投标单位须提供分部分项工程量清单综合单价分析表(简表)。

2.问:招标文件第84页第(4)条没有打钩,与第83页矛盾。请确认。

答:招标文件第84页第(4)条应打上钩,与第83页内容一致。

3.问:招标文件第15页16.3条投标报价书内容,第82页商务标部分目录都没有措施项目费分析表,而第83页工程量清单报价表说明及第93页有措施项目费分析表,请问商务标组成是否加入措施项目费分析表?

答:无须提交。

4.问:招标文件第15页16.3条投标报价书内容,第83页、第91页都有分部分项工程量清单综合单价分析表(简表),而第82页商务标部分目录没有要求此表,请问商务标组成是否加入分部分项工程量清单综合单价分析表(简表)?

答:是,须提交分部分项工程量清单综合单价分析表(简表)。

5.问:招标人提供的工程量清单与现有图纸计算工程量结果有差异时怎么办? 能否按双方认可的施工图计算结果进行调整? ［主要是针对招标文件第三章合同条款第十八条补充条款1(2)中所列按实际完成工程量计量以外的其他子目工程量］

答:根据招标文件第17页21.6条的规定执行。

6.问:招标人提供的工程造价预算报告书中,施工措施费部分的构成依据能否提供? (工程量清单中也无措施项目工程量)

答:否,请投标人自行测算。

二、工程量清单部分

经过预算编制单位及审核单位共同对投标单位所提出的疑问进行详细复核后,具体答复如下:

1.问:土建部分——工程造价预算报告书中,分部分项工程量清单计价表第8页门窗工程020402007001 钢质防火门 FM1,800 mm×200 mm 是否应为 800 mm×2 000 mm?

答:应为 800 mm×2 000 mm。

2.问:土建部分——教学楼清单计价表第14页中拆除工程工程量无法复核?

答:分部分项工程量清单计价表项目第126项是一层六角阶梯教室主体建筑的拆除与装运,六角阶梯教室的面积为395 m²。第127项按照招标文件第64页第(6)条的规定执行,预算子目调整如下:

序号	项目编码	项目名称	计量单位	工程量	金额/元	
					综合单价	合价
127	010901001001	拆除混凝土及钢筋混凝土构件;(1)阶梯教室地面拆除(含基础拆除以及装、运废弃物)	项	1	35 000.00	35 000.00

其他拆除工程量见施工图现状平面图 ZS-03。

3.问:土建部分——序号 46,010702001001 屋面卷材防水,屋一工程量原为 1 090.62 m²,实际为 1 460.48 m²?

答:应为 1 090.62 m²。

4.问:土建部分——序号 107,020603001001 洗漱台应为中国黑大理石洗面台?

答:按照中国黑大理石洗面台报价,具体做法按照施工图。预算子目单价调整如下:

序号	项目编码	项目名称	计量单位	工程量	金额/元	
					综合单价	合价
107	020603001001	洗漱台(1)大理石洗面台 4[中国黑大理石洗面台]	m²	28.62	624.61	17 876.48

5.问:土建部分——清单未含教室黑板项(长 4 090 mm,高 1 095 mm,型号:详见 98ZJ501 第 34 页第 2 项),详图纸变更。

答:本次招标不包含教室黑板。

6.问:土建部分——JS-15 窗大样,门窗统计表说明第 13 条,本工程为 90 系列推拉铝合金窗采用普通铝合金窗材料,表面粉末喷涂电泳涂漆不锈钢金属色,而清单中所用部分材料为 38 系列。

答:分部分项工程量清单计价表项目内容修正见附表。

7.问:土建部分——工程量清单,分部分项工程量清单项目内容与预算报告书中分部分项工程量清单计价表的项目内容有出入时以哪个为准(如门窗工程)?

答:分部分项工程量清单计价表项目内容修正见附表。

8.问:电气部分——序号 9,030204018009 配电箱 AP 是否应为 1AP?

答:应为 1AP。

9.问:电气部分——序号 40,030212001010 刚性阻燃管 PC32 原工程量为 173.60 m,实际为 1 320.10 m?

答:经核实,电气部分——序号 40 工程量修改为 1 320.10 m,序号 38 工程量修改为 1 835.85 m。本子目工程量和预算综合单价调整如下:

序号	项目编码	项目名称	计量单位	工程量	金额/元	
					综合单价	合价
38	030212001008	电气配管 (1)砖、混凝土结构暗配［刚性阻燃管 φ25×1.9］	m	1 835.85	7.62	13 990.83
⋮	⋮	⋮	⋮	⋮	⋮	⋮
40	030212001010	电气配管 (1)砖、混凝土结构暗配［刚性阻燃管 φ32×2.5］ (2)暗装［塑料接线盒 86 系列］	m	1 320.10	10.99	14 501.65

10.问:电气部分——清单遗漏导线 BV-10 的工程量,实际应为 5 977.50 m?

答:经复核,本子目漏计,本次投标报价不包括此项目,结算根据招标文件专用条款第 31 款约定的计价方式进行调整。相应的电气部分——序号 47,中导线 BV-6 工程量 8 030.75 m 取消。

11.问:工程量清单中,××中学新建教学楼(给排水)工程第 92 项中,没有计量单位,请确认?

答:××中学新建教学楼(给排水)工程第 92 项的计量单位为"m³"。

12.问:连廊及室外工程电气部分——序号 12,030204031001 单联照明开关原工程量为 3 套,实际为 4 套?

答:经核实工程量应为 3 套。

三、施工图部分

1.问:GS-06 地梁配筋平面图地梁顶标高与 GS-02 桩位平面图承台顶标高矛盾?

答:以桩位平面图为准。

2.问:JS-06 新 1 五层局部平面图ⓒ~ⓓ交⑩轴的轴线位置与平面图不符?

答:以新建教学楼的轴线为准。

> 招标人:×××
> 招标代理:××市××工程项目管理有限公司
> 20××年 04 月 07 日

【引导问题 3】　阅读引例 4,回答以下问题:

①投标人参加投标答疑会,可以提出哪些问题? 应注意什么?

②投标人参加投标答疑会应做好哪些准备工作?

【专家评析】　标前会议是招标人组织召开的答疑形式的会议,一般在现场考察之后的 1~2 天内举行。投标人可就现场踏勘中发现的问题,招标文件、施工图纸中说明不清楚或表示不明白的地方,以及清单不明确或描述不清、工程量有误及漏项的问题,只要是施工方认为有疑问的地方,都可以在答疑会上以书面或口头的形式提出疑问,招标人应在答疑会上给出相应的答复。当场答复不了的,在会后以书面形式,连同其他问题一起给予答复,并发放到投标人手中。招标人的书面答疑将成为招标文件的组成部分。

（1）常见问题

①招标文件及设计图纸是否有交代不清或有矛盾的地方；

②土方是否外购、外运；

③施工现场与项目所在地的距离；

④建设单位建设前期准备工作是否到位，是否达到"三通一平"；

⑤对于新材料、新技术的规定，是否在当地能实行；

⑥建设单位对工程的其他要求等；

⑦投标人根据自己完成投标的时间，对投标截止日的合理性提出质疑。

（2）答疑会前准备

①做好现场勘察；

②召集相关人员（技术、预算、施工）仔细研究招标文件，熟悉招标文件（清单）及图纸，提出各自的疑问并记录下来；

③跟主管领导沟通，询问是否有需要补充提问的地方；

④汇总所有问题，最好形成书面材料，防止现场遗忘。

答疑会上仔细记录其他单位提出的问题和招标人的回答，如发现新问题，随时要求招标人给予解答；会议结束后，将所有问题和解答整理后，要求招标人签字盖章认可（一般招标人会提供一份完整的答疑记录）。

8.3.5　准备备忘录提要

招标文件一般都明确规定，不允许投标人对招标文件的各项要求进行随意取舍、修改或提出保留。但是在投标过程中，投标人对招标文件进行反复深入地研究后，往往会发现有很多问题需要处理。

①对投标人有利的，可以在投标时加以利用或在以后提出索赔要求的，这类问题投标人一般在投标时是不提的。

②发现的错误明显对投标人不利的，如总价包干合同工程项目漏项或是工程量偏少，这类问题投标人应及时向招标人提出质疑，要求招标人更正。

③投标人企图通过修改某些招标文件的条款或是希望补充某些规定，使自己在合同实施时能处于主动地位的问题。

上述问题在准备投标文件时，应单独写成一份备忘录提要。第 3 类问题留待合同谈判时，根据当时情况再逐一谈判，并将谈判结果写入合同协议书的备忘录中。

特别提点

　　备忘录提要不能附在投标文件中提交，只能自己保存。在投标阶段除第 2 类问题外，最好少提问题，以免影响中标。

8.3.6　投标文件复核

为了保证投标文件的有效性，必须对投标文件反复校核。实务中，主要从以下方面进行复核：

①投标文件格式、内容是否与招标文件要求一致；

②投标文件是否有缺页、重页、装倒、涂改等错误；

③复印完成后的投标文件如有改动或抽换页，其内容与上下页是否连续；

④工期、机构、设备配置等修改后，与其相关的内容是否修改换页；

⑤投标文件内前后引用的内容，其序号、标题是否相符；

⑥如有综合说明书，其内容与投标文件的叙述是否一致；

⑦招标文件要求逐条承诺的内容是否逐条承诺；

⑧按招标文件要求是否逐页小签，修改处是否由法人或代理人小签；

⑨投标文件的底稿是否齐备、完整，所有投标文件是否建立电子文件；

⑩投标文件是否按规定格式密封包装、加盖正副本章、密封章；

⑪投标文件的纸张大小、页面设置、页边距、页眉、页脚、字体、字号等是否按规定统一；

⑫页眉标识是否与本页内容相符；

⑬页面设置中"字符数/行数"是否使用了默认字符数；

⑭附图的图标、图幅、画面是否重心平衡，标题字是否选择得当，颜色搭配是否悦目，层次是否合理；

⑮一个工程项目同时投多个标段时，共用部分内容是否与所投标段相符；

⑯国际投标以英文标书为准时，应加强中英文对照复核，尤其是对英文标书重点章节的复核（如工期、质量、造价、承诺等）；

⑰各项图表是否图标齐全，设计、审核、审定人员是否签字；

⑱施工组织模块或摘录其他标书的施工组织内容是否符合本次投标的工程对象；

⑲标书内容描述用语是否符合行业专业语言，打印是否有错别字；

⑳改制后，其机构组织名称是否作了相应修改。

8.3.7　提交投标文件

提交投标文件是指投标人在规定的投标截止日期之前，将准备好的所有投标文件密封提交给招标人的行为。投标人应按投标须知要求，认真细致地分装密封包装起来，由投标人亲自在截标之前送交招标人，或者通过邮寄提交。邮寄提交要考虑路途的时间，并且注意投标文件的完整性，一次提交，以免因迟交或文件不完整而作废。

有许多工程项目的截止投标时间和开标时间几乎同时进行，交标后立即组织当场开标。迟交的标书即宣布为无效标。因此，不论采用什么方法提交投标文件，一定要保证准时送达。对于已送出的投标文件，若发现有错误要修改，可致函、发紧急电报或电传通知招标人，修改或撤销投标书的通知不得迟于招标文件规定的截标时间。总之，要避免因为细节的疏忽与技术上的缺陷使投标文件失效或无效。

同时，要求招标人签收或通知投标人已收到其投标文件，记录收到的日期和时间，采取措施确保投标文件的安全，并保证在收到投标文件到开标之前，所有投标文件均不能被启封。

8.3.8　出席开标会议

参加开标会议对投标人来说，既是权利也是义务。很多地方规定，投标人不参加开标会议的,视为弃权,其投标文件将无效,不允许参加评标。投标人参加开标会议,要注意其投标文件是否被正确启封、宣读,对于被错误地认定为无效的投标文件或唱标出现的错误,应当场提出异议。

8.3.9 投标文件答疑、澄清与修正

在评标期间,评标组织要求澄清投标文件中不清楚的问题,投标人应积极予以说明、解释、澄清。澄清有助于对投标文件的审查、评价和比较,也有助于说明、澄清和确认的问题,经招标人和投标人双方签字后,作为投标文件的组成部分。

在进行投标文件澄清说明时,除对投标文件的响应性、合理性进行说明外,还应对照评标标准,充分展示方案的创新性。可以扫右侧二维码观看一段竞标实例,找到答辩的思路。

技术方案
创新点评价

相关链接

澄清招标文件分为书面询问和口头询问。前者一般可以采用向投标人发出书面询问,由投标人书面作出说明或澄清。后者常采用当面澄清的方式,有关澄清的要求和答复,最后均应以书面形式进行。

在澄清会谈中,投标人不得更改标价、工期等实质性内容,开标后和定标前提出的任何修改声明或附加优惠条件,一律不作为评标的依据。但评标组织按照投标须知规定,对确定为实质上响应招标文件要求的投标文件进行校核时,发现计算或累计上的错误,不在此列。

8.3.10 接受中标通知书

经评标,投标人被确定为中标人后,应接受招标人发出的中标通知书。未中标的投标人有权要求招标人退还其投标保证金。

中标人收到中标通知书后,应在规定的时间和地点与招标人签订合同,同时按照招标文件的要求,提交履约保证金或履约保函,招标人同时退还中标人的投标保证金。中标人如拒绝在规定的时间内提交履约担保和签订合同,招标人报请招标投标管理机构批准同意后取消其中标资格,并按规定不退还其投标保证金,并考虑在其余投标人中重新确定中标人,与之签订合同,或重新招标。

中标人与招标人正式签订合同后,应按要求将合同副本分送有关主管部门备案。

8.3.11 投标纠纷处理

常见投标纠纷主要包括串标纠纷、标书有效性认定纠纷、缔约过失纠纷等。下面从以下案例中进一步了解纠纷的起因和解决方式。

关于"串标"
最新法律法规
解读

评标结果异议
案例

模拟仲裁
评异议

【应用案例 1】　2022 年,某单位拟新建办公楼,向社会公开招标。某建筑公司参加投标并中标,某单位送达某建筑公司中标通知书。某建筑公司缴纳履约保证金 50 万元。后来某单位拒绝与某建筑公司签订施工合同,且书面通知某建筑公司的投标书为废标。某建筑公司遂诉至法院,要求双倍返还履约保证金。

【问题】　该案例中建筑公司的要求是否能得到支持?

【专家评析】　履约保证金是否具有定金性质,是本案的关键。定金必须基于合同当事人的约定而产生,并应采用书面形式。定金作为担保方式是双方担保,而非担保某一方,定金对支付定金的一方和接受定金的一方均有约束力,担保的是双方特定的行为。区别定金与其他金钱的关键在于当事人订立的合同内容中,是否有对符合定金特性的定金罚则的约定,而不能拘泥于名称。本案中当事双方对履约保证金没有作出符合定金特性的定金罚则的约定,故履约保证金不具有定金性质,更不应双倍返还。

【应用案例 2】　A 公司是由 B 公司与 C 公司联合投资兴办的企业法人单位,B 公司占 70% 的股份。2022 年 10 月,B 公司获悉巨源公司的钢结构厂房工程正在公开招标,便递交了资格证明文件。经巨源公司审核,认为 B 公司具备参与钢结构厂房投标资格。B 公司在投标截止时间前递交了投标文件。投标总价为 1 640 万元。其中,5 栋厂房钢结构部分报价为 1 335 万元(每栋 267 万元),5 栋厂房土建部分报价为 305 万元(每栋 61 万元),工期 90 天。B 公司委托 A 公司的员工徐某、余某为代理人参加投标活动,代理人在投标、评标、合同谈判过程中所签署的一切文件和处理与之有关的一切事务,B 公司均予以承认,但代理人无转委托权。

B 公司还委托 A 公司代其向巨源公司支付了投标保证金 20 万元。2022 年 11 月 15 日上午 9 点 30 分巨源公司召开开标会,共有 5 家单位投标,开标后,没有单位中标,但 B 公司与其他两家投标单位与巨源公司进行了协商,即议标。在议标过程中,除了徐某、余某作为 B 公司的代理人参加商议外,A 公司总经理黄某也在后阶段参加了商议,并于 2022 年 11 月 19 日以黄某本人名义出具书面承诺,同意以每幢 232 万元的造价承包两幢厂房的钢结构工程,并对付款方式作了计划。2022 年 12 月 5 日巨源公司据此向 B 公司发出中标通知书,2022 年 12 月 15 日 B 公司发函给巨源公司,以钢材价格上涨和支付工程款的方式欠佳为由,决定放弃该项工程,并要求巨源公司退回投标保证金。2022 年 12 月 24 日 B 公司再次发函给巨源公司,决定以每栋 240 万元的价格承揽厂房工程,巨源公司未同意。为此双方产生争议,B 公司诉至法院要求巨源公司退回 20 万元保证金。

【问题】　该纠纷应如何处理?

【专家评析】　原、被告按照正常程序进行招、投标活动,开标后,投标单位无一中标。在所有投标被否决的情况下,此次投标活动应视为结束,投标单位所交的投标保证金应退回。巨源公司与 B 公司的委托代理人及其 A 公司总经理黄某之间的商议行为,以及随后的函件往来等,均属于议标行为。虽然与前面的招投标行为有一定关联,但它不是招投标行为本身,巨源公司所收取的投标保证金理当返还,继续占有则构成不当得利。至于黄某的承诺行为,虽然黄某本人未受委托,但黄某所在公司的员工是委托代理人,而黄某又是该委托代理人的直接上级领导,且B公司与A公司之间形成了控股关系。因此,巨源公司有理由相信黄某有相应的代理权,而且B公司事后也在黄某所作承诺的基础上与巨源公司进行过协商,只是以"材料涨价"等理由未达成最终协议。据此B公司在与巨源公司议标过程中,如因承诺等行为使巨源公司的工程进度、工程安排产生不利影响,造成损失,巨源公司可另行起诉或双方协商解决。巨源公司返还20万元投标保证金给B公司。

8.4　任务实施与评价

8.4.1　任务实施

招投标纠纷
案例分析

①根据招标文件要求准备资格预审资料,制订资格预审工作计划。

②拟订投标答疑所提问题。

③对本项目投标文件进行复核,并列出复核意见书。

④针对评委提问,完成投标答辩、澄清和修正。

8.4.2　任务评价

如何做好
投标工作

①此次任务完成中存在的主要问题有哪些?

②问题产生的原因有哪些?

③请提出相应的解决方法。

④你认为还需加强哪些方面的指导(实际工作过程及理论知识)?

知识回顾

本任务主要涉及以下知识点:如何通过资格预审;如何组建投标班子;如何参加现场踏勘,并对有关疑问提出书面询问;参加投标答疑会的注意事项;投标文件审核要点;如何递送投标文件;如何进行开标会议;如何完成投标文件答疑、澄清和修正;如何处理相关投标纠纷。

课后训练

一、不定项选择题

1.当有效投标人少于(　　)时,招标人应当依法重新组织招标。

　　A.3家　　　　　　B.2家　　　　　　C.5家　　　　　　D.4家

2.公布中标结果后,未中标的投标人应当在发出中标通知书后的(　　)日内退回招标文件和相关的图样资料,同时招标人应当退回未中标人的投标文件和发放招标文件时收取的押金。

　　A.7　　　　　　B.15　　　　　　C.10　　　　　　D.30

3.评标委员会成员应从事相关专业领域工作满(　　)年,并具有高级职称或者具有同等专业水平的工程技术、经济管理人员,并实行动态管理。

　　A.8　　　　　　B.10　　　　　　C.5　　　　　　D.12

4.开标应当在招标文件确定的提交投标文件截止时间的(　　)进行。

　　A.当天公开　　　B.当天不公开　　C.同一时间公开　　D.同一时间不公开

5.现场踏勘是指招标人组织投标人对项目实施现场的(　　)等客观条件和环境进行的现

场调查。

　　　　A.银行　　　　　　　B.地质　　　　　　C.气候　　　　　　　D.地理　　　　　　E.税务

　　6.招标过程中投标者的现场考察费用应由(　　　)承担。

　　　　A.招标者　　　　　　　　　　　　　　B.投标者

　　　　C.招标者和投标者　　　　　　　　　　D.中标方

　　7.中标人的投标应当符合下列条件之一:(　　　)。

　　　　A.能够最大限度地满足招标文件中规定的各项综合评价标准

　　　　B.能够满足招标文件的各项要求,并经评审的价格最低,但投标价格低于成本的除外

　　　　C.未能实质上响应招标文件的投标,投标文件与招标文件有重大偏差

　　　　D.投标人的投标弄虚作假,以他人名义投标、串通投标、行贿谋取中标等其他方式投标的

　　8.在开标时,如果投标文件出现下列情形之一,应当当场宣布为无效投标文件,不再进入评标:(　　　)。

　　　　A.投标文件未按照招标文件的要求予以标志、密封、盖章

　　　　B.投标文件未按照招标文件规定的格式、内容和要求填报,投标文件的关键内容字迹模糊、无法辨认

　　　　C.投标人在投标文件中对同一招标项目报有两个或多个报价,且未书面声明以哪个报价为准

　　　　D.投标人未按照招标文件的要求提供投标保证金或者投标保函

　　　　E.组成联合体投标的,投标文件未附联合体各方共同投标协议

　　　　F.投标人未按照招标文件的要求参加开标会议

二、案例分析

【案例1】　　某办公楼的招标人于2022年10月11日向具备承担该项目能力的 A,B,C,D,E 等 5 家承包商发出投标邀请书。其中说明,10月17—18日9至16时在该招标人总工程师室领取招标文件,11月8日14时为投标截止时间。5家承包商均接受邀请,并按规定时间提交了投标文件。但承包商 A 在送出投标文件后发现报价估算有较严重的失误,遂赶在投标截止时间前 10 分钟递交了一份书面声明,撤回已提交的投标文件。

　　开标时,由招标人委托的市公证处人员检查投标文件的密封情况,确认无误后,由工作人员当众拆封。由于承包商 A 已撤回投标文件,故招标人宣布有 B,C,D,E 4 家承包商投标,并宣读了 4 家承包商的投标价格、工期和其他主要内容。

　　评标委员会委员由招标人直接确定,共由 7 人组成,其中招标人代表 2 人,本系统技术专家 2 人,经济专家 1 人,外系统技术专家 1 人、经济专家 1 人。

　　在评标过程中,评标委员会要求 B,D 两投标人分别对施工方案作详细说明,并对若干技术要点和难点提出问题,要求其提出具体、可靠的实施措施,作为评标委员的招标人代表希望承包商 B 考虑一下降低报价的可能性。

　　按照招标文件中确定的综合评标标准,4 个投标人综合得分从高到低的依次顺序为 B,D,C,E,故评标委员会确定承包商 B 为中标人。由于承包商 B 为外地企业,招标人于 11 月 10 日将中标通知书以挂号方式寄出,承包商 B 于 11 月 14 日收到中标通知书。

　　由于从报价情况来看,4 个投标人的报价从低到高的顺序依次为 D,C,B,E。因此,从 11

月16日至12月11日招标人又与承包商B就合同价格进行了多次谈判,结果承包商B将价格降到略低于承包商C的报价水平,最终双方于12月12日签订了书面合同。

【问题】 ①从招投标的性质看,本案例中的要约邀请、要约和承诺的具体表现是什么?

②从所介绍的背景资料来看,在该项目的招标投标程序中哪些方面不符合《招标投标法》的有关规定?请逐一说明。

【案例2】 2023年8月13日,A发电厂以邀请方式对本厂热电联产供热管网工程进行招标,B公司参加了投标。9月6日15时,经过开标、评标,20时招标人宣布B公司以标价716万元成为A电厂招标工程第二标段的唯一中标候选单位。9月9日,A电厂告知B公司,称B公司投标价高出预算价,且差距较大。若B公司无意对投标价作出修改,则视为其放弃中标候选单位资格。次日,B公司致函A电厂,明确指出其行为违法,并表示了不同意见,同时派出副总经理作为全权代表赴A电厂协调此事。由于B公司不能接受A电厂对已投标文件作出实质性修改,即按A电厂要求大幅度压低投标价,A电厂退回了B公司的投标保证金、图纸押金,将工程转包他人。

【问题】 该纠纷应如何解决?

三、拓展训练

1.教师可围绕本学校已建或在建项目,指定复核某项目投标文件。

2.提出投标工作建议。

四、拓展思考

你如何理解职业规范与职业素养?

任务9 合同评审与交底

【引例1】

在合同评审中,可以利用大数据平台,抓取合同履行中最常见的问题,从问题出发进行合同评审。

【引导问题1】 扫码观看视频,思考引发合同常见问题的原因有哪些?我们应该如何防范?

一分钱报价
评审

【引例2】

某市一教学楼,建筑面积为4 680 m²,地下一层,地上三层。工程结构为砖混结构。建设单位通过招标与A施工企业签署了施工总承包合同。合同的部分内容如下:

1.协议书

(1)承包范围

承包范围为该工程施工图所包括的土建工程。

(2)合同工期

合同工期为2022年2月21日—2022年9月30日,合同工期为223日历天。

(3)合同价款

本工程采用总价合同形式,合同总价为贰佰叁拾肆万元整人民币(￥234.00万元)。

（4）质量标准

本工程质量标准要求达到承包商最优的工程质量。

（5）质量保修

施工单位在该项目的设计规定的使用年限内承担全部保修责任。

（6）工程款支付

协议生效后 10 日内，甲方向乙方支付合同总价款的 20%；逾期付款的，按日 0.3% 的利率予以处罚。

（7）不可抗力

不可抗力是指合同签订后发生的双方无法控制和不可预见的事件，但不包括双方的违约或疏忽。诸如地震、海啸、洪水、火山爆发、台风等因自然原因引发的重大灾害，战争、瘟疫、地区性罢工、恐怖活动等人为重大灾害，以及其他程度与发生原因与之相称的事件都可认为是不可抗力。

2.其他补充协议

①乙方在施工前不允许将工程分包，只可以转包。

②甲方不负责提供施工场地的工程地质和地下主要管网线路资料。

③乙方应按项目经理批准的施工组织设计组织施工。

④涉及质量标准的变更由乙方自行解决。

⑤合同变更时，按有关程序确定变更工程价款。

【引导问题 2】　根据引例 2 回答以下问题：

①从节选的内容看，该项工程施工合同协议书中有哪些不妥之处？

②该项工程施工合同的其他补充协议中有哪些不妥之处？

③该工程按工期定额计算，其工期为 212 天，则该工程的合同工期应为多少天？

④合同评审和交底的主要工作内容包括哪些？

9.1　任务导读

中标通知书发出后，招标人与中标人应按照招标文件和中标人的投标文件订立书面合同。工程合同作为建筑工程中约束甲乙双方的法律文件，具有极为重要的意义。在日常工作处理中，尤其是在工程结算时，往往如图 9.1、图 9.2 所示，由于双方对具体合同条款理解的不同，对工作范围、责任、技术标准等极易产生分歧，进而对工程进度、工程造价等产生影响。在项目实施过程中，众多风险因素变幻无常，随时可能出现各种情况，如建筑材料市场的价格波动就可能远远超过当事人的预期。

合规守法，智慧评审——二十大视角解读合同评审

　　一份完善的施工合同是合同顺利履行的前提条件。从引例 1、引例 2 可见，一份完善的合同来自成功的合同评审和交底。在合同履行过程中或履行完毕才显现出来的大多数合同风险，源于合同签订过程中遗留下来的风险因素。对建设工程施工合同订立阶段的风险进行识别，也是进行合同后期风险处理的基础。

因此,合同评审与交底工作是建设工程施工合同风险管理的重要环节。在该阶段,应学习如何查找各种合同问题:识别合同风险,制订合同评审程序,掌握评审技巧,撰写评审报告,组织合同谈判,争取有利合同条件,分解合同责任,完成合同交底。

9.2 任务目标

①根据项目实际情况,收集、阅读、分析所需要的资料,并能得出自己的结论。

②形成自己的合同评审程序和评审技巧,在规定的时间内完成并提交评审报告和风险分析与对策报告。

③根据评审结果,制订谈判计划,完成合同签署与交底,并提出后续工作建议。

④通过完成该任务,完成自我评价,并提出改进意见。

9.3 知识准备

9.3.1 施工合同常见问题

合同评审

完善的合同条款是合同顺利履行的前提和基础,是企业赢利的保障。而完善的合同条款来源于对合同问题的查找。可通过以下案例分析,总结常见施工合同问题。

【引例3】

某市准备建设一个大型发电站,相关部门组织成立了项目法人,估计工程总造价为25亿元。在可行性研究报告、项目建议书、设计任务书等经市计划主管部门审核后,报国务院、国家发改委审批申请国家重大建设工程立项。审批过程中,项目法人以公开招标的方式与具有施工资质的企业签订了建筑工程总承包合同,并约定因本协议产生的纠纷,合同双方应当本着诚信原则友好协商,协商不成的,提交某仲裁委员会仲裁处理。合同签订后,国务院计划主管部门公布该工程为国家重大建设项目,批准的投资计划中主体工程部分调整为20亿元。该计划下达后,项目法人要求承包人修改合同,降低造价,承包人不同意,双方因此产生纠纷。此后项目法人向该市人民法院提起诉讼,请求解除合同。

【引导问题3】 该工程建设合同是否合法有效?为什么?该项目法人要求解除合同是否可行?合同的有效性主要涉及哪些具体情形?

1)合同的有效性

合同的有效性是合同履行的前提。合同无效包括合同整体无效和合同部分无效。导致建设工程施工合同无效的因素有多种,主要集中表现在两个方面:以合法形式掩盖非法目的,违反法律、行政法规的强制性规定。具体表现有以下几种情形。

(1)未依法进行招投标

违反招标投标法律规定的行为主要表现为:应当招标的工程而未招标的;当事人泄露标底的;投标人串通作弊、哄抬标价,致使定标困难或无法定标的;招标人与个别投标人恶意串通,内定投标人的。

引例 3 中发电站建设项目属于大型建设项目,且被列入国家重大建设项目,依法不得任意扩大投资规模,应经国务院有关部门审批并按国家批准的投资计划订立合同。本案中合同双方在审批过程中签订建筑施工承包合同,确定时并未取得有审批权限主管部门的批准文件,缺乏合同成立的前提条件,合同金额也超出国家批准投资额的有关规定,扩大了固定资产投资规模,违反了国家计划,属于无效合同。该项目法人是可以要求解除合同的。但是发包人应当对订立无效合同的后果承担主要责任,赔偿施工企业的相应损失。

(2)合同主体不合格

实践中,主体不合格是导致所签订建设工程施工合同无效的主要原因。建设工程施工合同法律关系中的主体主要涉及发包方和承包方。无论是发包方还是承包方,其主体资格都要受以下两方面的限制:一是经营范围的限制,主要表现为营业执照对行为能力的规定和限制;二是行业特殊规定的建筑施工企业,在注册资本、专业技术人员、技术装备和已完成建筑工程业绩等方面应具备相应条件,取得相应资质等级证书后,方可在其资质许可范围内从事建筑施工活动。根据我国法律规定,自然人不能成为施工合同的承包人。建筑企业的资质是建筑企业的从业条件和"上岗证"。

实践中,未取得资质或者资质等级不合格的主体,往往采用挂靠经营的方式来规避对资质的审查。所谓挂靠经营,是指施工企业或个人(也称挂靠企业、挂靠人)由于自身企业资质、技术力量薄弱等原因不能直接参与某项工程项目的投标,便私下与符合资质要求的施工企业(被挂靠企业)达成协议,以该企业的名义参加投标报价和承接工程,并以其名义参加招标投标活动,中标后完全由挂靠企业来组织实施管理,并向被挂靠企业交纳一定的管理费。实践中的挂靠主要有以下两种情形:

①技术挂靠型。挂靠企业以被挂靠企业的名义承接业务,中标后由被挂靠企业派几位有相应资质的管理人员,但是仍然由挂靠企业负责组织工程项目的施工和管理工作,并向被挂靠企业交纳一定的管理费。

②"以包代管"挂靠型。企业内部的项目经理以本企业的名义参加招标投标活动,中标后项目经理自行组织施工队伍进行施工,并且向所属企业上交管理费。

挂靠经营行为违反了行政管理规定,扰乱了建筑市场管理秩序,是一种违反诚实信用原则,具有欺诈性质并损害国家利益的行为。

(3)违法分包与非法转包

违法分包主要包括下列行为:总承包单位将建设工程分包给不具备相应资质条件的单位的;建设工程总承包合同中未有约定,又未经建设单位认可,承包单位将其承包的部分建设工程交由其他单位完成的;施工总承包单位将建设工程主体结构的施工分包给其他单位的;分包单位将其承包的建设工程再分包的。

工程转包是指承包单位承包建设工程后,不履行合同约定的责任和义务,将其承包的全部建设工程转给他人或者将其承包的全部建设工程肢解以后以分包的名义分别转给其他单位承包的行为。

特别提示

工程分包主要有以下方式：

①由中标单位成立项目部，自行完成主体工程的施工，将部分专业工程(如绿化、桩基成孔等)分包给专业施工队，这属于合理分包。

②由中标单位成立项目部，下设工区(如路基、桥梁、防护排水、隧道等)，由长期挂靠的施工班组负责各工区进行施工，这属于超限分包。

③项目部组成人员中，只有个别是中标单位人员，其余人员皆为临时聘用，表面上是劳务分包，实际上是对各单项工程都进行了分包，这属于超限分包。

④低资质企业或个人挂靠高资质企业进行投标，采取上交管理费的方式承揽工程，这属于违反法律禁止性规定的转包行为。

违法分包和非法转包除引起建设工程合同无效的风险外，还存在着以下风险：

①总承包商的风险。如遇到分包商违约，不能按时完成分包工程，将使整个工程进度受到影响，或者对分包商协商、组织工作做得不好而影响全局。如果某项工程的分包商比较多，更容易引起干扰因素和连锁反应。

②分包商的风险。总承包商往往利用分包合同向分包商转嫁风险，使分包商在工程施工过程中承担的风险与享有的权利，与总承包合同的规定存在很大差别。

相关链接

依据《中华人民共和国民法典》第五百零六条的规定，合同中的下列免责条款无效：(一)造成对方人身损害的；(二)因故意或者重大过失造成对方财产损失的。

(4)被代理人拒绝追认的无权代理

无权代理包括没有代理权、超越代理权和代理权终止3种情形。签订建设工程施工合同中的无权代理主要表现为以下两种情形：

①企业将具有代理权证明性质的文件、印鉴交与他人，使他人得以假借代理人身份实施民事行为。

②在施工企业的生产经营中，存在着大量合作单位不遵守其与被代理单位签订的合作协议，在未授权的领域或者其代理权已经终止的情况下仍然以被代理单位的名义进行活动，而相对人认为合作人隶属于被代理人单位，或者虽然知道其内在的相互关系，但对具体的授权范围无法分清。

无权代理因代理人缺乏代理权而存在着瑕疵，如被代理人拒绝追认，而使基于该无权代理行为所签订的合同无效。

特别提示

如果第三人有理由相信无权代理人有代理权，由此产生的代理行为将构成表见代理，无须被代理人追认，基于该无权代理行为所签订的合同有效。

2）合同文本

【引例4】

某施工企业就棉纺厂厂房建设工程与一英资企业签订施工合同，业主要求采用 ICE 合同文本。施工方为取得该项目，在根本不熟悉该合同文本的情况下，同意了甲方的要求。但在合同施工过程中，乙方由于不熟悉合同条款，被多次责令返工，造成工期大大延误，甲方由此要求乙方按照合同约定承担工期迟延责任。

【引导问题4】　乙方的主要失误是什么？

通用的标准合同文本，其内容完整、条款齐全、双方责权利关系明确，而且比较平衡，风险较小，易于分析。约定采用双方熟悉的合同文本，能得到一个合理的合同条件，既可以减少招标文件的编制和审核时间，减少漏洞，又极大地方便合同的签订和实施控制，对双方都有利。目前，我国建筑施工普遍使用的是《建设工程施工合同（示范文本）》（GF-2017-0201），目的是规范合同当事人双方的行为，维护建筑行业内正常的经济秩序。但在合同文本的选择上仍主要存在以下问题：

①霸王文本。合同文本的选择应本着双赢的理念，但一些业主却坚持使用对自己有利的合同文本，强迫施工方接受自己不熟悉的文本，导致合同履行过程中出现很多纠纷。

②霸王条款。一些业主利用自身优势地位，在与施工单位签订施工合同时，去掉施工合同中的一些范本条款，自行附加一些霸王条款，或者通过条款内容要求施工单位垫资施工，将工期提前，不计赶工措施费；提高工程质量等级，不计工程质量奖，不计材料差价；工程价款一次包死，不计风险包干费，甚至设置复杂的计量程序等，使最终签订的施工合同与国家发布的《建设工程施工合同（示范文本）》出现较大的背离，从而为施工合同的履行带来很大困难。

③黑白合同。在一些小型工程项目实施过程中，发承包双方依照《建设工程施工合同（示范文本）》订立正式合同，但双方当事人并不履行，只是用于应付上级管理部门的检查。实际上是按照合同补充条款形式或口头协议执行。这种协议通常表现在工程进度被不合理压缩，变更工程设计，替换材料、设备等。另外，施工单位在签订施工合同后，不严格按合同、施工组织设计进行施工，造成施工合同管理不规范，最终给国家和企业带来不同程度的损失。

引例4中，乙方根本不熟悉合同文本是导致乙方多次被责令返工、工期迟延的主要原因。

3）合同类型

【引例5】

某工程采用固定总价合同。在工程中，承包商与业主就设计变更影响产生争执。最终实际批准的混凝土工程量为 66 000 m³。对此双方没有争执，但承包商坚持原合同工程量为 40 000 m³，增加了 65%，共 26 000 m³；而业主认为原合同工程量为 56 000 m³，增加了 17.9%，共 10 000 m³。双方对合同工程量差异产生的原因在于：承包商报价时业主仅给出初步设计文件，没有详细的截面尺寸。同时，投标期较短，承包商没有时间仔细计算，就按经验匡算了一下，估计为 40 000 m³。合同签订后，在详细施工图出来后再细算一下，混凝土工程量为 56 000 m³。作为固定总价合同，16 000 m³ 的差额最终作为承包商的报价失误，由他自己承担。

【引导问题5】　承包商的主要失误是什么？

建设工程施工合同的类型按合同计价方式可分为总价合同、单价合同、成本加酬金合同。采用总价合同时，发包人必须准备详细而全面地设计图纸和各项说明，使承包人能准确计算工程量。单价合同的适用范围较宽,其关键在于对单价和工程量计算办法的确认。成本加酬金合同不利于业主,主要适用于一些特殊情况。发承包双方应根据项目的实际情况,确定合同类型。

引例5中,承包商选择合同类型出现失误。适用固定总价合同的条件是工期短、风险小、技术资料齐备、施工图纸详尽。本案例中的项目显然不符合上述条件。

4)合同漏洞

【引例6】

某超高层项目,其外墙采用玻璃幕墙,在"胶"的性能要求方面,招标文件列出了密封硅酮胶、固定玻璃与铝合金框架的结构胶的详细要求,但遗漏了双层中空玻璃之间的黏合胶。合同签订后,在材料封样阶段,业主对承包商提供的国产胶不满意,要求采用进口道康宁胶,但承包商以合同未明确且国产胶也满足规范要求为由予以拒绝,并提出如更换报价要提高25元/m^2。

【引导问题6】 本案例主要涉及哪类合同问题?材料价差应由谁来承担?

合同漏洞是指缔约人关于合同某事项应有约定而未约定。这种现象发生的原因有以下3种情况:

①基于缔约人的法律知识,在订立合同时对某些条款会有所疏忽;

②缔约人为了尽快达成协议,也会疏漏某些条款,但同意将来再行协商;

③缔约人约定的某些条款由于违反强制性规定或公序良俗、诚实信用等而无效,也会造成合同漏洞。

例如,某项目工程量清单中"020102002 块料地面"特征描述为"参见苏 J01-2005-13/2",造成地面砖及防水层选用困难,投标人便可利用这一漏洞低价中标,高价变更索赔。

引例6中,材料价差纠纷主要是因为发包方没有对技术标准进行明确约定,而技术标准是涉及技术性能或造价的重要指标,应尽量全面阐述。否则,会造成技术性能的大幅降低或工程造价的大幅增加。由于发包方招标文件出现漏洞,所以该价差应由发包方承担。

【应用案例】 A 方通过招标与 B 方签订施工合同,A 方提供的工程量清单中,B 方没有对挖方工程量进行报价,但 B 方把挖方工程费用列入了总报价。

【问题】 挖方工程费能得到 A 方认可吗?

【专家评析】 由于已标价的工程量清单才是合同文件的组成部分,如果投标人在清单报价时漏填某子目的单价,招标人有理由认为该单价已包括在其他价目中。当总价与单价不一致时,单价优先,招标人可以据此进行合同价格修正,从总价中减去该部分费用。

5)合同陷阱

【引例7】

业主在招标时要求采用固定总价合同,招标图纸中载明沉井用"C25 混凝土浇制",B 企业就沉井项目报价较低。开工后,在沉井项目施工前,业主向 B 企业提供的图纸中载明沉井用"C25 钢筋混凝土"。为此,B 企业向业主提起索赔,要求业主补偿因工程变更增加的费用。

【引导问题7】 B 企业的要求能否得到支持?

合同陷阱通常是指发承包双方通过拟订一些内涵丰富的合同条款误导对方,让其陷于错误的理解,为自己争取有利地位。

引例7中，招标人利用C25混凝土既包括C25素混凝土，又包括C25钢筋混凝土，误导投标人以C25素混凝土报价。同时，利用"一个合理的有施工经验的施工人应采取必要措施保证工程质量"这一条款认定投标人应该知道沉井项目必须使用钢筋混凝土才能保证工程质量。由此可见，B企业的要求是得不到支持的。

实务中，业主也会面对合同陷阱带来的风险。例如，对于一些涉及多个系统的综合检查项目，往往涉及多家承包商的施工内容。以消防验收涉及的两项检测项目为例，按照北京市的有关规定，在进行消防验收前，需要完成另外两项检测：一项为电气系统全负荷检测，另一项是消防系统的调试检测，性质与之类似。此类检测费用往往涉及多家单位，而且费用的承担单位也没有明确规定，业主方如果不在合同中予以注明，往往成为分歧点。即便是在合同中注明"除××费用外，其他检测费用均由承包商承担"，承包商之间也会相互推诿，拖延的最终结果往往是由业主承担。对于这些情况，要特别注意类似"政府规定应由业主方承担检测费用的项目由业主承担相应费用"的约定，虽然合乎法律，但却暗藏陷阱。比较好的处理方式是要求承包商列出需由业主方承担的费用及自身承担的费用，包括涉及多家承包商时自身承担的份额。

6）合同歧义

【引例8】

某承包人在2023年6月底需要大石块50 t，遂于2023年2月与某采石场签订购销合同一份，合同约定2023年6月底之前交货。2023年3月底采石场将合同约定的石块运至交货地点并通知承包人提货，但是承包人未及时提货。2023年6月底，该承包人提货时，发现已经产生了大量的仓储费，双方遂为仓储费用产生争议。

【引导问题8】　仓储费用应由谁支付？

建设工程承发包合同条款多、涉及面广，其中的矛盾、错误、两义性问题难以避免。按照建设工程施工合同的一般解释原则，施工单位应对施工合同的理解负责；建设单位应主动起草合同文件，对合同文件的正确性负责。但是施工单位为了达到中标目的，对施工合同往往不加以细致研究，最终与招标投标文件中相应的合同条款相差甚远。究其原因，一方面是施工单位不重视，认为合同只是一种表面形式；或与建设单位沟通不够，造成在合同文字表述上的矛盾、错误和两义性语句大量出现；甚至一些施工单位被迫有意使然，待事后通过"沟通"解决。另一方面，施工单位在合同签订上过分迁就建设单位，不计成本，违心地提高质量等级、压缩工期，或低于建设成本承包工程，使得工程质量无法得到保证，合同执行必然受阻，导致建设工程施工合同履约率低。

引例8中，这笔仓储费应该由承包人支付，因为合同约定6月底之前交货，则采石场在6月底之前的任何时间交付标的物均为适当履行合同义务。该仓储费的产生显然是由于承包人未及时提货所致。承包人在签订合同时，未对合同中的交货条款进行仔细推敲，未曾留意"6月底之前"和"6月底"是两个不同的概念，这也涉及合同履行过程中对合同条款进行解释的问题。可见一项不完备的合同条款，由于缺乏可操作性，会为合同履行埋下隐患。

7）合同冲突

【引例9】

某水电施工合同，技术规范中规定要在调压井上池修建闸门控制室，但图纸上却未标明。乙方按工程师指令完成了闸门控制室的施工。

【引导问题9】 施工方有权利要求追加修建闸门控制室的工程款吗?

合同冲突是指各合同文件或合同条款之间存在冲突和矛盾。合同冲突也是引发合同纠纷的主要原因之一。一般各合同文件之间有优先排序,顺序在前的合同文件的效力优于在后的文件。

引例9中,如施工方能证明自己超出合同约定义务完成了额外工程量,就可要求追加修建闸门控制室的工程款。技术规范和图纸都有合同效力,但两者规定了不同的合同义务。由于技术规范的效力优于图纸,所以施工方的施工范围应以技术规范为准。由此,施工方的要求得不到支持。

9.3.2 施工合同风险识别与评估

(1)建设工程施工合同承包人的常见风险识别

①项目资金的来源和额度的可靠程度以及国家经济状况给承包人带来的风险。

施工合同风险
分担的边界

②由业主风险伴生的承包商风险。

③对工程地质和水文地质研究不够或判断失误、工程设计深度不够或设计水平低,以及合同条款评估不足等带来的风险等。

④对建设工程项目的施工现场调查不细,施工组织设计和工程工期研究不足,以及自身的技术力量、施工装备水平、工程现场作业和施工管理水平等原因,造成投标报价、成本控制、施工措施和工程实施等方面的失误,由此引起的风险。

⑤工程师的授权、独立处理合同争端的能力和公正程度,以及争端裁决委员会的协调能力等对承包人风险的影响。

⑥承包人对工程、材料和工程设备等照管不周造成的损失或损坏。

⑦工程各控制性工期和总工期的风险等。

(2)风险评估

①对工程项目所在国和所在地的政治、社会和经济状况应进行全面和详尽的调查,并掌握其资料,依此作为风险评估和分析的基础。

②了解招标文件中采用何种标准合同范本,是否采用自己熟知的。

③结合工地现场勘察和施工环境考察,对工程设计水平、地质、水文和气象等情况进行详细和全面的风险分析,并研究如何防范和处理。

④对工程师独立处理合同问题的权力(即发包人的授权)、争端裁决委员会的组建,以及他们的协调能力和公平程度进行风险分析,评估给合同当事人带来的风险。

⑤对其他引起风险的各种因素进行合理分析和预测,并研究如何防范和处理。

9.3.3 建设工程施工合同订立阶段的风险处理

建设工程施工合同订立阶段的风险处理方法主要有风险避免、损失预防和风险隔离等。

1)联合体承包转移风险

联合体承包是建设工程施工合同非保险风险转移的重要措施。由于认识的局限性以及各种风险处理措施的有限性,再完美的合同也只能减少风险事故的发生概率或降低损失程度,而不能彻底地消灭风险。例如,自然环境或社会环境的突变、法律政策的转向。因此,在不适用风险避免措施或者风险避免措施失效时,就需要通过风险转移措施来分担风险,以减少风险事故造成的损失对其自身的影响。联合体承包就是一种风险转移方式。

2)购买工程保险

订立建设工程施工合同的同时,对建设工程进行保险,是建设工程施工合同风险转移最行之有效的手段。工程保险是指以工程项目为主要保险标的的财产保险,是发包人和承包人转移风险的一种重要手段。工程保险除了具有保护工程承包商或分包商的利益、保护业主的利益、减少工程风险的发生这三大功能外,还具有引进保险公司作为第三方监督者,进一步促进建筑市场规范发展的社会功能。

工程保险通常有以下两种形式:

①建筑工程一切险。这是对建筑工程施工期间,工程质量、施工设施、设备以及施工场地内已有建筑物等遭受损失及因施工给第三者造成的财产损失、人身伤亡给予赔偿的险种。

②施工设备保险、第三方责任险、人身伤亡保险等。这些都是对建筑工程施工期间涉及的某个方面进行保险的险种。承包人应当充分了解这些保险所承保的风险范围,保险金计算、赔偿方式、程序、赔偿额等详细情况,根据自己的需要采用最恰当的保险决策。

3)充分运用工程保证担保

我国担保法规定的保证、抵押、质押、留置和定金 5 种担保形式都可以运用到工程建设项目中,但后 4 种不宜用于建设工程合同的担保。在建设工程施工合同订立阶段,广泛运用的主要是工程保证担保。建设工程施工合同保证担保是指保证人和建设工程施工合同一方当事人约定,当建设工程施工合同另一方当事人不履行建设工程施工合同约定的债务时,保证人将按照约定履行债务或者承担责任的行为。在建设工程保证合同中,保证人一般是从事担保业务的银行、专业担保公司以及从事担保业务的金融机构、商业团体。

相关链接

建设工程合同保证担保最早起源于美国,它是保证担保与建筑业发展到较高阶段相结合的产物。19 世纪晚期,美国建筑业进入迅猛发展时期,公共工程的开支大约占联邦预算的 20% 以上。当时成为承包人的门槛和组建公司的成本很低,大量不够资格的建筑公司通过低价竞争获得业务,结果大量工人的工资以及材料供应商、分包商的工程款得不到支付。公共工程失败的比例急剧上升,支付义务以及劣质工程留给了政府。1894 年,美国国会通过了"赫德法案",要求所有公共工程必须事先取得工程保证担保,并以专业担保公司取代个人信用担保,公共工程担保制度正式得到美国联邦政府的确认。1908 年,美国担保业联合协会成立,标志着担保业开始有了自己的行业协会。1935 年,美国国会通过了"米勒法案",进一步完善了建设工程合同保证担保制度。此后几年内,美国许多州通过了"小米勒法案",要求凡州政府投资兴建的公共工程项目均须事先取得工程担保。公共工程保证担保制度从此在美国得以广泛推行。

(1)业主工程款支付担保

在我国建设工程合同中,始终存在发包人不支付工程款的风险因素,要求发包人提供担保,对承包人来说是一种风险控制措施。业界一致认为,推行发包人工程款支付担保是解决这一问题的重要措施。

根据《关于在房地产开发项目中推行工程建设合同担保的若干规定(试行)》第五条的规

定,业主工程款支付担保应当采用保证的方式。《关于在房地产开发项目中推行工程建设合同担保的若干规定(试行)》对业主支付担保的担保额度、有效期等作出了规定。其中第十一条规定:"业主在签订工程建设合同的同时,应当向承包商提交业主工程款支付担保。未提交业主工程款支付担保的建设资金,视作建设资金未落实。"业主工程款支付担保可以采用银行保函、专业担保公司的保证。业主支付担保的担保金额应当与承包人履约担保的担保金额相等。

对于工程建设合同额为1亿元人民币以上的工程,业主工程款支付担保可以按工程合同确定的付款周期实行分段滚动担保,但每段的担保金额为该段工程合同额的10%~15%。业主工程款支付担保采用分段滚动担保的,在业主、项目监理工程师或造价工程师对分段工程进度签字确认或结算,业主支付相应的工程款后,当期业主工程款支付担保解除,并自动进入下一阶段工程的担保。业主工程款支付担保的有效期应当在合同中约定。合同约定的有效期截止时间为业主根据合同约定完成了除工程质量保证金以外的全部工程结算款项支付之日起30~180天。业主工程款支付担保与建设工程合同应当由业主一并送建设行政主管部门备案。业主工程款支付保证担保是我国在特殊条件下的创新之举。

(2)承包人履约担保

承包人履约担保是指由保证人为承包人向发包人提供的,保证承包人履行建设工程合同约定义务的担保。担保的内容是保证承包人按照建设工程合同的约定诚实履行合同义务。承包人履约担保可以采用履约保证金和保证的方式。履约保证金可以以支票、汇票、现金等方式提供。中标人不履行与招标人订立的合同的,履约保证金不予退还,给招标人造成的损失超过履约保证金数额的,还应当对超过部分予以赔偿;没有提交履约保证金的,应当对招标人的损失承担赔偿责任。承包人履约担保采用保证方式的,可以采用银行保函、专业担保公司的保证。

(3)预付款保证担保

预付款保证担保是指保证人为承包人提供的,保证承包人将发包人支付的预付款用于工程建设的保证担保。这种保证担保类型是为了防止承包人将发包人支付的工程预付款挪作他用、携款潜逃或被宣告破产而设计的。

(4)保修保证担保

保修保证担保是指保证人为承包人向发包人提供的,保证在工程质量保修期内出现质量缺陷时,承包人将负责维修的保证担保。保修保证担保既可以包含在承包人履约保证内,也可以单独约定,并在工程完成后以此来替换承包人履约保证。保修保证的额度一般为工程合同价的1%~5%。按《建设工程施工合同(示范文本)》(GF-2017-0201)"通用条款"规定,发包人累计扣留的质量保证金不得超过工程价款结算总额的3%。

【引例2专家评析】 ①该项工程施工合同协议书存在以下7处不妥:

a.施工单位承包工程,应将工程的土建、装饰、水暖电等作为一个标来承包,不能将其分解。因此,协议中承包范围不妥,应为施工图所包括的土建、装饰、水暖电等全部工程。

b.本工程采用总价合同形式不妥。因为该工程是采用边设计边施工的方式,对工程总价估算难度大,所以最好采用单价合同。

c.工程质量标准应以《建筑工程施工质量验收统一标准》中规定的质量标准为准。因此,以达到承包商最优的工程质量为质量标准不妥。

d.质量保修条款不妥,应按《建设工程质量管理条例》的有关规定进行。

e.约定在工程基本竣工时支付全部合同价款不妥。"基本竣工"概念不明确,容易发生分歧,支付合同价款时间应在合同中明确指出。

f.合同支付期间的起算日设置不妥,即"协议生效后10日内"的表述不妥。"协议生效后"并非一个具体的时间点,具有不确定性,易引起争议。可改为"协议生效之日起10日内"。

约定"处罚"不妥。应将"予以处罚"改为"追究违约责任"或"支付违约金"。合同是地位平等的双方当事人签订的合同,双方的权利义务是一致的。

g.对不可抗力约定不准确,而且未对发生不可抗力后责任如何分摊,以及发生后如何处理进行约定。这极易在合同履行中发生纠纷。

②补充协议有以下3处不妥:

a.约定乙方在施工前不允许将工程分包,只可以转包。法律禁止转包,但可在法定条件下分包。

b.约定甲方不负责提供施工场地的工程地质和地下主要管网线资料。如果不提供施工场地的工程地质和地下主要管网线资料,将会严重影响施工单位正常施工。因此,甲方应负责提供工程地质和地下主要管网线的资料。

c.约定乙方应按项目经理批准的施工组织设计组织施工。乙方应按工程师(或业主代表)批准的施工组织设计组织施工。

③合同工期是建设方与施工方在施工合同中签订的工期,不因工期定额计算的工期改变而改变。因此,该工程的合同工期仍为223天。

9.3.4　合同评审程序

1)评审原则

①合同双方必须领会合同文件的实质是签约双方责权利的划分及各方对其承诺的契约内容的严格遵守。

②牢固树立"对等""双赢""责权利对应""合理分担风险""相互接受"等基本合同理念。

③编制、招标、投标、评标、合同谈判和签约都是合同程序的组成部分。签约前后的合同理念应当保持一致。

④抓住合同文件中的关键内容。

2)收集相关资料

①业主的资信、管理水平和能力、目标和动机,对工程管理的介入深度期望值,业主对承包商的信任程度,业主对工程的质量和工期要求等。

②承包商的能力、资信、企业规模、管理风格和水平、目标与动机、目前经营状况、过去同类工程经验、企业经营战略等。

③工程的类型、规模、特点、技术复杂程度、工程技术设计准确程度、招标时间和工期的限制、项目的盈利性、工程风险程度、工程资源(如资金等)供应及限制条件等。

④建筑市场竞争激烈程度,物价的稳定性,地质、气候、自然、现场条件的确定性等。

⑤国家和主管部门颁发的有关劳动保护、环境保护、生产安全和经济等法律、法规、政策及规定。

⑥国家有关部门颁发的技术规范(包括施工规范)、技术标准、设计标准、质量标准和施工操作规程等。

⑦政府建设主管部门批准的建设文件和设计文件。

⑧中标文件。

⑨招标文件。

3)评审内容

(1)确定合理的工期

工期过长,不利于发包方及时收回投资;工期过短,则不利于工程质量以及施工过程中建筑半成品的养护。因此,对承包方而言,应当合理计算自己能否在发包方要求的工期内完成承包任务,否则应按照合同约定承担逾期竣工的违约责任。

(2)明确双方代表的权限

在施工承包合同中,通常都明确甲方代表和乙方代表的姓名和职务,但对其作为代表的权限则往往规定不明。由于代表的行为代表了合同双方的行为,因此有必要对其权利范围以及权利限制作一定的约定。例如,约定确认工期是否可以顺延应由甲方代表签字并加盖甲方公章方可生效,此时即对甲方代表的权利作了限制,乙方必须清楚这一点,否则将有可能违背合同。

(3)明确工程造价或工程造价的计算方法

工程造价条款是工程施工合同的必备和关键条款,但通常会发生约定不明的情况,为日后争议与纠纷的发生埋下隐患。而处理这类纠纷,法院或仲裁机构一般委托有权审价单位鉴定造价,势必使当事人陷入旷日持久的诉讼,更何况经审价得出的造价也因缺少可靠的计算依据而缺乏准确性,对维护当事人的合法权益极为不利。

如何在订立合同时就能明确工程造价? 设定分阶段决算程序,强化过程控制,将是一种有效的方法。具体而言,就是在设定承发包合同时增加工程造价过程控制的内容,按工程形象进度分段进行预决算并确定相应的操作程序,使合同签约时不确定的工程造价在合同履行过程中按约定的程序得到确定,从而避免可能出现的造价纠纷。设定造价过程控制程序需要增加相应的条款,其主要内容为下述一系列的特别约定:

①约定发包方按工程形象进度分段提供施工图的期限和发包方组织分段图样会审的期限。

②约定承包方得到分段施工图后提供相应的工程预算,以及发包方批复同意分段预算的期限。经发包方认可的分段预算是该段工程备料款和进度款的付款依据。

③约定承包方完成分阶段工程并经质量检查符合合同约定条件,向发包方递交该形象进度阶段的工程决算的期限,以及发包方审核的期限。

④约定承包方按经发包方认可的分段施工图组织设计,按分段进度计划组织基础、结构、装修阶段的施工。合同规定的分段进度计划具有决定合同是否继续履行的直接约束力。

⑤约定全部工程竣工通过验收后,承包方递交工程最终决算造价的期限,以及发包方审核是否同意及提出异议的期限和方法。双方约定经发包方提出异议,承包方作修改、调整后,双方能协商一致的,即为工程最终造价。

⑥约定发包方支付承包方各分阶段预算工程款的比例,以及备料款、进度款、工作量增减值和设计变更签证、新型特殊材料差价的分阶段结算方法。

⑦约定承发包双方对结算工程最终造价有异议时的委托审价机构审价,以及该机构审价对双方均具有约束力、双方均承认该机构审定的,即为工程最终造价。

⑧约定结算工程最终造价期间与工程交付使用的互相关系及处理方法,实际交付使用和实际结算完毕之间的期限是否计取利息以及计取的方法。

⑨约定双方自行审核确定的或由约定审价机构审定的最终造价的支付以及工程保修金的处理方法。

(4)明确材料和设备的供应

由于材料、设备的采购和供应容易引发纠纷,所以必须在合同中明确约定相关条款,包括发包方或承包方所供应或采购的材料、设备的名称、型号、数量、规格、单价、质量要求、运送到达工地的时间、运输费用的承担、验收标准、保管责任、违约责任等。

(5)明确工程竣工交付的标准

应当明确约定工程竣工交付的标准,有以下两种情况:

①发包方需要提前竣工,而承包方表示同意的,则应约定由发包方另行支付赶工费,因为赶工意味着承包方将投入更多的人力、物力、财力,劳动强度增大,损耗亦增加;

②承包方未能按期完成建设工程的,应明确由于工期延误应赔偿发包方的延期费。

(6)明确最低保修年限和合理使用寿命的质量保证

建筑工程的保修范围应当包括地基基础工程、主体结构工程、屋面防水工程和其他土建工程,以及电气管线、上下水管线的安装工程,供热、供冷系统工程等项目。保修的期限应当按照保证建筑物合理寿命年限内正常使用,维护使用者合法权益的原则确定。

《建设工程质量管理条例》第四十条明确规定在正常使用条件下,建设工程的最低保修期限为:

①基础设施工程、房屋建筑的地基基础工程和主体结构工程,为设计文件规定的该工程的合理使用年限;

②屋面防水工程、有防水要求的卫生间、房间和外墙面的防渗漏,为5年;

③供热与供冷系统,为两个采暖期、供冷期;

④电气管线、给排水管道、设备安装和装修工程,为2年。

其他项目的保修期限由发包方与承包方约定。建设工程的保修期,自竣工验收合格之日起计算。

根据以上规定,承发包双方在招标投标时,不仅要据此确定上述已列举项目的保修期限,还要保证这些项目的保修期限等于或超过上述最低保修期限,而且要对其他保修项目加以列举并确定保修期限。

(7)施工范围的划分

除非只有一家承包商,否则几家承包商之间或多或少会存在工作范围的交界面。这就要求进行工作范围的划分,尤其是性质接近的承包商之间,比如机电与消防、供电与配电、初装修和精装修等,这种工作范围的划分直接涉及造价的组成。

例如,某项目在签订橱柜整体安装合同时,橱柜的给水管与预留管的连接未说明清楚,前面的承包商只是预留了普通堵头,还需要增加连接阀才能将橱柜的供水管与供水系统连接。在橱柜公司的合同中虽然说明连接由橱柜公司承担,但并未说明连接阀也包括在内,最后增加了400多套铜质阀门的费用。

对于精装修交付的住宅项目,一般在竣工备案时要求完成墙面腻子,在合同中此项工作通常交由总包单位完成。但初装修刮腻子的施工质量标准往往与精装修有一定差距,精装修单位在接收初装修单位提供的基层时会提出质疑。由于此类工序的修补量很大,结果往往是业主方需另外支付精装修施工单位一定的修复费用。当承包商提出某项费用未列入报价,如扣减与其他承包商重复的项目,即要求增加这些遗漏项目。

为了避免此类情况,较好的方式是在合同中约定"当业主方扣减某项工作内容时,承包商不得以任何理由拒绝并不得提出增加其他费用的要求"类似条款。在划分范围时,要注意既不遗漏,还要考虑施工的方便性。

(8)不可抗力的约定①

施工合同通用条款对不可抗力发生后当事人责任、义务、费用等如何划分均作了详细规定,发包人和承包人都认为不可抗力的内容就是这些。于是,在专用条款上打"√"或填上"无约定"等。国内工程在施工周期中发生战争、动乱、空中飞行物体坠落等现象的可能性很少,较常见的是风、雨、雪、洪、震等自然灾害。达到什么程度的自然灾害才能被认定为不可抗力,通用条款未明确,实践中双方难以形成共识。双方当事人在合同中对可能发生的风、雨、雪、洪、震等自然灾害的程序应予以量化,如几级以上的大风、几级以上的地震、持续多少天达到多少毫米的降水等,才可能认定为不可抗力,以免引起不必要的纠纷。

同时,应约定不可抗力发生的地点。从保护业主利益的角度,最好只约定发生地为项目所在地(行政区划范围内)。如果承包商坚持,可以接受的是对方所在地。除此以外的其他区域的风险均由承包商承担。否则,途经地区发生的此类不可抗力(尤其是洪水、台风等自然灾害)都会造成业主方的损失。对于沿海等自然灾害易发地区,要特别注意对自然灾害的约定条款,以免造成重大损失。

(9)工期延长的约定

建设工程施工合同中约定"每周停电停水累计8小时以上""因业主变更引起的……"需要延长工期等,此类条款对业主方是极不合理的。重大的设计修改可能产生返工、停工,也可能减少工作量,是应该商谈工期和补偿费用的,但对于可能在较短时间内局部影响工程进度的修改,包括日常的停电、停水,则不应作为补偿其他费用的理由。因为正常的设计修改和停水、停电几乎是普遍发生的事情。根据FIDIC条款,对于完全可以预料的风险,一旦转化为现实,不应由业主方承担。只有那些难以预料的风险才具备索赔的条件。反之,一旦此类事情定性为延期的理由,则业主方需支付的费用将包括"设备租赁费、管理费、窝工损失"等多项数额巨大的间接费用。在这方面,大多数公司都未作细节性约定或者可操作性不强,主要是因为管理的深度和员工的专业素质不够。可以借鉴的处理方式有如下几种:

---

① 李云,赵京红.建筑合同签订要点实例分析[J].建筑经济,2010(8):60-62.

①按照国家规定,建筑面积增加超过一定比例后,按照约定原则延长工期;

②工程量或工程范围增加,造价增加超过一定比例的,按照约定原则延长工期;

③在一定的时间范围内(如15天)各方责任造成的延误互不补偿;

④对关键线路工序造成实质性影响超过8小时的可以予以顺延工期。

(10)对施工方案调整的约定

在投标阶段,招标人应要求投标人提出重大的设计缺陷和相应的费用,以便从总体上确定合理造价。并在合同中约定"对招标图纸中设计缺陷提出修改而导致的工程变更,如造成造价增加,则费用由承包商全额承担"或类似条款,以保护业主方利益。对于甲供设备的时间,应避免具体性约定。

(11)定额含量的分析

对于一些采用地方性定额进行计价的工程项目,在对具体的定额子目组价或选择费率时,不能简单地套取定额子目。要根据工程特点,分析具体内容,如果与定额含量不一致,需适当予以调整。

如某住宅项目,绿化工程合同采用北京市2001年定额,其中水费在工程造价中是较大的支出项目,而且在常规的一年苗木养护维护保养期间,也需要使用大量的水,这些都包括在定额中,但实际操作中,多数情况下由业主提供水电。在承包商提交的商务标书中,没有扣除水电费用,最后仅此项调整就减少费用约5万元。

又如某项目的地下车库结构施工合同结算中,关于模板、脚手架的计费基数,双方发生严重分歧。当时,合同约定采用"北京96定额"。该定额规定:建筑面积作为对模板、脚手架的取费基数,超过6 m的计算超高费。但该项目有特殊性,地下立体车库共3层,每层层高均为2.15 m。按照层高不足2.2 m不计入建筑面积的规定,只能按照1层计算建筑面积。承包商完全按照3层的建筑面积作为计费基数,业主方则坚持模板可以按照3层计算,但脚手架只能按照1层计算。此外,就是甲供材料的取费。按照当时北京市的定额规定,甲供材料全额进入计费基数,再扣减甲供材料直接费。由于综合费率很高,如果在合同中不约定,在结算时承包商往往会提出此项要求。较好的办法是约定合理的取费,比如2%~5%的采保费等。

(12)约定甲方应提供的施工条件

合同应明确甲方应提供的施工条件和应承担的费用。例如,某项目的总承包合同中关于现场照明的表述为"总承包商应为分包商提供必要的现场照明……",但在主要分包商之一的机电分包商进场后,总承包商要求机电分包商自行配置照明设施,理由是所谓的提供照明并不意味着提供分包商的施工所需照明,而是施工现场的管理照明和接口,分包商的施工用照明应由分包商自行解决。

(13)具体约定发包方、总包方和分包方各自的责任和相互关系

尽管发包方与总包方、总包方与分包方之间订有总承包合同和分包合同,法律对发包方、总包方及分包方各自的责任和相互关系也有原则性规定,但实践中仍常常发生分包方不接受发包方监督和发包方直接向分包方拨款造成总包方难以管理的现象。因此,在总承包合同中应将各方责任和关系具体化,便于操作,

建设单位及相
关单位的质量
责任和义务

避免纠纷。

（14）明确违约责任

建设单位和
相关单位的
安全责任

违约责任条款的订立目的在于促使合同双方严格履行合同义务,防止违约行为的发生。发包方拖欠工程款,承包方不能保证施工质量或不按期竣工,均会给对方以及第三方带来不可估量的损失。审查违约责任条款时,应注意以下两点:

①对违约责任的约定不应笼统化,而应区分情况作相应约定。有的合同不论违约的具体情况,笼统地约定一笔违约金。因为没有与违约造成的真正损失额挂钩,所以会导致违约金过高或过低的情形,这是不妥的。应当针对不同的情形作不同的约定,如质量不符合合同约定标准应当承担的责任,因工程返修造成工期延长的责任,逾期支付工程款应承担的责任等。

②对双方的违约责任的约定是否全面。在工程施工合同中,双方的义务繁多,有的合同仅对主要的违约情况作了违约责任的约定,而忽视了违反其他非主要义务所应承担的违约责任。但实际上,违反这些义务极可能影响整个合同的履行。

除对合同每项条款均应仔细审查外,签约主体也是应当注意的问题。合同尾部应加盖与合同双方文字名称相一致的公章,并由法定代表人或授权代表签名或盖章,授权代表的授权委托书应作为合同附件。

4）提交评审报告

评审报告至少应具备以下几方面内容:

①有完整的审查项目和审查内容,通过审查表可以直接检查合同条文的完整性;

②被审查合同在对应审查项目上的具体条款和具体内容;

③对合同内容进行分析评价,同时进行风险评估;

④针对分析出来的问题提出建议或对策。

9.3.5　建设工程施工合同交底

（1）交底目的

合同和合同分析的资料是工程实施管理的依据。合同分析后,应向各层次管理者做"合同交底",即由合同管理人员在对合同的主要内容进行分析、解释和说明的基础上,组织项目管理人员和各个工程小组学习合同条款和合同总体分析结果。目的是使项目实施人员熟悉合同中的主要内容、规定、管理程序,了解合同双方的合同责任和工作范围,各种行为的法律后果等,使大家树立全局观念,确保各项工作协调一致,避免合同履行中出现违约行为。

在传统的施工项目管理系统中,人们十分重视图纸交底工作,却不重视合同分析和合同交底工作,导致各个项目组和各个工程小组对项目的合同体系、合同基本内容不甚了解,最终影响合同的履行。

（2）交底任务

项目经理或合同管理人员应将各种任务或事件的责任分解,落实到具体的工作小组、人员或分包单位。合同交底的主要任务如下:

①对合同的主要内容达成一致理解；

②将各种合同事件的责任分解落实到各工程小组或分包人；

③将工程项目和任务分解，明确质量和技术要求以及实施的注意要点等；

④明确各项工作或各个工程的工期要求；

⑤明确成本目标和消耗标准；

⑥明确相关事件之间的逻辑关系；

⑦明确各个工程小组（分包人）之间的责任界限；

⑧明确完不成任务的影响和法律后果；

⑨明确合同有关各方（如业主、监理工程师）的责任和义务；

⑩明确工程变更程序。

9.4　任务实施与评价

9.4.1　任务实施

①根据教学选用项目情况，按相关规定，完成合同条款审查表。

②根据教学选用项目情况，按相关规定，完成合同评审表，并完成风险登记册表。

③根据教学选用项目情况及其施工合同填写表 9.1。

表 9.1　施工合同结构分解表

分解内容	合同约定	责任划分	风险状况	实施要点	实施程序
一般规定					
合同中的组织					
承包商的义务					
业主方的义务					
风险的分担与转移					
工期、进度与移交					
质量、检查与缺陷					
价款、计量与支付					
变更程序					
违约责任					
索赔					
合同的解除					
争议的解决					

④根据教学项目情况和施工合同进行合同交底。

专家支招

> 合同评审和谈判中,应对下列问题进一步细化:
>
> ①项目履行中各方明示代表外的其他人的行为效力;
>
> ②合同单方解除权的行使条件与程序;
>
> ③在合同中怎样有效设定特别生效条款或承包方式;
>
> ④工程窝工状况下工效下降的计算方式及损失赔偿范围;
>
> ⑤工程停建、缓建,中间停工时的退场、现场保护、工程移交、结算方法和损失赔偿范围;
>
> ⑥工程进度款拖欠情况下的工期处理;
>
> ⑦工程中间交验或建设单位提前使用工程部分的保修问题;
>
> ⑧合同外工程量的计价原则和签订程度;
>
> ⑨建设单位原因造成工程竣工验收延期情况下的工程结算程序和法律责任;
>
> ⑩工程款结算的具体程序,工程尾款的回收办法和保证措施;
>
> ⑪不同违约责任的量度化问题,等等。

9.4.2　任务评价

①此次任务完成中存在的主要问题有哪些?

②问题产生的原因有哪些?

③请提出相应的解决方法。

④你认为还需加强哪些方面的指导(实际工作过程及理论知识)?

知识回顾

本任务主要涉及以下知识点:常见施工合同问题;施工合同风险识别与评估;建设工程施工合同订立阶段的风险处理;合同评审程序与重点;评审报告的撰写;建设工程施工合同交底。

课后训练

一、单项选择题

1.建设工程开工前,由(　　)向建设行政主管部门领取施工许可证后方可开工。

　　A.施工单位　　　　　　B.建设单位　　　　　　C.监理单位　　　　　　D.设计单位

2.下列各项中说法正确的是(　　)。

　　A.大型建筑工程或者结构复杂的建筑工程,只能由一级资质企业承包

　　B.大型建筑工程或者结构复杂的建筑工程,不可以由一个企业单独承包

　　C.大型建筑工程或者结构复杂的建筑工程,可以由两个以上的承包单位联合共同承包

　　D.大型建筑工程或者结构复杂的建筑工程,必须由多个企业分包完成

3.施工总承包的,建筑工程主体结构的施工必须由(　　)完成。

　　A.各分包单位共同　　　　　　　　　　B.总承包单位自行

　　C.总承包单位与分包单位　　　　　　　D.联合体共同

4.下列不属于无效合同的情形是(　　)。

　　A.以合法形式掩盖非法目的　　　　　　B.恶意串通,损害第三人利益

　　C.采用胁迫手段损害对方利益　　　　　D.损害社会公共利益

5.某工程承包人与材料供应商签订了材料供应合同。条款内未约定交货地点,运费也未予明确,则材料供应商把货备齐后应(　　)。

　　A.将材料送到施工现场　　　　　　　　B.将材料送到承包人指定的仓库

　　C.通知承包人自提　　　　　　　　　　D.将材料送到承包人所在地的货运站

6.因违约行为造成损害高于合同约定的违约金,守约方(　　)。

　　A.应按合同约定违约金要求对方赔偿

　　B.可按实际损失加上违约金要求对方赔偿

　　C.应在原约定违约金基础上适当增加一定比例的违约定金

　　D.可请求法院增加超过违约金部分的损失赔偿

7.当事人在合同中既约定定金,又约定违约金时,若一方违约,对方(　　)追究违约方的赔偿责任。

　　A.可选择违约金条款或定金条款　　　　B.可以同时采用违约金和定金条款

　　C.应该采用违约金条款　　　　　　　　D.必须采用定金条款

8.合同被撤销后,从(　　)之日起,合同无效。

　　A.订立　　　　　　　　　　　　　　　B.被撤销

　　C.当事人发现为可撤销合同　　　　　　D.当事人向法院提出撤销合同

9.合同一方当事人通过资产重组分立为两个独立的法人,原法人签订的合同(　　)。

　　A.自然终止　　　　B.归于无效　　　　C.仍然有效　　　　D.可以撤销

二、综合案例分析

【案例1】　某工程由 A 企业投资建造,2022 年 4 月 28 日经合法的招投标程序,由某施工企业 B 中标并于不久后开始施工。该工程施工合同的价款约定为固定总价。该工程变形缝包括滤池变形缝、清水池变形缝和预沉池变形缝。已载明滤池变形缝密封材料选用"胶霸",但未载明清水池变形缝和预沉池变形缝采用何种密封材料。2023 年 4 月,B 企业就清水池变形缝和预沉池变形缝的密封材料按合同约定报监理单位批准,其在建筑材料报审表上填写的材料为"建筑密封胶"。监理单位坚决不同意 B 企业用"建筑密封胶",而要求用"胶霸"。B 企业最终按监理单位的要求进行了施工。B 企业就此要求 A 企业补偿因使用"胶霸"而增加的费用。因双方无法就此达成一致意见,B 企业根据合同约定将该争议提交给法庭。

B 企业提起索赔的理由是:对清水池变形缝和预沉池变形缝采用何种密封材料没有约定;"胶霸"是新型材料,在该工程所在地的工程造价信息中找不到"胶霸"而只能找到"建筑密封胶",因此其只能按照"建筑密封胶"进行报价。

A 企业反驳该索赔的理由是:

①变形缝密封材料应不应该使用胶霸的依据是合同和法律,而不是根据工程造价信息有无胶霸这种建材。该工程造价信息没有某建筑材料不等于该建筑材料不常用,无法找到而不能选择。

②清水池变形缝、预沉池变形缝和滤池变形缝的作用、性质完全相同。根据合同漏洞的解释补充规则,既然双方在选用密封材料之前未能达成补充协议,清水池变形缝和预沉池变形缝的密封材料当然应根据最相关的合同有关条款即载明滤池变形缝确定,即选用"胶霸"。因此,清水池变形缝和预沉池变形缝的密封材料选用"胶霸"是合同的本来之义,不存在增加合同价款的问题。

【问题】 B企业的索赔要求能否得到支持?

【案例2】 招标人在招标时提供了一本适用于本工程的技术规范,但乙方工程人员从未读过。在施工时,按施工图要求,将消防管道与电线管道放于同一管道沟中,中间没有任何隔离。完成后,甲方代表认为这样做极不安全,违反了其所提供的工程技术规范,并且认为即使施工图上两管放在一起,也是错的。而且合同规定,承包商若发现施工图中的任何错误和异常,应及时通知甲方。因此,拒绝验收,指令乙方返工,将两管隔离,而不给乙方任何补偿。

【问题】 管道工程返工费用应由谁承担?

【案例3】 某公路工程,合同要求承包商在路面上画白色分道线,并且规定:分道线将按实际长度给予付款。由于该分道线是间断式的,业主和承包商结算时,对"实际长度"的理解产生了分歧。

【问题】 该纠纷为什么会出现?合同履行前应做好哪些工作?

【案例4】 某建设单位(甲方)拟建造一栋职工住宅,通过招标方式确定由某施工单位(乙方)承建。甲、乙双方签订的施工合同摘录如下:

一、协议书中的部分条款

(一)工程概况

工程名称:职工住宅楼。

工程地点:市区。

工程内容:建筑面积为 3 400 m² 的砖混结构住宅楼。

(二)工程承包范围

承包范围:某建筑设计院设计的施工图所包括的土建、装饰、水暖电工程。

(三)合同工期

开工日期:2023 年 3 月 21 日。

竣工日期:2023 年 9 月 30 日。

合同工期总日历天数:190 天(扣除 5 月 1—3 日)。

(四)质量标准

工程质量标准:达到甲方规定的质量标准。

(五)合同价款

合同总价:壹佰捌拾陆万肆仟元人民币(￥186.4 万元)。

(六)乙方承诺的质量保修

在该项目设计规定的使用年限(50 年)内,乙方承担全部保修责任。

(七)甲方承诺的合同价款支付期限与方式

①工程预付款:于开工之日支付合同总价的 10% 作为预付款。工程实施后,预付款从工程后期进度款中扣回。

②工程进度款:基础工程完成后,支付合同总价的 15%;主体结构 3 层完成后,支付合同总价的 25%;主体结构全部封顶后,支付合同总价的 25%;工程基本竣工时,支付合同总价的 35%。为确保工程如期竣工,乙方不得因甲方资金的暂时不到位而停工和拖延工期。

③竣工结算:工程竣工验收后进行竣工结算,结算时按全部工程造价的 3% 扣留工程质量保证金。在保修期(50 年)满后,质量保证金及其利息扣除已支出费用后的剩余部分退还给乙方。

(八)合同生效

合同订立时间:2023 年 3 月 5 日。

合同订立地点:××市××区××街××号。

本合同双方约定:经双方主管部门批准及公证后生效。

二、专用条款中有关合同价款的条款

本合同价款采用固定总价合同方式确定。

合同价款包括的风险范围:

①工程变更事件发生导致工程造价增减不超过合同总价 10%;

②政策性规定以外的材料价格涨落等因素造成工程成本变化。

风险费用的计算方法:风险费用已包括在合同总价中。

风险范围以外合同价款调整:按实际竣工建筑面积以 640.00 元/m² 调整。

三、补充协议条款

在上述施工合同协议条款签订后,甲、乙双方又接着签订了补充施工合同协议条款。摘录如下:

补①木门窗均用水曲柳板包门窗套;

补②铝合金窗 90 系列改用 42 型系列某铝合金厂产品;

补③挑阳台均采用 42 型系列某铝合金厂铝合金窗封闭。

【问题】　①对实行工程量清单计价的工程,适宜采用何种合同类型?本案例采用总价合同的方式是否违法?

②该合同签订的条款有哪些不妥之处?应如何修改?

③对合同中未规定的承包商义务,合同实施过程中又必须进行的工程内容,承包商应如何处理?

三、拓展训练

教师可围绕本学校已建或在建项目,进行某项目合同评审和交底。

四、拓展思考

中国建筑一局自主研发的施工管理"x-men"机器人,工程师提前将建筑三维模型传输到机器人系统中,机器人通过激光雷达建图定位系统,在围绕建筑行进时同步记录距离和方位的坐标点,实时生成建筑立体影像,辅助检查施工质量、校准机电管线位置等。如果需要对房屋结构进行改造,只需要让机器人走一圈,就可以像开了透视眼一样看到墙体内部的构造,施工时便可完美避开内部的钢筋或者水电线路,真正实现建筑数字化管理。请结合党的二十大精神,谈谈你对数智建筑的理解。

学习单元 4　合同监控与价款调整

任务 10　合同监控

【引例 1】

某综合楼装饰装修工程,施工单位技术负责人向监理单位提供了施工组织设计,监理工程师在审查过程中发现了以下问题:

①工程中没有的项目,施工单位技术负责人进行了详细描述,工程中有的项目却没有写入。

②施工组织设计采用的模式比较陈旧,分部分项工程的验收全部是自检合格,没有在自检合格的基础上报总承包单位,总承包单位检验合格报监理最后验收这一程序。

③施工单位技术负责人将实行分包后再分包写入施工组织设计中。这与××大厦工程施工组织设计一字不差。

【引导问题 1】　根据引例 1 回答以下问题:

①施工单位在合同履行过程中存在什么问题?

②合同监控的主要目的是什么? 涉及哪些工作内容?

10.1　任务导读

现代工程项目是通过合同运作的,项目参与方通常都是通过合同确定其在项目中的地位和责权利关系的。合同监控是指通过实施一系列合同控制措施,以实现合同定义的工程目标(工期、质量和价格)和维护合同管理程序。成本、质量、工期是由合同定义的三大目标,承包商最根本的合同责任是实现这三大目标,其次还包括工程范围,工程的安全、健康、环境体系的定义。因此,合同监控是其他控制的保证。通过合同监控可以使整个项目的控制职能协调一致,形成一个有序的项目管理过程。

承包商除了必须按合同规定的质量要求和进度计划,完成工程的设计、施工、竣工和保修责任外,还必须对实施方案负责,对工程现场的安全、秩序、清洁和工程保护负责,对自己的工

家国至上,数智监控——二十大视角解读合同监控

作人员和分包商承担责任,按合同规定及时地提供履约担保、购买保险,承担与业主的合作义务,达到工程师满意的程度等。同时,承包商有权利获得合同规定的必要的工作条件,如场地、道路、图纸、指令,要求工程师公平、正确地解释合同,有及时、如数地获得工程付款的权利,有决定工程实施方案并选择更为科学合理的实施方案的权利,有对业主和工程师违约行为的索赔权利等。这一切都必须通过合同控制来实施。

10.2 任务目标

①按照正确的方法和途径,制订监控措施,成立合同管理部门。

②依据合同控制和履约管理重点,制订合同监控措施。

③按照工作时间限定,进行合同跟踪,完成偏差分析,提出纠偏方案。

④通过完成该任务,提出后续工作建议,完成自我评价,并提出改进意见。

10.3 知识准备

10.3.1 合同监控的特点

如图10.1所示,合同监控的显著特点是它的动态性,具体表现在如下两个方面:

①合同实施受到外界干扰,常常偏离目标,要不断地进行调整。

②合同目标本身不断地发生变化。例如,在工程施工过程中不断出现合同变更,使工程的质量、工期、合同价格变化,使合同双方的责任和权利发生变化。

因此,合同监控必须是动态的,合同实施必须随变化的情况和目标不断调整。

图10.1 合同目标变化和合同实施控制

③承包商的合同控制,不仅针对与业主之间的工程承包合同,还包括与总承包合同相关的其他合同,如分包合同、供应合同、运输合同、租赁合同等。

合同签订后,承包商首先要派出工程的项目经理,由他全面负责工程管理工作。而项目经理必须首先组建包括合同管理人员在内的项目管理小组,并着手进行施工准备工作。

10.3.2 合同监控的主要内容

(1)广义的合同监控

随着建筑工程项目管理理论研究和实践的深入,合同控制的内容越来越丰富。最初人们将它归纳为三大控制,即工期(进度)控制、成本(投资、费用)控制、质量控制,这是由项目管理的三大目标引出的。这三个方面包括了合同控制的最主要工作。随着项目目标和合同内容的扩展,合同控制的内容也有了新的扩展,详见表10.1。

①项目范围控制,即保证在预定的项目范围内完成工程。

②合同控制,即保证自己圆满地完成合同责任,同时监督对方圆满地完成合同责任,使工

程顺利实施。

③风险控制。对工程中的风险进行有效地预警、防范,当风险发生时采取有效的措施。

④项目实施过程中的安全、健康和环境方面的控制等。

表 10.1　工程实施控制内容表

序号	控制内容	控制目的	控制目标	控制依据
1	范围控制	保证按任务书(或设计文件、或合同)规定的数量完成工程	范围定义	范围规划和定义文件(项目任务书、设计文件、工程量表等)
2	成本控制	保证按计划成本完成工程,防止成本超支和费用增加,达到盈利目的	计划成本	各分项工程、分部工程、总工程计划的成本、人力、材料、资金计划、计划成本曲线等
3	质量控制	保证按任务书(或设计文件或合同)规定的质量完成工程,使工程顺利通过验收,交付使用,实现使用功能	规定的质量标准	各种技术标准、规范、工程说明、图纸、项目任务书、批准文件、合同文件等
4	进度控制	按预定进度计划实施工程,按期交付工程,防止工程拖延	任务书(或合同)规定的工期	总工期计划,已批准的详细施工进度计划,网络图,横道图等
5	合同控制	按合同规定全面完成自己的义务,防止违约	合同规定的义务、责任	合同范围内的各种文件,合同分析资料
6	风险控制	防止和降低风险的不利影响	风险责任	风险分析和风险应对计划
7	安全、健康、环境控制	保证项目的实施过程、运营过程和产品(或服务)的使用符合安全、健康和环境保护要求	法律、合同和规范	法律、合同文件和规范文件

特别提示

　　合同监控的依据从总体上来说是定义工程项目目标的各种文件,如项目建议书、可行性研究报告、项目任务书、设计文件、合同文件等,此外还应包括如下 3 个部分:

　　①对工程适用的法律、法规文件等。工程的一切活动都必须符合这些要求,它们是构成项目实施的边界条件之一。

　　②项目的各种计划文件、合同分析文件等。

　　③工程中的各种变更文件等。

(2)合同监控的主要工作内容

如图 10.2 所示,合同实施控制程序主要包括合同监督、合同跟踪、合同诊断和调整与纠偏 4 个阶段。

图 10.2　合同实施控制程序

合同管理人员在这4个阶段的主要工作有如下几个方面：

①根据合同交底内容，落实监控工作。建立合同实施的保证体系，保证合同实施过程中的一切日常事务性工作有秩序地进行，使工程项目的全部合同工作处于控制中，确保合同目标的实现。

监督承包商的工程小组和分包商按合同施工，做好各分合同的协调和管理工作。承包商应以积极合作的态度完成自己的合同责任，做好自我监督。同时，也应督促和协助业主和工程师完成他们的合同责任，以保证工程顺利进行。

②对合同实施情况进行跟踪。收集合同实施的信息及各种工程资料，并做出相应的信息处理。

③将合同实施情况与合同分析资料进行对比分析，找出其中的偏离，对合同履行情况做出诊断。

④向项目经理及时通报合同实施情况及问题，提出合同实施方面的意见、建议，甚至是警告。

10.3.3　合同控制步骤

1）工程目标控制程序

合同定义了一定范围工程或工作的目标，它是整个工程项目目标的一部分。这个目标必须通过具体的工程活动来实现。工程中的各种干扰常常使工程实施过程偏离总目标，控制就是为了保证工程实施按预定的计划进行，顺利地实现预定目标。工程中的目标控制程序如图10.3所示。

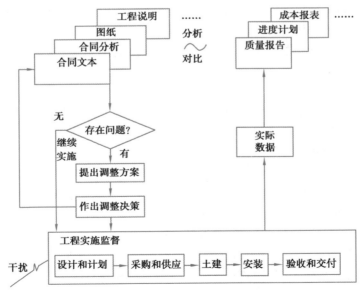

图 10.3　工程目标控制程序图

2)合同控制的工作步骤与内容

【引例2】

我国某承包公司在国外承包一项工程,合同签订时预计该工程能盈利30万美元。开工时,发现合同有些条款不利,估计能持平,即可以不盈不亏。待工程进行了几个月,发现合同很不利,预计要亏损几十万美元。待工期达到一半,再作详细核算,才发现合同极为不利,是一个陷阱,预计到工程结束至少亏损1000万美元。到这时才采取措施,损失已极为惨重。

【专家评析】 引例2中如果能及早对合同进行分析、跟踪、对比,发现问题并及早采取措施,则可以把握主动权,避免或减少损失。

(1)合同监督

工程实施监督是工程管理的日常事务性工作。目标控制,首先应表现在对工程活动的监督上,即保证按照预先确定的各种计划、设计、施工方案实施工程。工程实施状况反映在原始的工程资料(数据)上,例如质量检查报告、分项工程进度报告、记工单、用料单、成本核算凭证等。

①工程师(业主)的实施监督。业主雇用工程师的首要目的是对工程合同的履行进行有效的监督。这是工程师最基本的职责。他不仅要为承包商完成合同责任提供支持,监督承包商全面完成合同责任,而且要协助业主全面完成业主的合同责任。

a.工程师应该立足施工现场,或安排专人在现场负责工程监督工作。

b.工程师要促使业主按照合同的要求,为承包商履行合同提供帮助,并履行自己的合同责任。例如:向承包商提供现场的占有权,使承包商能够按时、充分、无障碍地进入现场;及时提供合同规定的由业主供应的材料和设备;及时下达指令、图纸。

c.对承包商工程实施监督,使承包商的整个工程施工处于监督过程中。工程师的合同监督通过如下工作完成:

● 检查并防止承包商工程范围的缺陷,如漏项、供应不足,对缺陷进行纠正。

● 对承包商的施工组织计划、施工方法(工艺)进行事前的认可和实施过程中的监督,保证工程达到合同规定的质量、安全、健康和环境保护的要求。

● 确保承包商的材料、设备符合合同要求,进行事前的认可、进场检查、使用过程中的监督。

● 监督工程实施进度。包括:下达开工令,并监督承包商及时开工;承包商应该在合同规定的期限内向工程师提交施工进度计划,并得到认可;监督承包商按照批准的计划实施工程;承包商的中间进度计划或局部工程进度计划可以修改,但它必须保证总工期目标的实现,同时也必须经过工程师的同意。

● 对付款的审查和监督。对付款的控制是工程师控制工程的有效手段。工程师在签发预付款、工程进度款、竣工工程价款和最终支付证书时,应全面审查合同要求的支付条件、承包商的支付申请、支付数额的合理性等,并监督业主按照合同规定的程序及时批准和付款。

②承包商的合同实施监督。其目的是保证按照合同完成自己的合同责任,主要工作有:

a.合同管理人员与项目的其他职能人员一起落实合同实施计划,为各工程小组、分包商的工作提供必要的保证,如施工现场的安排,人工、材料、机械等计划的落实,工序间搭接关系的安排和其他一些必要的准备工作。

b.在合同范围内协调业主、工程师、项目管理各职能人员、所属的各工程小组和分包商之间的工作关系,解决合同实施中出现的问题,如合同责任界面之间的争执、工程活动之间时间上和空间上的不协调。

特别提示

合同责任界面争执在工程实施中很常见。承包商与业主、与业主的其他承包商、与材料和设备供应商、与承包商的分包商之间,工程小组与分包商之间常常互相推卸一些合同中未明确划定的工程活动的责任。这会引起内部和外部争执,合同管理人员必须做好判定和调解工作。

c.对各工程小组和分包商进行工作指导,作经常性的合同解释,使各工程小组都有全局观念,对工程中发现的问题提出意见、建议或警告。

合同管理人员在工程实施中起"漏洞工程师"的作用,不是寻求与业主、与工程师、与各工程小组、与分包商的对立,也不仅仅是索赔和反索赔,而是将各方面在合同关系上联系起来,防止漏洞和弥补损失,以更好地完成工程。例如:促使工程师放弃不适当、不合理的要求(指令),避免对工程的干扰、工期的延长和费用的增加;协助工程师工作,弥补工程师工作的漏洞,及时提出对图纸、指令、场地等的申请。

d.会同项目管理的有关职能人员检查、监督各工程小组和分包商的合同实施情况,保证自己全面履行合同责任。在工程施工过程中,承包商有责任自我监督,发现问题,及时自我改正缺陷,而不一定要工程师指出。监督是否按照合同确定的工程范围施工,不漏项,也不多余工作。无论对单价合同,还是总价合同,没有工程师的指令,漏项和超过合同范围完成工作都得不到相应的付款。因此,合同监督应保证:

第一,承包商及时开工,并以应有的进度施工,保证工程进度符合合同和工程师批准的详细进度计划的要求。

第二,按合同要求组织材料和设备的采购。承包商有义务按照合同要求使用材料、设备和工艺,保证工程达到合同规定的要求。

第三,在按照合同规定由工程师检查前,应首先自我检查核对,对未完成的工程或有缺陷的工程指令限期采取补救措施。

第四,承包商对业主提供的设计文件、材料、设备、指令进行监督和检查。

第五,会同造价工程师对向业主提出的工程款账单和分包商提交的工程款账单进行审查和确认。

第六,对合同文件进行审查和管理。由于工程实施中的许多文件,如业主和工程师的指令、会谈纪要、备忘录、修正案、附加协议等也是合同的组成部分,所以也应加强管理和审查。

第七,承包商对环境的监控责任。对施工现场遇到的异常情况必须及时记录,如在施工中发现一个有经验的承包商也无法预见的物质条件(包括地质和水文条件,地下障碍物、文物、古墓、古建筑遗址、化石或其他有考古、地质研究等价值的物品等,但不包括气候条件)影响施工时,应立即保护好现场,并尽快以书面形式通知工程师。

承包商对后期可能出现的影响工程施工、造成合同价格上升、工期延长的环境情况进行预警,并及时通知业主。

（2）合同跟踪

合同跟踪是指将收集的工程资料和实际数据进行整理,得到能反映工程实施状况的各种信息,如各种质量报告、各种实际进度报表、各种成本和费用收支报表以及它们的分析报告。将这些信息与工程目标,如合同文件、合同分析文件、计划、设计等进行对比分析,可以发现两者的差异。差异的大小即为工程实施偏离目标的程度。如果没有差异,或差异较小,则可以按原计划继续实施工程。

①合同跟踪的作用。在工程实施过程中,实际情况千变万化,导致合同实施与预定目标（计划和设计）偏离。如果不采取措施,这种偏差常常由小到大,逐渐积累。合同跟踪可以不断地找出偏离,并不断地调整合同实施,使之与总目标一致。这是合同控制的主要手段。合同跟踪的作用有:

a.通过合同实施情况分析,找出偏离,以便及时采取措施,调整合同实施过程,实现合同总目标,因此合同跟踪是决策的前导工作。

b.在整个工程施工过程中,能使项目管理人员清楚地了解合同实施情况,对合同实施现状、趋向和结果有一个清醒的认识,这是非常重要的。有一些管理混乱、管理水平低的工程,常常到工程结束时才发现实际损失,这时已无法挽回。

②合同跟踪的依据主要有:

a.合同和合同分析的结果,如各种计划、方案、合同变更文件等,它们是比较的基础,是合同实施的目标和依据。

b.各种实际的工程文件,如原始记录、各种工程报表、报告、验收结果等。

c.工程管理人员通过施工现场的巡视、与各方谈话、召集小组会议、检查工程质量等对现场情况的直观了解,这是最直观的感性知识。通常比通过报表、报告能更快地发现问题,能更透彻地了解问题,有助于迅速采取措施以减少损失。

【引例3】

在某工程中,承包商承包了设备基础的土建和设备安装工程。安装内容有:设备安装前3天,基础土建施工完成,并交付安装场地,且业主应负责将生产设备运送到安装现场,同时由工程师、承包商和设备供应商一齐开箱检验;设备安装前15天,业主应向承包商交付全部的安装图纸,安装前,安装工程小组应做好各种技术和物资的准备工作等。

【引导问题2】 引例3中的设备安装工作包应如何进行跟踪? 跟踪的对象有哪些?

【专家评析】 进行跟踪的对象主要有:

第一,安装质量是否符合合同要求? 如标高、位置、安装精度、材料质量等是否符合合同要求? 安装过程中设备有无损坏?

第二,合同要求的设备是否全都安装完毕? 有无合同规定以外的设备安装或附加工作?

第三,工期是否超过预定期限? 工期有无延长? 延长的原因是什么?

第四,成本的增加和减少。

将上述内容在合同工作包说明表上加以注明,检查每个合同工作包的执行情况。对出现的异常情况,如实际和计划存在较大偏离的工作包,可以进行专项分析,作进一步的处理。

③合同跟踪的对象通常有:

a.对具体的合同实施工作进行跟踪。对照合同工作包说明表的具体内容,分析该工作包的实际完成情况。

引例 3 中,工程工期变化原因可能是:业主未及时交付施工图纸;生产设备未及时运到工地;基础土建施工拖延;业主指令增加附加工程;业主提供了错误的安装图纸,造成工程返工;工程师指令暂停工程施工等。

经过上面的分析可以得到偏差的原因和责任,从中发现索赔机会。

b.对工程小组或分包商的工程和工作进行跟踪。一个工程小组或分包商可能承担许多专业相同、工艺相近的分项工程或合同工作包,因此必须对它们实施的总体情况进行检查分析。实际工程中,常常因为某一工程小组或分包商的工作质量不高或进度拖延而影响整个工程施工,合同管理人员在这方面应给他们提供帮助,如协调他们之间的工作,对工程缺陷提出意见、建议或警告,责成他们在一定时间内提高质量、加快工程进度等。

分包合同
控制的目的

作为分包合同的发包商,总承包商必须对分包合同的实施进行有效控制,这是总承包商合同管理的重要任务之一。

c.对业主和工程师的工作进行跟踪。业主和工程师必须正确、及时地履行合同责任,提供各种工程实施条件,如及时提供图纸、场地,下达指令,作出答复,及时支付工程款等。合同工程师作为漏洞工程师,应寻找合同中以及对方合同执行中的漏洞。

承包商应积极主动地做好工作,如提前催要图纸、材料,对工作事先通知。这样可以让业主和工程师及早准备,建立良好的合作关系,保证工程顺利实施。

有问题及时与工程师沟通,多汇报情况,及时听取工程师的指示(应以书面的形式为准)。及时收集各种工程资料,对各种活动、双方的交流做记录。对有恶意的业主提前防范,并及早采取措施。

d.对工程总的实施状况进行跟踪。对工程总的实施状况的跟踪可以通过多个方面进行,如果出现以下情况,合同实施必然有问题:

● 现场混乱、拥挤不堪。

● 承包商与业主的其他承包商、供应商之间协调困难。

● 已完工程没有通过验收,出现大的工程质量问题,工程试生产不成功或达不到预定的生产能力等。

● 施工进度未能达到预定计划,主要的工程活动出现延期。在工程周报和月报上,计划和实际进度出现较大的偏差。

● 计划和实际的成本曲线出现较大的偏离。在工程项目管理中,工程累计成本曲线对合同实施的跟踪分析起很大作用。计划成本累计曲线通常在网络分析、各工程活动成本计划确定后得到。在国外,它又被称为工程项目的成本模型。而实际成本曲线(图 10.4)由实际施工进度安排和实际成本累计得到,从图上可以分析出实际和计划的差异。

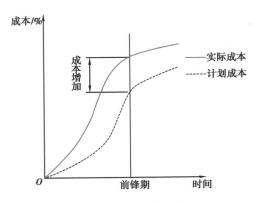

图 10.4　计划成本和实际成本累计曲线对比

（3）合同诊断

在合同跟踪的基础上可以进行合同诊断。合同诊断是对合同执行情况的评价、判断和趋向分析及预测。通过合同找出合同偏差，提出纠偏措施。

通常，工程实施与目标的差异会逐渐积累，越来越大，如果不采取措施可能导致工程实施远离目标，甚至可能导致整个工程的失败。因此，在工程实施过程中要不断地进行调整，使工程实施一直围绕合同目标进行。

相关链接

工程实施中的调整措施通常包括两个方面：

①工程项目目标的修改，如修改设计、工程范围、增加投资、延长工期等；

②工程实施过程的变更，如修改施工方案、改变实施顺序等。

这两个方面都是通过合同变更实现的。

①合同偏差分析。通过合同跟踪，可能会发现合同实施中存在的偏差，即工程实施实际情况偏离了工程计划和工程目标，此时应及时分析原因，采取措施，纠正偏差，避免损失。合同实施偏差分析的内容包括以下3个方面：

a.合同偏差的原因分析。通过对不同监督和跟踪对象的计划及实际情况的对比分析，不仅可以得到差异，而且可以分析引起差异的原因。原因分析可以采用鱼刺图。例如，通过计划成本和实际成本累计曲线的对比分析，不仅可以得到总成本的偏差值，而且可以进一步分析差异产生的原因。通常，引起计划和实际成本累计曲线偏离的原因可能有：整个工程施工加速或延缓；工程施工次序被打乱；工程费用支出增加，如材料费、人工费上升；增加新的附加工程，工程量增加；工作效率低下，资源消耗增加等。

相关链接

引起工作效率低下的具体原因：

①内部干扰：施工组织不周全，夜间加班或人员调遣频繁；机械效率低，操作人员不熟悉新技术，违反操作规程，缺少培训；经济责任不落实，工人劳动积极性不高等。

②外部干扰：图纸出错，设计修改频繁，气候条件差，场地狭窄，现场混乱，施工条件。

　　b.合同偏差责任分析。即这些原因由谁引起？该由谁承担责任？这常常是索赔的理由。一般只要原因分析详细，有根有据，则责任自然清楚，必须按合同规定落实双方责任。

　　c.合同实施趋向预测。分别考虑不采取调控措施和采取调控措施，以及采取不同的调控措施情况下，预测合同的最终执行结果：

　　一是最终的工程状况，包括总工期的延误、总成本的超支、质量标准、所能达到的生产能力（或功能要求）等；

　　二是承包商将承担的后果，如被罚款、被清算，甚至被起诉，对承包商资信、企业形象、经营战略的影响等；

　　三是最终工程经济效益（利润）水平。

　　综合上述内容，即可以对合同执行情况做出综合评价和判断。

　　②纠偏措施选择。在施工过程中，会有许多问题发生，需要承包商提出解决措施。现代工程中，承包商不仅有责任对影响工程成本、竣工日期、工程质量的一切事件及早发出警告，以减少补偿事件及其影响，而且有责任提出处理缺陷、延误的建议，尽早研究影响，寻求最佳的解决办法，及时采取行动。

　　根据调整对象的不同，可以将纠偏措施归纳为两种：

　　a.对实施过程的调整，如变更实施方案，重新进行组织；

　　b.对工程项目目标的调整，如增加投资、延长工期、修改工程范围，甚至调整项目产品的方向等。

　　从合同及双方合同关系的角度来看，它们都属于合同变更，或都是通过合同变更完成的。

相关链接

　　通常对工程问题有如下4类措施：

　　①技术措施。例如，变更技术方案，采用新的、更高效率的施工方案。

　　②组织和管理措施。例如，增加人员投入、重新进行计划或调整计划、派遣得力的管理人员、暂时停工、按照合同指令加速等。在施工中经常修订进度计划，对承包商来说是有利的。

　　③经济措施。例如，改变投资计划、增加投入、对工作人员进行经济激励、动用暂定金额等。

　　④合同措施。例如，按照合同进行惩罚，进行合同变更，签订新的附加协议、备忘录，通过索赔解决费用超支问题等。

　　对合同实施过程中出现的差异和问题，在选择纠偏措施上，业主和承包商有不同的出发点和策略。

　　业主和工程师遇到工程问题和风险，通常首先着眼于解决问题，排除干扰，使工程顺利实施，然后才考虑到责任和赔偿问题。这是由于业主和工程师考虑问题是从工程整体利益角度出发的。

　　与合同签订前的情况不同，承包商在施工中遇到任何工程问题和风险，首先采取的是合同措施，而不是技术或组织措施。通常首先考虑：

　　a.如何保护和充分行使自己的合同权利，如通过索赔降低自己的损失；

　　b.如何利用合同使对方的要求（权利）降到最低，即如何充分限制对方的合同权利。

　　如果通过合同诊断，承包商发现业主有恶意不支付工程款行为，或自己已经坠入合同陷阱中,或已经发现合同亏损,而且估计亏损会越来越大,则要及早确定合同执行战略,争取主动权。可采取以下措施:及早解除合同,降低损失;争取道义索赔,取得部分补偿;采用以守为攻的办法,如拖延工程进度、消极怠工等。

【引例 1 专家评析】 施工组织设计是施工单位如何进行施工的详细描述,是对建设单位的承诺,又是监理单位对施工单位监督检查的重要依据。有些施工单位图省事,将以前计算机内的施工组织设计稍加修改或根本不修改就抽出一份向建设单位、监理单位交差,故出现了引例 1 中的现象。没有的项目,写个没完没了,而有的项目却只字未提。

××大厦与综合楼在各方面都有所不同,应有不同的施工组织设计,保证应有的针对性、可操作性及先进性。安全、环卫、消防及文明安全施工措施都应可行。在符合国家现行规定、合同以及法律、法规的前提下,施工单位的技术决策和管理决策享有自主权。重要的分部分项工程的施工方案(包括安全施工方法,机械、设备及人员的配备和组织,质量管理措施,施工进度计划等)经监理工程师审核确认后方可实施。

合同监控在于保证施工方案在实施过程中符合合同约定的质量、安全、进度和程序要求,常通过监督、跟踪、诊断和纠偏来完成。

10.3.4 合同监控工作要点

【引例 4】

某工程施工现场有 3 个很大的水塘,业主提供的图纸上没有注明。施工后发现水塘按工程要求必须清除淤泥,并要回填,施工方提出 6 600 m³ 淤泥外运量、费用 133 000 元的索赔请求,认为招标文件中未标明水塘,则应作为新增工程分项处理。最终,甲方代表同意这项补偿。但施工方在施工现场没有任何记录、照片,没有任何经甲方代表认可的证明材料,如土方外运多少、运到何处、回填多少、从何处取土。最终,甲方仅承认 60 000 元的赔偿。

【引导问题 3】 施工方的索赔费用为什么被大打折扣?

【引例 5】

某工程采用 FIDIC 合同条件。招标文件的工程量表中规定钢筋由业主提供,投标日期为2023 年 6 月 3 日。收到投标文件后,业主发现他的钢筋已用于其他工程,他已无法再提供钢筋。2023 年 6 月 11 日,工程师致信承包商,要求承包商另报出提供工程量表中所需钢材的价格。2023 年 6 月 19 日,承包商作出答复,报出各类钢材的单价及总价格。接信后业主于 2023年 6 月 30 日复信表示接受承包商的报价,并要求承包商准备签署一份由业主提供的正式协议。但此后业主未提供书面协议,双方未作任何新的商谈,也未签订正式协议。业主认为承包商已经接受了提供钢材的要求,而承包商却认为业主放弃了由承包商提供钢材的要求。待开工约 3 个月后,工程需要钢材,承包商向业主提出业主的钢材应该进场,这时才发现双方都没有准备工程所需要的钢材。由于要重新采购钢材,不仅钢材价格上涨、运费增加,而且工期拖延,进一步造成施工现场费用损失约 60 000 元。承包商向业主提出索赔。

【引导问题 4】 承包商的要求能得到支持吗?双方在合同控制管理上存在哪些问题?

(1)召开定期和不定期的协商会议

业主、工程师和各承包商之间,承包商和分包商之间以及承包商的项目管理职能人员和各工程小组负责人之间都应有定期的协商会议。对工程中出现的特殊问题可不定期召开特别会议,讨论解决方法,以保证合同实施能得到很好的协调和控制。

通过会议应主要解决以下问题：

①检查合同实施进度和各种计划落实情况；

②协调各方面的工作，对后期工作做安排；

③讨论和解决目前已经发生和以后可能发生的各种问题，并作出相应的决议；

④讨论纠偏措施，确定纠偏带来的工期和费用补偿等问题。

承包商与业主、总包和分包之间会谈中的重大议题和决议，采用会谈纪要的形式记录下来。各方签署的会谈纪要作为有约束力的合同变更，是合同的一部分。合同管理人员负责会议资料的准备，提出会议的议题，起草各种文件，提出对问题解决的意见或建议，组织会议。会后起草会谈纪要，对会谈纪要进行合同法律方面的检查。

（2）建立特殊工作程序制度

对于一些经常性工作应订立工作程序，使大家有章可循，合同管理人员也不必进行经常性的解释和指导。例如，图纸批准程序，工程变更程序，分包商的索赔程序，分包商的账单审查程序，材料、设备、隐蔽工程、已完工程的检查验收程序，工程进度付款账单的审查批准程序，工程问题的请示报告程序等。这些程序在合同中一般都有总体规定，应用时必须细化、具体化。在程序上更为详细，并落实到具体人员。

在合同实施中，承包商的合同管理人员，成本、质量（技术）、进度、安全、信息管理人员都必须亲临现场，并应经常沟通。

（3）建立文档系统制度，落实相关责任

合同管理人员负责各种合同资料和工程资料的收集、整理和保存工作。这项工作非常烦琐和复杂，需要花费大量的时间和精力。在合同实施过程中产生的工程原始资料，必须由各职能人员、工程小组负责人、分包商提供，并落实相关责任。

①各种文件、报表、单据等应有规定的格式和规定的数据结构要求，确保各种数据、资料的标准化，建立工程资料的文档系统。

②将原始资料收集整理的责任落实到人，对资料负责。资料的收集工作必须落实到工程现场，必须对工程小组负责人和分包商提出具体的要求。

③明确各种资料的提供时间，保证文档的准确和真实性。在合同实施过程中，承包商做好现场记录，并保存记录是十分重要的。许多承包商忽视这项工作，最终削弱了自己的合同地位，损害了自己的合同权益，也不利于索赔和争执的解决。

最常见的问题有：附加工作未得到书面确认，变更指令不符合规定，错误的工作量测量结果、现场记录、会议纪要未及时反对，重要的资料未能保存，业主违约未能用文字或信函确认等。在这种情况下，承包商在索赔及争执解决中取胜的可能性是极小的。

引例4中，承包方的失误在于未建立完善的文档管理制度，重要的资料未能保存，导致索赔失败。

④建立报告和行文制度。承包商和业主、工程师、分包商之间的沟通都应以书面形式进行，或以书面形式作为最终依据。这是合同的要求，也是法律的要求，也是工程管理的需要。实际工作中，这项工作特别容易被忽略。报告和行文制度包括以下内容：

a.定期的工程实施情况报告,如日报、周报、旬报、月报等,应规定报告内容、格式、报告方式、时间以及负责人。

b.工程过程中发生的特殊情况及其处理的书面文件(如特殊的气候条件、工程环境的变化等)应有书面记录,并由工程师签署。工程实施中合同双方的任何协商、意见、请示、指示等都应落实在纸上,尽管天天见面,也应养成书面文字交往的习惯,相信"一字千金",切不可相信"一诺千金"。在工程实施中,承包商和工程师之间要保持经常联系,出现问题应向工程师请示、汇报。

c.工程中所有涉及双方的工程活动,如材料、设备、各种工程的检查验收,场地、图纸的交接,各种文件(如会谈纪要、索赔和反索赔报告、账单)的交接,都应有相应的手续,应有签收证据。

引例5中,发承包双方的主要工作疏漏在于双方没有有效地协调和沟通,没有建立系统的工作程序和行文管理制度。

【引例6】

在甲乙双方签订的建设工程合同中,乙方负责修建一幢学生宿舍楼。由于宿舍楼设有地下室,属于隐蔽工程,因而在建设工程合同中,双方约定了对隐蔽工程(地下层)的验收检查条款。规定:地下室的检查验收工作由双方共同负责,检查费用由甲方负担。地下室竣工后,乙方通知甲方检查验收。甲方答复:事务繁多,由乙方自己检查并出具检查记录即可。15日后,甲方又聘请专业人员对地下室质量进行检查,发现未达到合同规定标准,遂要求乙方承担此次检查费用,并返工地下室工程。乙方则认为,合同约定的检查费用由甲方承担,乙方不应承担此项费用,但对返工重修地下室的要求予以认可。

【引导问题5】 双方发生纠纷的主要原因是什么? 工程实施过程中应建立哪些检查验收制度?

⑤建立严格的工程质量检查验收制度。合同管理人员应主动抓好工程质量,协助做好质量管理工作,建立一整套质量检查和验收制度。例如,每道工序结束应有严格的检查和验收制度,工序之间、工程小组之间应有交接制度,材料进场和使用应有一定的检验措施等,防止由于承包商自己的工程质量问题造成被工程师检查验收不合格、试生产失败而承担违约责任。由于工程质量引起的返工、窝工损失,以及工期的拖延应由承包商自己负责,得不到赔偿。

引例6中,乙方没有完善的质量检查验收制度,同时双方在质量检查验收的内容、时间、程序上没有明确约定。这是双方发生纠纷的主要原因。

(4)数智化合同监控

a.依托智能化的合同管理平台,将最繁重的起草、审批、协商环节,轻松实现全自动多端流转。审批方、修订方、客户方等各大节点,流程进度一目了然,手机端随时可跟踪,合同全周期管理工作得到了极大简化。历史合同文件实现批量归档,并自动提取关键数据与信息,纳入数据库。自动累计签约数量、累计签约金额,完成合同审核和电子签双端盖章。

b.依靠智慧管理平台,对人机料法环进行监控预警,提高项目管理成效。

智慧仓储

智慧工地

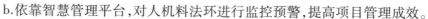

10.3.5　工程总承包全过程争议焦点分析

1）总承包人资格

总承包人如未取得工程设计资质或者超越工程设计资质等级,会导致签订的工程总承包合同违反法律、行政法规的强制性规定而无效。

链接案例1

2）承揽业务范围

如总承包人仅具有工程设计资质,其业务承揽范围需要区分不同行业或专业的建设项目来分析。第一,总承包人仅具有工程设计资质,可以从事工程总承包业务。《建设工程勘察设计资质管理规定》(中华人民共和国建设部令第 160 号)第三十九条规定:"取得工程勘察、工程设计资质证书的企业,可以从事资质证书许可范围内相应的建设工程总承包业务,可以从事工程项目管理和相关的技术与管理服务。"第二,公路工程、房屋建筑和市政基础设施项目的工程总承包,总承包人应有相适应的工程设计资质和施工资质。《公路工程设计施工总承包管理办法》(中华人民共和国交通运输部令 2015 年第 10 号)第六条规定,总承包单位应当同时具备与招标工程相适应的勘察设计和施工资质,或者由具备相应资质的勘察设计和施工单位组成联合体。《住房和城乡建设部、国家发展改革委关于印发房屋建筑和市政基础设施项目工程总承包管理办法的通知》(建市规〔2019〕12 号)第十条规定,工程总承包单位应当同时具有与工程规模相适应的工程设计资质和施工资质,或者由具有相应资质的设计单位和施工单位组成联合体。第三,电力行业新能源工程,工程总承包人仅具有设计资质,可以从事工程总承包业务。

链接案例2

3）项目前期建设程序缺陷

如建设项目未取得建设工程规划许可证导致工程被拆除的,工程总承包合同无效。如只是建设项目未取得建设工程规划许可证,则不影响工程总承包合同的效力。因为工程总承包合同包含了设计的内容,依据《中华人民共和国城乡规划法》第四十条规定,工程总承包合同签订时不符合办理建设工程规划许可证的条件,故建设项目未取得建设工程规划许可证,工程总承包合同有效。《中华人民共和国城乡规划法》第四十条规定,在城市、镇规划区内进行建筑物、构筑物、道路、管线和其他工程建设的,建设单位或者个人应当向城市、县人民政府城乡规划主管部门或者省、自治区、直辖市人民政府确定的镇人民政府申请办理建设工程规划许可证。

链接案例3　　链接案例4

4）项目招标缺陷

如是应当招标未招标或者中标无效的项目,则工程总承包合同无效。《招标投标法》第二条规定:"在中华人民共和国境内进行招标投标活动,适用本法。"第三条规定:"在中华人民共和国境内进行下列工程建设项目包括项目的勘察、设计、施工、监理以及与工程建设有关的重要设备、材料等的采购,必须进行招标:(一)大型基础设施、公用事业等关系社会公共利益、公众安全的项目;(二)全部或者部分使用国有资金投资或者国家融资的项目;(三)使用国际组织或者外国政府贷款、援助资

链接案例5

金的项目。前款所列项目的具体范围和规模标准,由国务院发展计划部门会同国务院有关部门制订,报国务院批准。法律或者国务院对必须进行招标的其他项目的范围有规定的,依照其规定。"

10.4 任务实施与评价

10.4.1 任务实施

①请根据本次合同分析结果,确定合同监控重点。

②请根据监控内容,成立合同管理小组,进行任务分工。

③请对引例 3 设备安装事件进行合同跟踪,并完成表 10.2 的填写。

表 10.2 设备安装事件合同跟踪记录表

安装质量是否符合合同要求	标高		位置	安装精度	材料质量	设备有无损坏
工程数量	是否全部安装完毕		有无合同规定以外的设备安装		有无其他附加工程	
工期	是否在预定期限内施工	工期有无延长	延长的原因			
成本的增减	增加数量	减少数量	原因			
分包商	完成质量	纠纷	原因			
	分包商 1					
	分包商 2					
工程师指令	内容	实施情况				
	指令 1					
	指令 2					
	指令 3					

④请就引例 3 设备安装事件进行合同实施偏差分析,完成偏差分析表,提出后续工作建议。

⑤选取教学项目某一合同代表事件,编写合同事件表和合同监控措施表。

专家支招

合同监控实务应做好以下工作：

①定期检查企业合同管理制度的执行情况；

②制订企业合同法规培训计划，并具体组织实施；

③统一管理企业各部门对外签订的各种合同；

④对各部门签订的合同依法进行审核、登记、归档；

⑤对企业各部门签订和履行合同中的问题及时提出解决措施；

⑥及时、准确填报合同统计报表，并做出统计分析；

⑦经常同工商行政管理机关和上级有关部门联系，及时反映合同管理中的情况；

⑧制订守合同、重信用活动的具体方案，并组织实施；

⑨做好对合同示范文本、合同专用章、法定代表人授权委托证明书的使用、发放和管理；

⑩合同管理员调岗，应认真办理档案、资料移交等手续，经领导同意后离任。

10.4.2　任务评价

①此次任务完成中存在的主要问题有哪些？

②问题产生的原因有哪些？

③请提出相应的解决方法。

④你认为还需加强哪些方面的指导(实际工作过程及理论知识)？

知识回顾

合同监控是指通过实施一系列合同控制措施，以实现合同定义的工程目标(工期、质量和价格)和维护合同管理程序。

合同监控的主要工作内容包括合同监督、合同跟踪、诊断和调整与纠偏 4 部分。其中，找出合同偏差和制订偏差措施是工作重点。

合同监控工作包括 5 个要点：

①召开定期和不定期的协商会议；

②建立特殊工作程序制度；

③建立文档系统制度，落实相关责任；

④建立报告和行文制度；

⑤建立严格的工程质量检查验收制度。

课后训练

一、案例分析

【案例】　某 8 层框架结构工程，发包人与承包人签订了施工合同，合同为固定单价合同。本工程目前正在施工。工程施工时，发生了如下事件：

事件 1：本工程电梯设备由发包人供货，发包人的设备已经到货。

事件 2：发包人供应的钢筋，承包人已接收，但是承包人发现钢筋丢失了 10 t，承包人向工程师提出索赔钢筋丢失 10 t 的费用报告。

事件 3：发包人供应的其他材料在清点时，发现了以下问题：

①材料、设备单价与一览表不符；

②材料、设备的品种、规格、型号、质量等级与一览表不符；

③发包人供应的材料规格、型号与一览表不符，承包人申请调换；

④到货地点与一览表不符；

⑤供应数量少于一览表约定的数量；

⑥到货时间早于一览表约定时间，承包人提出索赔保管费用。

【问题】 ①应怎样组织设备清点？

②承包人要求发包人支付设备保管费用，工程师是否批准？

③事件 2 中，承包人向发包人索赔钢筋丢失费用，工程师是否会批准承包人的索赔要求？

④事件 3 中的 6 个事件应如何处理？

二、拓展训练

每两人组成一个小组，查找合同监控的案例，进行理论分析，并进行演讲，供大家讨论。

三、拓展思考

请结合党的二十大精神，谈谈你对奉献精神和爱岗敬业的理解。

任务 11 合同价款调整

【引例 1】

某职业学院的图书馆项目，建设单位通过公开招标方式确定××建设集团股份有限公司为中标人，双方签订了工程承包合同，合同工期为 6 个月。

合同中，有关工程价款及其支付的条款如下：

①该图书馆工程量清单含有甲、乙两个分项工程，其工程量分别为 500 m³，3 600 m³。清单报价中，甲项综合单价为 200 元/m³，乙项综合单价为 13.02 元/m³。乙项综合单价的单价分析见表 11.1。当某一分项工程实际工程量比清单工程量增加超出 10% 时，应调整单价，超出部分的单价调整系数为 0.9；当某一分项工程实际工程量比清单工程量减少 10% 以上时，对该分项工程的全部工程量调整单价，单价调整系数为 1.1。

表 11.1 工程量清单综合单价分析（乙项工程部分）　　　单位:元/m³

直接费	人工费		0.61	10.96
	材料费		0	
	机械费	反铲挖掘机	1.83	
		履带式推土机	1.39	
		轮式装载机	1.50	
		自卸汽车	5.63	

续表

管理费	费率	12%
	金额	1.32
利润	利润率	6%
	金额	0.74
综合单价		13.02

②措施项目清单共有 5 个项目,其中环境保护等两项措施费用为 4.5 万元。这两项措施以分部分项工程量清单计价合计为基数进行结算。剩余的 3 项措施费用共计 16 万元,一次性包干,不得调价。全部措施项目费在开工后的第 1 个月末和第 2 个月末,按措施项目清单中的数额分两次平均支付。环境保护措施等两项费用调整部分在最后一个月结清,多退少补。

③其他项目清单中只包括招标人预留金 5 万元,用于处理变更洽商,最后一个月结算。

④规费综合费率为 4.89%,其取费基数为分部分项工程量清单计价合计、措施项目清单计价合计、其他项目清单计价合计之和。

⑤工程预付款为签约合同价款的 10%,开工前支付,开工后的前两个月平均扣除。

⑥该项工程的质量保证金为签约合同价款的 3%,从第 1 个月起从承包商的进度款中按 3% 的比例扣留。

合同工期内,承包商每月实际完成并经工程师签证确认的工程量见表 11.2。

表 11.2　各月实际完成工程量　　　　　　　　　　单位:m³

分项工程	1 月	2 月	3 月	4 月	5 月	6 月
甲项工程量	70	80	70	72	73	55
乙项工程量	500	600	510	530	560	700

【引导问题 1】　根据引例 1 回答以下问题:

①分部分项工程量清单中综合单价包括哪些费用?与工程结算是什么关系?

②各月的分部分项工程量清单计价合计是多少?

③各月需支付的措施项目费是多少?

④合同价款管理的主要内容有哪些?

⑤引起合同价款调整的原因、依据和程序有哪些?

11.1　任务导读

合同价款管理分为 3 个阶段,即合同签约价管理、合同支付管理和合同结算

守正创新,数字造价——合同价款调整

管理。本次学习任务的重点是合同支付管理阶段的合同价款调整。学习内容主要包括 14 类合同价款调整事由及其对工程实施造成的影响、变更事件处理方法和程序,以及价款调整资料归档。

11.2　任务目标

①根据合同控制和履约管理重点,制订合同价款管理措施。

②识别和审查 14 类合同价款调整事由,并分析其对工程实施造成的影响。

③按照工作时间限定,根据项目实际情况,促成工程师提前做出工程变更,迅速、全面落实变更指令,完成变更事件处理。

④按照合同价款调整程序,进行价款调整申请,完成价款调整。

⑤按照正确的方法进行价款调整资料归档,总结价款调整事件处理技巧。

⑥通过完成该任务,提出后续工作建议,完成自我评价,并提出改进意见。

11.3　知识准备

按照 2013 版清单计价规范 9.1.1 条规定,下列事项(但不限于)发生,发承包双方应当按照合同约定调整合同价款:法律法规变化;工程变更;项目特征描述;工程量清单缺项;工程量偏差;计日工;物价变化;暂估价;不可抗力;提前竣工(赶工补偿);误期赔偿;索赔;现场签证;暂列金额;发承包双方约定的其他调整事项。

11.3.1　法律法规变化引起的合同价款调整

【引例 2】

某工程 2 月 1 日投标截止,2 月 8 日评标中标,2 月 28 日发包人与承包人签订合同。合同约定 2 月 28 日为基准日期。1 月 30 日,××省工程造价管理机构发布新的价格信息。发包人与承包人因是否可以调价发生纠纷。

法律法规变化引起的合同价款调整

【引导问题 2】　承包人是否可以要求调价?

1)调整依据

2013 版清单计价规范第 9.2.1 条对引起合同价款调整的法律法规变化范围进行了明确规定:招标工程以投标截止日前 28 天、非招标工程以合同签订前 28 天为基准日,其后因国家的法律、法规、规章和政策发生变化引起工程造价增减变化的,发承包双方应按照省级或行业建设主管部门或其授权的工程造价管理机构此发布的规定调整合同价款。

2)调整的风险分担

如图 11.1 所示,当法律法规变化引起合同价款调整时,2013 版清单计价规范以"基准日"为是否进行调整的重要时间节点。法律法规变化引起合同价款调整时,承包人一般不承担此类风险,而 9.2.2 条是对 9.2.1 条特殊情况的处理,即因承包人原因导致工期延误时,应该由过错方(即承包人)承担不利后果,即价款只调减不调增。

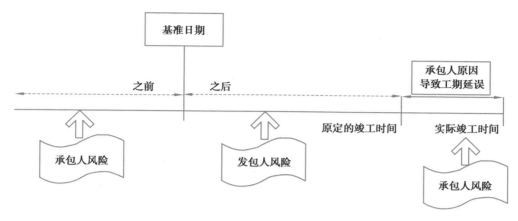

图 11.1　风险承担示意图

相关链接

2013 版清单计价规范

　　9.2.1　招标工程以投标截止日前 28 天,非招标工程以合同签订前 28 天为基准日,其后因国家的法律、法规、规章和政策发生变化引起工程造价增减变化的,发承包双方应按照省级或行业建设主管部门或其授权的工程造价管理机构据此发布的规定调整合同价款。

　　9.2.2　因承包人原因导致工期延误,按本规范第 9.2.1 条规定的调整时间,在合同工程原定竣工时间之后,合同价款调增的不予调整,合同价款调减的予以调整。

　　【引例 2 专家评析】　根据相关理论研究与司法实践,清单计价规范强制性条款的效力大于合同约定,而非强制性条款的效力小于合同约定。引例 2 中,根据 2013 版清单计价规范第 9.2.1 条规定,招标工程以投标截止日前 28 天为基准日。本案例中,该工程 2 月 1 日投标截止,因此 2 月 1 日前 28 天(即 1 月 3 日)为基准日。但因清单第 9.2.1 条为非强制性条款,故其效力不及合同条款,应以合同条款约定为准。合同约定 2 月 28 日为基准日期,按照合同约定,法律法规变化发生在基准日期之前,因此应不予调价。

　　3)合同价款调整的内容

　　(1)法律法规变化引起原报价中的规费、税金、措施费中的安全文明施工费等调整

　　2013 版清单计价规范第 3.1.5 条规定:"措施项目中的安全文明施工费必须按国家或省级、行业建设主管部门的规定计算,不得作为竞争性费用。"第 3.1.6 条规定:"规费和税金必须按国家或省级、行业建设主管部门的规定计算,不得作为竞争性费用。"

　　(2)省级或行业建设主管部门发布的政策性文件引起人工费的调整

　　2013 版清单计价规范第 3.4.2 条第 2 款规定:"省级或行业建设主管部门发布的人工费调整,影响合同价款调整的,应由发包人承担,但承包人对人工费或人工单价的报价高于发布的除外。"A.2.2 规定:"人工单价发生变化且符合本规范第 3.4.2 条第 2 款规定的条件时,发承包双方应按省级或行业建设主管部门或其授权的工程造价管理机构发布的人工成本文件调整合同价款。"

（3）由政府定价或政府指导价管理的原材料等价格发生变化

2013 版清单计价规范"A.2 造价信息调整价格差额"中 A.2.1 规定：施工期内，因人工、材料和工程设备、施工机械台班价格波动影响合同价格时，人工、机械使用费按国家或省、自治区、直辖市建设行政管理部门、行业建设管理部门或其授权的工程造价管理机构发布的人工成本信息、机械台班单价或机械使用费系数进行调整。可见，由政府定价或政府指导价管理的原材料等价格发生变化时，以调价差的方式调整相应的合同价款。

相关链接

> 依据《标准施工招标文件》（2007 年版）第 16.1.2 条规定：施工期内，因人工、材料、设备和机械台班价格波动影响合同价格时，人工、机械使用费按照国家或省、自治区、直辖市建设行政管理部门、行业建设管理部门或其授权的工程造价管理机构发布的人工成本信息、机械台班单价或机械使用费系数进行调整。招标文件规定投标报价时，采用工程造价管理机构发布的价格信息作为人工的市场价格，按照本项约定调整价格差额。

【应用案例 1】 2021 年，A 公司和 B 建筑公司签订建设工程施工合同。合同约定：合同总价包干，承包人应负责支付一切在工程期间由于政府法律变化而产生的费用。

2023 年 3 月 1 日，当地政府消防主管部门修订了工程消防验收办法，新增了消防技术测试项目，作为竣工验收的组成部分，需要增加消防预检费。B 建筑公司承担了该消防预检费。在竣工结算过程中，A 公司提出按照合同的相关约定，消防预检费应由 B 建筑公司承担。B 建筑公司则认为，消防预检费不属于施工单位在工程期间应承担的常规实验，不应承担相应费用。双方对此多次协商，但未达成一致。

【问题】 消防预检费应由哪方承担？

【专家评析】 首先，尽管合同约定发包人有竣工验收的义务，但如消防预检等规费，是政府直接向承包人收取的，应计入工程造价。因此，宜认为消防预检属于承包人义务。

其次，尽管按照惯例，签约后法律变化造成施工成本的增加，应该相应调增合同价款。但因合同已约定要求承包人承担此项风险，则认为该项费用已包含在投标报价中，承包人应对报价的完整性和充分性承担责任。

最后，尽管合同对该约定有不合理之处，但未达到显失公平的程度。可见，法律变化引起的成本增加，按照惯例应增加合同价款，但是因合同特别约定由承包人承担，则应按约定处理。

11.3.2　工程变更引起的合同价款调整

合同变更通常不能免除或改变承包商的合同责任，但对合同实施影响很大，造成原合同状态的变化，必须对原合同规定的内容作出相应调整。

工程变更是指在合同实施过程中，当合同状态改变时，为保证工程顺利实施所采取的对原合同文件进行修改与补充的一种措施，实质上是对合同的修改，是

工程变更引起的合同价款调整

双方新的要约和承诺。合同状态是指合同签订时所受到的客观约束与主观愿望,如工程范围、合同价款、合同工期、工程质量、施工环境、政治经济背景等。工程变更是合同标的物的变化,导致发包人和承包人之间权利义务指向的变化。主要表现在以下几个方面:

①定义工程目标和工程实施情况的各种文件,如设计图纸、成本计划和支付计划、工期计划、施工方案、技术说明和适用的规范等,都应作相应的修改和变更。相关的其他计划也应作相应调整,如材料采购计划、劳动力安排、机械使用计划等。它不仅引起与承包合同平行的其他合同的变化,而且会引起所属的各个分包合同,如供应合同、租赁合同、分包合同的变更。有些重大变更会打乱整个施工部署。

②引起合同双方、承包商的工程小组之间、总承包商和分包商之间合同责任的变化,如工程量增加,则增加了承包商的工程责任,增加了费用开支,延长了工期。

③有些工程变更还会引起已完工程的返工、现场工程施工的停滞、施工秩序被打乱、已购材料的损失等。

工程实践中,工程变更是项目投资失控的关键因素,发承包双方应将变更管理作为风险管理的重点内容。工程量清单计价模式下,工程变更管理的关键问题主要是工程变更价款的确定以及工程变更价款的确定程序。

1)工程变更风险因素的风险分担

由于发包人应对招标文件中工程量清单的准确性和完整性负责,故工程变更引起的合同价款的增减应由发包人承担。

2)工程变更

(1)工程变更的相互联系分析

在工程变更的起因中,几种常见的变更相互联系,其关系如图 11.2 所示。这是合同变更责任分析的基本逻辑关系。

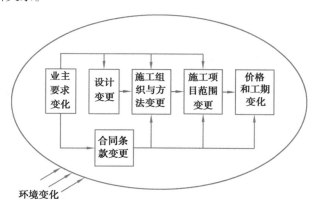

图 11.2　工程变更责任基本逻辑关系图

①环境变化有可能导致业主要求、设计、施工组织和方法、施工项目范围以及合同条款的变更。

②业主要求的变更可能会导致设计、合同条款、施工组织和方法、施工项目范围的变更。

③设计和合同条款的变化会直接导致施工组织和方法、施工项目范围的变更。

④工程施工组织和方法的变更会直接导致施工项目范围的变更。

⑤这些变更最终都可能导致合同价格和工期的变更。价格和工期的变更通常是最终结果。在一般情况下,引起反向作用的可能性不大。

（2）工程变更的分类

①设计变更。设计变更是指建设工程施工合同履行过程中,由工程不同参与方提出,最终由设计单位以设计变更或设计补充文件形式发出的工程变更指令。设计变更包含的内容十分广泛,是工程变更的主体内容,约占工程变更总量的70%以上。

常见的设计变更有:因设计计算错误或图示错误而发出的设计变更通知书,因设计遗漏或设计深度不够而发出的设计补充通知书,以及应业主、承包商或监理方请求对设计所作的优化调整等。

②施工方案变更。施工方案变更是指在施工过程中承包方因工程地质条件变化、施工环境或施工条件的改变等因素影响,向监理工程师和业主提出的改变原施工措施方案的过程。施工措施方案的变更应经监理工程师和业主审查同意后实施,否则引起的费用增加和工期延误将由承包方自行承担。重大施工措施方案的变更还应征询设计单位的意见。

施工方案变更存在于工程施工的全过程。例如:人工挖孔桩桩孔开挖过程中出现地下流砂层或淤泥层,需采取特殊支护措施,方可继续施工;公路或市政道路工程路基开挖过程中,发现地下文物,需停工采取特殊保护措施;建筑物主体施工过程中,因市场原因引起的不同的规格材料间的代换。

③条件变更。条件变更是指施工过程中,因业主未能按合同约定提供必需的施工条件以及不可抗力发生,导致工程无法按预定计划实施。例如:业主承诺交付的工程后续施工图纸未到,致使工程中途停顿;业主提供的施工临时用电因社会电网紧张而断电,导致施工生产无法正常进行;特大暴雨或山体滑坡导致工程停工。这类因业主原因或不可抗力所发生的工程变更统称为条件变更。

④计划变更。计划变更是指施工过程中,业主因上级指令、技术因素或经营需要,调整原定施工进度计划,改变施工顺序和时间安排。例如:小区群体工程施工中,根据销售进展情况,部分房屋需提前竣工,另一部分房屋适当延迟交付。这类变更就是典型的计划变更。

⑤新增工程。新增工程是指施工过程中,业主动用暂定金额,扩大建设规模,增加原招标工程量清单之外的建设内容。

【引例3】

某施工单位(乙方)与某建设单位(甲方)签订了某项工业建筑的地基处理与基础工程施工合同。由于工程量无法准确确定,根据施工合同专用条款的规定,按施工图预算方式计价。乙方必须严格按照施工图及施工合同规定的内容及技术要求施工。乙方的分项工程首先向监理工程师申请质量验收,取得质量验收合格文件后,向造价工程师提出计量和支付工程款申请。工程开工前,乙方提交了施工组织设计并得到批准。在开挖土方过程中,有两项重大事件使工期发生较大的拖延:一是土方开挖时遇到了一些工程地质勘探没有探明的孤石,排除孤石拖延了一定时间;二是施工过程中,遇到数天季节性大雨后又转为特大暴雨引起的山洪暴发,造成现场临时道路、管网和甲乙方施工现场办公用房等设施,以及已施工的部分基础被冲坏,施工设备损坏,运进现场的部分材料被冲走,乙方数名施工人员受伤,雨后乙方用了很多工时进行工程清理和修复作业。为此,乙方按照索赔程序提出了延长工期和费用补偿要求。

工程施工过程中,当进行到施工图规定的处理范围边缘时,乙方在取得在场监理工程师认可的情况下,为使夯击质量得到保证,将夯击范围适当扩大。施工完成后,乙方将扩大范围内的施工工程量向造价工程师提出计量付款的要求,但遭到拒绝。同时,乙方根据监理工程师指示就部分工程进行了变更施工。

【引导问题3】 造价工程师拒绝承包商的要求合理吗? 工程变更责任是如何划分的?

【专家评析】 引例3中造价工程师的拒绝是合理的。原因是该部分的工程量超出了施工图的要求,一般地讲,也就超出了工程合同约定的工程范围。对该部分的工程量,监理工程师可以认为是承包商保证施工质量的技术措施,一般在业主没有批准追加相应费用的情况下,技术措施费用应由承包商承担。

(3)工程变更责任分析

以上常见的5类变更中,我们以设计变更、施工方案变更和施工进度变更为例进行责任分析。

①设计变更责任分析。设计变更会引起工程量的增加、减少,新增或删除工程分项,工程质量和进度的变化,实施方案的变化。一般业主可以通过下达指令,重新提供图纸或规范实现变更。

工程变更
责任分析

a.由于业主要求、政府城建环保部门的要求、环境变化(如地质条件变化)、不可抗力、原设计错误等导致设计的修改,必须由业主承担责任。

b.由于承包商施工过程、施工方案出现错误、疏忽而导致设计的修改,必须由承包商负责。例如:在某桥梁工程中采用混凝土灌注桩,在钻孔尚未达到设计深度时,钻头脱落,无法取出,桩孔报废。经设计单位重新设计,改在原桩两边各打一个小桩承受上部荷载。由此造成的费用损失则由承包商承担。

c.现代工程中,承包商承担的设计工作逐渐多起来。承包商提出的设计必须经过工程师(或业主代表)的批准。对不符合业主在招标文件中提出的工程要求的设计,工程师有权不认可,并要求承包商修改。这种不认可不属于工程变更。

②施工方案变更责任分析。

a.在投标文件中,承包商就在施工组织设计中提出比较完备的施工方案,但它不作为合同文件的一部分。但它也有约束力,业主向承包商授标就表示对这个方案的认可。在合同签订后一定时间内,承包商应提交详细的施工计划供业主代表或工程师审查,工程师也可以要求承包商对施工方案做出说明。如果承包商的施工方案不符合合同要求,不能保证实现合同目标,业主代表或工程师有权指令承包商修改方案,以保证承包商圆满地完成合同责任。

b.在一些招标文件的规定中,业主对施工方案和临时工程做了详细规定,承包商必须按照业主要求的施工方案投标。如果承包商的施工方案与规定不同,工程师有权要求承包商按照规定进行修改,这不属于工程变更。

c.施工合同规定,承包商应对所有现场作业和施工方案的完备、安全、稳定负全部责任。

这一责任体现在以下 3 个方面：

第一，通常情况下由于承包商自身原因（如失误或风险）修改施工方案所造成的损失由承包商负责。

第二，投标文件中的施工方案被证明是不可行的，工程师不批准或指令承包商改变施工方案不能构成工程变更。

第三，承包商为保证工程质量，保证实施方案的安全和稳定所增加的工程量，如扩大工程边界，应由承包商负责，不属于工程变更。

【引例4】

在某国际工程中，按合同规定的总工期计划，应于20××年××月××日开始现场搅拌混凝土。因承包商的混凝土拌和设备迟迟运不到工地，承包商决定使用商品混凝土，但被业主否决。而在承包合同中未明确规定使用何种混凝土。承包商不得已，只有继续组织设备进场，由此导致施工现场停工、工期拖延和费用增加。对此，承包商提出工期和费用索赔。而业主以如下两点理由否定承包商的索赔要求：

①承包商应遵守已批准的施工进度计划中确定的施工方法，施工方法要求承包商用现场搅拌混凝土。

②拌和设备运不到工地是承包商的失误，是承包商应负的责任。

双方由此发生争执。

【引导问题4】 承包商的索赔要求能否得到支持？承包商在实施施工方案时，有哪些权利？

d.施工方案作为承包商责任的同时，又隐含着承包商对决定和修改施工方案具有相应的权利，业主不能随便干预承包商的施工方案；为了更好地完成合同目标（如缩短工期），或在不影响合同目标的前提下，承包商有权采用更为科学和经济合理的施工方案，即承包商可以进行中间调整，不属于违约。尽管合同规定必须经过工程师的批准，但工程师（业主）也不得随便干预。当然，承包商承担重新选择施工方案的风险和机会收益。

引例4中，承包商应获得工期和费用补偿。因为合同中未明确规定一定要用工地现场搅拌的混凝土（施工方案不是合同文件），商品混凝土只要符合合同规定的质量标准也可以使用，不必经业主批准。按照惯例，实施工程的方法由承包商负责。在不影响或为了更好地保证合同目标的前提下，可以选择更为经济合理的施工方案，业主不得随便干预。在这一前提下，业主拒绝承包商使用商品混凝土，是一个变更指令，对此可以进行工期和费用索赔。但该项索赔必须在合同规定的索赔有效期内提出。当然，承包商不能因为用商品混凝土要求业主补偿任何费用。

e.在工程施工中，承包商采用或修改施工方案都要经过工程师的批准或同意。如果工程师无正当理由不同意，可能会导致一个变更指令。这里的正当理由通常有：

• 工程师有证据证明或认为承包商的施工方案不能保证按时完成合同责任。例如，不能保证质量、保证工期，或承包商没有采用良好的施工工艺。

• 不安全，造成环境污染或损害健康。

• 承包商要求变更方案（如变更施工次序、缩短工期），而业主无法完成合同规定的配合责任。例如，无法按这个方案及时提供图纸、场地、资金、设备，则有权要求承包商执行原定方案。

• 当承包商已施工的工程没有达到合同要求，如质量不合格、工期拖延，工程师可以指令承包商变更施工方案,以尽快摆脱困境,达到合同要求。

●重大的设计变更常常会导致施工方案的变更。如果设计变更应由业主承担责任,则相应的施工方案的变更也由业主负责。反之,则由承包商负责。

●对不利的异常地质条件引起的施工方案的变更,一般由业主承担责任。因为这是一个有经验的承包商无法合理预见的现场气候条件除外的障碍或条件,同时业主负责地质勘察和提供地质报告,应对报告的正确性和完备性承担责任。

③施工进度变更的责任分析。在招标文件中,业主给出工程的总工期目标,承包商在投标书中有一个总进度计划(一般以横道图形式表示)。中标后承包商还要提出详细的进度计划,并由工程师批准(或同意)。在工程开工后,每月都可能有进度的调整。通常,只要工程师(或业主)批准(或同意)承包商的进度计划(或调整后的进度计划),则新进度计划就成为有约束力的文件。如果业主不能按照新进度计划完成按合同应由业主完成的责任,如及时提供图纸、施工场地、水电等,则属业主违约。

在实务中,进行施工进度责任分析时应注意以下几个问题:

a.合同规定。承包商必须于合同规定竣工之日或之前完成工程,合同鼓励承包商提前竣工(提前竣工奖励条款)。承包商为了追求最低费用(或奖励)可以进行工期优化,这属于实施方案,是承包商的权利,但要保证不拖延合同工期和不影响工程质量。

b.承包商不能因自身原因采用新的方案,向业主要求追加费用,但工期奖励除外。业主代表(工程师)在同意承包商的新方案时,必须注明"费用不予补偿"。否则,在事后容易引起不必要的纠缠。

c.承包商在做出新计划前,必须考虑所属分包合同计划的修改,如供应提前、分包工程加速施工等。同样,业主在同意(批准或认可)前要考虑对业主的其他合同,如供应合同、其他承包合同、设计合同的影响。如果业主不能或无法做好协调,则可以不同意承包商的方案,要求承包商按原合同工期执行,这不属于变更。

【应用案例2】　在某房地产开发项目中,业主提供了地质勘察报告,证明地下土质很好。承包商的施工方案中,用挖方的余土作通往住宅区道路基础的填方。由于基础开挖施工时正值雨季,开挖后土方潮湿且易碎,不符合道路填筑要求。承包商不得不将余土外运,另外取土作道路填方材料。对此承包商提出索赔要求。工程师否定了该索赔要求,理由是填方的取土作为承包商的施工方案,它因受到气候条件的影响而改变,不能提出索赔要求。

本案例中,即使没有下雨,而因业主提供的地质报告有误,地下土质过差不能用于填方,承包商也不能因为另外取土而提出索赔要求。因为:

①合同规定承包商对业主提供的水文地质资料的理解负责,而地下土质可用于填方,这是承包商对地质报告的理解,应由其负责。

②取土填方作为承包商的施工方案,也应由其负责。

【问题】　你认为工程师的拒绝理由成立吗?

【专家评析】　施工合同的风险承担原则是业主应为所提供资料的正确性负责,如提供的地质勘察报告有明显错误,业主应承担责任。承包商对业主提供的水文地质资料的理解自行负责,并应保证施工方案的正确性。业主可以认为承包商的中标价能足以保证工程质量、进度和安全,在约定风险内,合同价格不作调整。

3）工程变更价款的确定②

【引例5】

某工程项目,合同中基础工程土方工程量为 100 000 m³,分部分项工程量清单综合单价报价为 10 元/m³。土方开挖时进行工程变更,加深基坑,使得土方工程量增加。假设增加后的土方工程量分别为 108 000 m³,120 000 m³。

【引导问题5】 引例5中的工程费怎么确定? 单价是否调整?

（1）分部分项工程费的确定

工程变更分部分项工程费=变更量×变更综合单价

2013 版清单计价规范沿用 2008 版清单计价规范关于工程变更量的确定的规定,即应按照承包人在变更项目中实际完成的工程量计算。

①变更量的确定。2013 版清单计价规范中工程计量分为单价合同计量和总价合同计量两部分。

单价合同计量适用于 2013 版清单计价规范第 8.2.2 条。该条款规定:施工中进行工程计量,当发现招标工程量清单中出现缺项、工程量偏差,或因工程变更引起工程量增减时,应按承包人在履行合同义务中完成的工程量计算。

总价合同计量适用于 2013 版清单计价规范第 8.3.2 条。该条款规定:采用经审定批准的施工图纸及其预算方式发包形成的总价合同,除按照工程变更规定的工程量增减外,总价合同各项目的工程量应为承包人用于结算的最终工程量。

②工程变更综合单价的确定。2013 版清单计价规范第 9.3.1 条规定,因工程变更引起已标价工程量清单项目或其工程数量发生变化时,应按照下列规定调整:

a.已标价工程量清单中有适用于变更工程项目的,采用该项目的单价;但当工程变更导致该清单项目的工程数量发生变化,且工程量偏差超过 15% 时,该项目单价应按照本规范第 9.6.2条的规定调整。

b.已标价工程量清单中没有适用但有类似于变更工程项目的,可在合理范围内参照类似项目的单价。

c.已标价工程量清单中没有适用也没有类似于变更工程项目的,由承包人根据变更工程资料、计量规则和计价办法、工程造价管理机构发布的信息价格和承包人报价浮动率提出变更工程项目的单价,报发包人确认后调整。承包人报价浮动率可按下列公式计算:

$$招标工程:承包人报价浮动率 \ L=\left(1-\frac{中标价}{招标控制价}\right)\times100\%$$

$$非招标工程:承包人报价浮动率 \ L=\left(1-\frac{报价值}{施工图预算}\right)\times100\%$$

d.已标价工程量清单中没有适用也没有类似于变更工程项目,且工程造价管理机构发布的信息价格缺价的,由承包人根据变更工程资料、计量规则、计价办法和通过市场调查等取得有合法依据的市场价格提出变更工程项目的单价,报发包人确认后调整。

关于"合同中已有适用子目"的变更综合单价的确定,法律法规及合同示范文本的规定基本

---

② 节选自严玲(天津理工大学公共项目与工程造价研究所).《工程价款管理实务》培训 PPT,2013.4.

一致,但是 2013 版清单计价规范增加了工程量偏差超过 15% 时,应调整综合单价;对于"合同中有类似子目"的变更综合单价的确定,法律法规及合同示范文本的规定基本一致。2013 版清单计价规范与《标准施工招标文件》(2007 年版)的规定一致,即增添了限定条件"合理范围内"参照。对于"合同中无适用或类似子目"的变更综合单价的确定,主要是参考《标准施工招标文件》(2007 年版)中提出的"成本加利润"原则,2013 版清单计价规范在此基础上提出了新的约束——并考虑承包人的投标报价浮动率。各相关文件关于变更综合单价的对比分析见表 11.3。

表 11.3　各相关文件关于变更综合单价的对比分析

文件名称		《建设工程价款结算暂行办法》(财建〔2004〕369 号)	《标准施工招标文件》(2007 年版)	2008 版清单计价规范	2013 版清单计价规范
提出人和确定人		承包人或发包人提出,经对方确认	监理人商定或确定	承包人提出,发包人确认	承包人提出,发包人确认
确定原则	有适用	采用已有价格	采用适用单价	采用已有综合单价确定	采用适用单价,工程量偏差超过 15%,按 9.6.2 条确定
	有类似	参照类似价格	合理范围内参照类似单价	参照类似综合单价	合理范围内参照类似单价
	无适用或类似	—	按成本加利润原则确定	—	考虑报价浮动率确定

【专家评析】　引例 5 中变更工程土方量没有达到核定要求重新确定单价的标准,对于变更的土方工程综合单价,仍为原综合单价即 10 元/m³。引例 5 中变更工程土方量超过 15%,按照 2013 版清单计价规范第 9.6.2 条确定变更项目单价。

特别提示

确定合同中已有适用子目的综合单价的注意事项

①防范不平衡报价的情况。如果变更工程涉及合同中已有的综合单价是承包人采用不平衡报价的综合单价,继续沿用原有不合理的综合单价确定工程变更价款会损害公平原则或出现显失公平的现象,原有的综合单价应进行调整。

②考虑材料价格的波动。对于工程量清单中已有的分部分项工程量的增减,在按照原有的综合单价进行调整时,应考虑此种情况。如果工程的工期较长,材料购买次数较多,材料价格的风险预测难度较大,则材料价格可以随市场价格波动进行调整,即采用调价公式对综合单价中的材料价格进行调整。

③措施费、管理费及利润的调整。在工程量清单计价模式下,由于采用的是综合单价,管理费和利润分摊进综合单价,工程量的变化必然会影响到合同约定的综合单价。当某工程量的增减在合同约定的幅度内时,应按原综合单价和措施费计算;当超过合同约定的幅度时,应按调整管理费和利润分摊后的新综合单价计算。如果影响到措施费,还应调整措施费,具体的调整方法同因工程量增加调整综合单价的方法。

（2）措施项目费的确定

措施项目费是工程造价管理的重点和难点,2013 版清单计价规范中第 9.3.2 条、第9.5.2条及第 9.5.3 条详细规定了因工程变更及工程量清单缺项导致的调整措施项目费与新增措施项目费的计算原则与计算方法。

①采用单价计算的措施项目费的确定方法。采用单价计算的措施项目包括:脚手架费,混凝土、混凝土模板及支架（撑）费,垂直运输费,超高施工增加费,大型机械设备进出场及安拆费,施工排水、降水费。按 2013 版清单计价规范规定,此类费用的确定方法与工程变更分部分项工程费的确定方法相同。

措施项目工程
变更价款调整

②采用总价计算的措施项目费的确定方法。采用总价计算的措施项目包括:安全文明施工费,夜间施工增加费,非夜间施工照明费,二次搬运费,地上、地下设施、建筑物的临时保护设施费,已完工程及设备保护费。按照 2013 版清单计价规范规定,此类变更项目费用的确定方法是:

工程结算的措施项目费＝工程量清单中填报的措施项目费±工程变更部分的措施项目费×承包人报价浮动率。

其中,安全文明施工费按照实际发生变化的措施项目按 2013 版清单计价规范第 3.1.5 条规定调整,不得作为竞争性费用。

相关链接

> **2013 版清单计价规范**
>
> 9.3.2 工程变更引起施工方案改变并使措施项目发生变化时,承包人提出调整措施项目费的,应事先将拟实施的方案提交发包人确认,并应详细说明与原方案措施项目相比的变化情况。拟实施的方案经发承包双方确认后执行。并应按照下列规定调整措施项目费:
>
> ①安全文明施工费应按照实际发生变化的措施项目依据本规范第 3.1.5 条的规定计算。
>
> ②采用单价计算的措施项目费,应按照实际发生变化的措施项目,按本规范第 9.3.1 条的规定确定单价。
>
> ③按总价（或系数）计算的措施项目费,按照实际发生变化的措施项目调整,但应考虑承包人报价浮动因素,即调整金额按照实际调整金额乘以本规范第 9.3.1 条规定的承包人报价浮动率计算。
>
> 如果承包人未事先将拟实施的方案提交给发包人确认,则应视为工程变更不引起措施项目费的调整或承包人放弃调整措施项目费的权利。
>
> 9.5.2 新增分部分项工程清单项目后,引起措施项目发生变化的,应按照本规范第 9.3.2 条的规定,在承包人提交的实施方案被发包人批准后调整合同价款。
>
> 9.5.3 由于招标工程量清单中措施项目缺项承包人应将新增措施项目实施方案提交发包人批准后,按照本规范第 9.3.1 条、第 9.3.2 条的规定调整合同价款。

特别提示

> 措施项目费的变更是由承包人主动提出的,因此承包人应事先将拟实施的方案交给发包人确认,否则将视为工程变更不引起措施项目费的调整或承包人放弃调整措施项目费的权利。

4)工程变更价款的确定程序

工程变更价格确定程序

合同变更应有一个正规的程序,应有一整套申请、审查、批准手续。工程变更的程序一般由合同规定,工程变更申请表的格式和内容可以按具体工程需要设计。常见变更程序有两种,即协议变更和指令变更。

（1）协议变更

对重大的合同变更,由双方签署变更协议确定。合同双方经过会谈,对变更所涉及的问题（如变更措施、变更的工作安排、变更涉及的工期和费用索赔的处理等）达成一致,然后双方签署备忘录、修正案等变更协议。

在合同实施过程中,工程参加者各方应定期开会（一般每周一次）,商讨研究新出现的问题,讨论对新问题的解决办法。例如,业主希望工程提前竣工,要求承包商采取加速施工措施,则可以对加速施工所采取的措施和费用补偿等进行具体协商和安排,在合同双方达成一致后签署赶工协议。

对于重大问题,需经过很多次会议协商,通常在最后一次会议上签署变更协议。双方签署的合同变更协议与合同一样具有法律约束力,而且法律效力优先于合同文本。因此,对待变更也应与对待合同一样,进行认真研究,审查分析,及时答复。

（2）指令变更

业主或工程师行使合同赋予的权利,发出工程变更指令。这种变更在数量上极多,情况也比较复杂,主要有以下3种情况:

①与变更相关的分项工程尚未开始,只需对工程设计作修改或补充,如事前发现图纸错误、业主对工程有新的要求等。在这种情况下,工程变更时间比较充裕,价格谈判和变更的落实可有条不紊地进行。

②变更所涉及的工程正在进行施工,如在施工中发现设计错误或业主突然有新的要求。这种变更通常时间紧迫,甚至可能发生现场停工,等待变更指令。

③对已经完工的工程进行变更,必须作返工处理。

最理想的变更程序是,在变更执行前,合同双方已就工程变更中涉及的费用增加和工期延误的补偿协商达成一致。工程变更程序如图11.3所示。

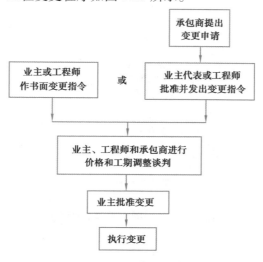

图11.3　工程变更程序图

实务中,承包合同都赋予业主(或工程师)以直接指令变更工程的权利。承包商在接到指令后必须执行,而合同价格和工期的调整由工程师和承包商在与业主协商后确定。

(3)《标准施工招标文件》(2007年版)变更估价的确定程序

《标准施工招标文件》(2007年版)第13.2条说明了变更估价的确定程序,如图11.4所示。

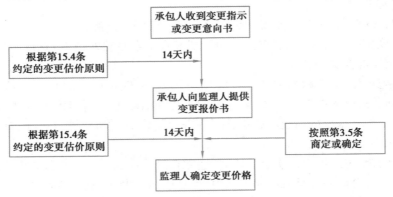

图11.4 确定变更估价程序图

(4)2013版清单计价规范规定的变更价款调整程序

根据2013版清单计价规范第9.3.2条、第9.5.2条、第9.5.3条的规定,确定变更发生后措施项目费的调整程序,如图11.5所示。

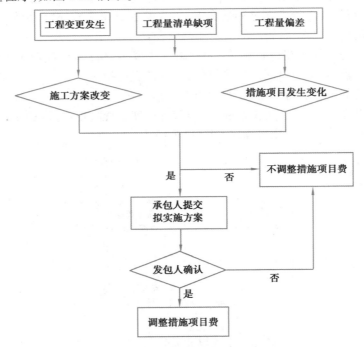

图11.5 措施项目费调整程序图

(5)《建设工程施工合同(示范文本)》(GF-2017-0201)规定的变更估价程序

承包人应在收到变更指示后 14 天内,向监理人提交变更估价申请。监理人应在收到承包人提交的变更估价申请后 7 天内审查完毕并报送发包人,监理人对变更估价申请有异议,通知承包人修改后重新提交。发包人应在承包人提交变更估价申请后 14 天内审批完毕。发包人逾期未完成审批或未提出异议的,视为认可承包人提交的变更估价申请。因变更引起的价格调整应计入最近一期的进度款中支付。

因承包人自身原因导致的工程变更,承包人无权要求追加合同价款。例如,由于承包人原因实际施工进度滞后于计划进度,某工程部位的施工与其他承包人的施工发生干扰,工程师发布指示改变了施工时间和顺序而导致施工成本的增加或效率降低,承包人无权要求补偿。

【应用案例 3】　某合同中路堤土方工程完成后,发现原设计在排水方面考虑不周,为此发包人同意在适当位置增设排水管涵。

在工程量清单上有 100 多道类似管涵,但承包人不同意直接从中选择适合的作为参考依据。理由是:变更设计提出时间较晚,其土方已经完成并准备开始路面施工,新增工程不但打乱了其进度计划,而且二次开挖土方难度较大,特别是重新开挖用石灰土处理过的路堤,与开挖天然表土不能等同。监理工程师认为承包人的意见可以接受,不宜直接套用清单中的管涵价格。经与承包人协商,决定采用工程量清单中几何尺寸、地理位置等条件相近的管涵价格作为新增工程的基本单价,但对其中的"土方开挖"一项在原报价基础上按某个系数予以适当提高,提高的费用叠加在基本单价上,构成新增工程价格。

【问题】　监理工程师的意见是否合理?

【专家评析】　业主原因引起的设计变更是价款调整事由。由于变更设计提出时间较晚,新增工程不但打乱了施工进度计划,而且会增加施工难度,特别是重新开挖用石灰土处理过的路堤,与开挖天然表土不能等同,已不宜直接套用清单中的管涵价格。经与承包人协商,决定采用工程量清单中几何尺寸、地理位置等条件相近的管涵价格作为新增工程的基本单价,这种处理方法是正确的。但对于"合同中无适用或类似子目"的变更综合单价的确定,2013 版清单计价规范在此基础上提出了新的约束——考虑承包人的投标报价浮动率。因此,监理工程师的意见是合理的。

【应用案例 4】　某独立土方工程,招标文件中估计工程量为 100 万/m³。合同约定:工程款按月支付并同时在该款项中扣留 5%的工程预付款;土方工程为全费用单价,10 元/m³,当实际工程量超过估计工程量 10%时,超过部分调整单价为 9 元/m³。某月施工单位完成土方工程量 25 万 m³,截至该月累计完成的工程量为 120 万 m³。

【问题】　该月应结工程款为多少万元?

【专家评析】　在本月完成的 25 万 m³ 中,有 10 万 m³ 已经超过了合同估计工程量的上限(110 万 m³),因此应采用 9 元/m³ 的单价,其余的 15 万 m³ 采用 10 元/m³ 的单价,则

该月应结工程款 = (15×10+10×9)×(1-5%) = 228(万元)

11.3.3 项目特征描述不符引起的合同价款调整[③]

2013 版清单计价规范第 2.0.7 条对"项目特征"的定义为构成分部分项工程项目、措施项目自身价值的本质特征。根据 2013 版清单计价规范第 9.4 节的规定,项目特征描述不符分为两种情况:

①招标工程量清单与实际施工要求不符;

②招标工程量清单与设计图纸不符。

2013 版清单计价规范对项目特征描述不符的规定与 2008 版清单计价规范规定一致,即发包人在招标工程量清单中对项目特征的描述应被认为是准确和全面的,并且与实际施工要求相符合,承包人应按照发包人提供的设计图纸实施合同工程。若施工图纸与项目特征描述不符,发包人应承担该风险导致的损失。在施工完成后,发承包双方应按照实际施工的项目特征据实结算。2013 版清单计价规范对于"项目特征描述不符"引起的价款调整的规定比 2008 版清单计价规范更加强调了"项目特征描述不符"为发包人的责任,规定按照实际施工的项目特征(新的项目特征)重新确定综合单价。

【应用案例5】 A 单位办公楼经过公开招标由 B 公司中标承建。该办公楼的建设时间为 2022 年 2 月至 2023 年 3 月,建筑面积为 7 874.56 m²,主体结构 10 层,局部 9 层。

该工程采用以工程量清单为基础的固定单价合同。工程结算评审时,承发包双方因外窗材料价格调整的问题始终不能达成一致意见。按照办公楼施工图纸的设计要求,应采用隔热断桥铝型材,但工程量清单的项目特征描述为普通铝合金材料,与设计图纸不符。B 公司的投标报价按照招标工程量清单的项目特征进行组价,但在施工中为办公楼安装了隔热断桥铝型材外窗。

在进行工程结算时,B 公司要求按照其实际使用材料调整材料价格,计入结算总价。但 A 单位提出其已在投标须知中规定,投标人在投标报价前需要对招标工程量清单进行审查,补充漏项并修正错误。否则,视为投标人认可招标工程量清单,如有遗漏或者错误,则由投标人自行负责,履行合同过程中不会因此调整合同价款。据此,A 单位认为不应对材料价格进行调整。

【问题】 在招标工程量清单中对项目特征的描述与施工图设计描述不符时,应由哪方承担责任?

【专家评析】 本案例中,由于招标工程量清单中的项目特征描述为普通铝合金材料,与施工图纸中采用的隔热断桥铝型材不符,但在施工过程中按图施工,B 公司安装了隔热断桥铝型材。这就使得 B 公司投标时组价与实际使用材料价格不符。

2013 版清单计价规范第 9.4.2 条规定招标工程量清单中的项目特征与设计图纸不符时,应该按图施工。这一条说明,B 公司采用隔热断桥铝型材的做法正确。并且,根据 2013 版清单计价规范第 9.4.1 条的规定:"发包人在招标工程量清单中对项目特征的描述,应被认为是准确的和全面的,并且与实际施工要求相符合。承包人应按照发包人提供的招标工

---

③ 节选自严玲(天津理工大学公共项目与工程造价研究所).《工程价款管理实务》培训 PPT,2013.4.

量清单,根据其项目特征描述的内容及有关要求实施合同工程,直到项目被改变为止。"从此条规定可以看出,"项目特征描述不符"属于发包人的责任。

因此,A单位在投标须知中的规定与国家强制性条文相违背,属于无效条款,应该严格执行2013版清单计价规范,发包人应当对外窗材料价格进行调整。

相关链接

2013版清单计价规范

9.4.1　发包人在招标工程量清单中对项目特征的描述,应被认为是准确的和全面的,并且与实际施工要求相符合。承包人应按照发包人提供的招标工程量清单,根据其项目特征描述的内容及有关要求实施合同工程,直到项目被改变为止。

9.4.2　承包人应按照发包人提供的设计图纸实施合同工程,若在合同履行期间出现设计图纸(含设计变更)与招标工程量清单任一项目的特征描述不符,且该变化引起该项目的工程造价增减变化的,应按照实际施工的项目特征,按本规范第9.3节相关条款的规定重新确定相应工程量清单项目的综合单价,并调整合同价款。

11.3.4　工程量清单缺项引起的合同价款调整[④]

工程量清单缺项是指招标方或招标代理机构提供的招标文件中的工程量清单,没有很好地反映工程内容,与招标文件、施工图纸相脱节,造成招标过程中补遗工作量的增加,从而引起项目费用增加,进而影响工程工期、质量。工程量清单缺项除了包括实体项目缺项外,还包括措施项目缺项。

工程量清单
缺项引起的
合同价款调整

相关链接

《标准施工招标文件》(2007年版)第15.1条规定,除专用合同条款另有约定外,在履行合同中发生以下情形之一,应按照本条款规定进行变更:

①取消合同中任何一项工作,但被取消的工作不能转由发包人或其他人实施;

②改变合同中任何一项工作的质量或其他特性;

③改变合同工程的基线、标高、位置或尺寸;

④改变合同中任何一项工作的施工时间或改变已批准的施工工艺或顺序;

⑤为完成工程需要追加的额外工作。

工程量清单缺项引起工程量清单项目增加属于《标准施工招标文件》(2007年版)第15.1条规定中第⑤项"为完成工程需要追加的额外工作",因此工程量清单缺项也是引起工程变更的重要因素。

2013版清单计价规范规定:如工程量清单缺项引起分部分项工程费发生变化,直接调整综合单价;如工程量清单缺项引起措施项目费发生变化,采用单价计算的,直接调整综合单价;

---

④　节选自严玲(天津理工大学公共项目与工程造价研究所).《工程价款管理实务》培训PPT,2013.4.

采用总价计算的,直接调整总价;安全文明施工费,按强制要求调整。

由于措施项目费的缺项很难判断,可能出现发包人不批准承包人调整措施费用的申请,致使承包人遭受损失。因此,承包人在投标报价时,可将施工中会涉及的而在措施项目工程量清单中未列出的措施项目补齐。

相关链接

2013版清单计价规范

9.5.1 合同履行期间,由于招标工程量清单中缺项,新增分部分项工程清单项目的,应按照本规范第9.3.1条的规定确定单价,并调整合同价款。

9.5.2 新增分部分项工程清单项目后,引起措施项目发生变化的,应按照本规范第9.3.2条的规定,在承包人提交的实施方案被发包人批准后调整合同价款。

9.5.3 由于招标工程量清单中措施项目缺项,承包人应将新增措施项目实施方案提交发包人批准后,按照本规范第9.3.1条、第9.3.2条的规定调整合同价款。

【应用案例6】 由某市政工程公司承建的某学院南北校区下穿人行应急通道工程,于2022年3月28日开工建设,2022年5月10日竣工验收,评为合格工程,已投入使用。

施工单位进场后,由于无专项深基坑支护施工方案,无法进行施工作业,经与建设单位联系,因原设计单位无深基坑支护设计资质,故设计单位在施工图中已明确规定应由具有相应资质的设计单位进行深基坑支护方案设计。

由于该工程招标文件及清单中均无深基坑支护方案项目。建设单位及清单编制单位在招标时未考虑该费用,经咨询建设主管部门,该工程基础已超过5 m,属于深基坑施工作业,必须由具有深基坑处理及设计资质的单位进行设计,并由专家论证后方可实施。

2022年4月,经建设单位比选后由××岩土工程有限公司设计,该方案经研究院评审通过,由总承包单位分包给具有深基坑处理资质的施工单位实施。2022年5月,与建设单位签订了该项方案的补充协议。

施工单位投标报价时,由于无具体的施工图及清单,故无报价。2022年11月经审计部门审核,意见为:该项目应为措施费,投标单位在投标时已考虑该费用。由于现目前该项目费用为72万余元,并且处于结算审计中。建设单位、施工单位均认为,此次深基坑支护工程主要是钢筋混凝土挡墙和土钉喷锚等,属于实体工程,不应计入措施项目。此外,下穿通道工程的招标工程量清单中,对此部分实体工程未列出相应的分部分项,应属于清单漏项,需按照相关程序进行工程量变更增减。

【问题】 基坑支付是否应该支付?

【专家评析】 该学院南北校区下穿人行应急通道深基坑支护属于措施项目,但是依据该省文件该措施项目应给予支付,原因是该工程属于超过一定规模的危险性较大的分部分项工程范围。建设单位进行深基坑工程发包时,应将其列入工程量清单并选择有相应资质的勘察、设计、施工、监理、监测和检测单位。而建设单位并没有这么做,因此建设单位存在主要的过错,属于建设单位在招标过程中设计有缺陷而导致的纠纷。

依据 2013 版清单计价规范第 9.5.3 条规定:"由于招标工程量清单中措施项目缺项,承包人应将新增措施项目实施方案提交发包人批准后,按照本规范第 9.3.1 条、第 9.3.2 条的规定调整合同价款"。

建设单位编制措施项目清单时,要注意清单列项的重要性,同时要注意不同的省市对深基坑支护工程的划分并不一样。例如,《湖南省建设工程工程量清单计价办法》规定基坑支护桩、土钉及喷锚等均属于实体工程,应按施工图施工;《四川省建设工程工程量清单计价定额》将深基坑支护结构按有关措施项目计算。因此,应根据所承揽项目所在地来确定编制招标文件中各项清单的依据。

11.3.5　工程量偏差引起的合同价款调整

招投标阶段的工程量清单是估算的,是投标人编制投标报价的基础。工程实施过程中,设计变更或发包人提供的工程量不准确等原因,导致承包人实际完成的工程量与工程量清单表中的数量不符,即产生了工程量偏差。2013 版清单计价规范第 2.0.17 条规定:"工程量偏差是承包人按照合同工程的图纸(含经发包人批准由承包人提供的图纸)实施,按照现行国家计量规范规定的工程量计算规则计算得到的完成合同工程项目应予计量的工程量与相应的招标工程量清单项目列出的工程量之间出现的量差。"

工程量偏差引起的合同价款调整

2013 版清单计价规范中明确规定了工程量偏差引起综合单价调整的原则,即"当工程量增加 15%以上时,其增加部分的工程量的综合单价应予调低;当工程量减少 15%以上时,减少后剩余部分的工程量的综合单价应予调高"。但其中"增加部分的工程量"易产生歧义,究竟指代"实际工程量比预计工程量增加的部分"还是"实际工程量比(原工程量×1.15)增加部分的工程量"。根据各省市的相关规定,如《四川省建设工程工程量清单计价定额》实施办法中规定可知,此处应该理解为后者。

工程量偏差的因量载价原则及实例分析

(1)分部分项工程费的调整

根据 2013 版清单计价规范对工程量偏差引起的合同价款调整原则,"实际工程量比预计工程量增加的部分"理解为"实际工程量比(原工程量×1.15)增加部分的工程量",应按照下列公式调整结算分部分项工程费:

当 $Q_1 \leqslant 0.85Q_0$ 时　　$S = Q_1 \times P_1$

当 $Q_1 > 1.15Q_0$ 时　　$S = 1.15Q_0 \times P_0 + (Q_1 - 1.15Q_0) \times P_2$

式中　S——调整后的某一分部分项工程费结算价;

　　　Q_1——最终完成的工程量;

　　　Q_0——招标工程量清单中列出的工程量;

　　　P_1, P_2——按照最终完成工程量重新调整后的综合单价;

　　　P_0——承包人在工程量清单中填报的综合单价。

（2）措施项目费用的调整

①当 $S_1 \geq 1.15S_0$ 时，由承包人按 2013 版清单计价规范规定在递交竣工结算文件时，参照下述公式向发包人提出，由发承包双方人员核实确认后执行。

$$M_1 = M_0 \times (S_1 / S_0 - 0.15)$$

②当 $S_1 < 0.85S_0$ 时，由发包人按 2013 版清单计价规范规定核实竣工结算文件时，按下述公式向承包人提出，经发包人承包人确认后执行。

$$M_1 = M_0 \times (S_1 / S_0 + 0.15)$$

式中　S_1——最终完成的分部分项工程项目费；

　　　S_0——承包人报价文件的分部分项工程项目费；

　　　M_1——调整后的结算措施项目费；

　　　M_0——承包人在工程量清单中填报的措施项目费。

【应用案例7】　某幢学生宿舍楼项目的投标文件中，分部分项工程量清单与计价表序号 45 的项目编码为 020506001001、项目名称为"抹灰面油漆"，项目特征描述为"内墙及天棚抹瓷粉乳胶漆"，工程量为 22 962.71 m^2，综合单价为 19 元/m^2，项目合价为 436 291.49 元。施工中，承包方发现各层宿舍房间的内置阳台内墙立面乳胶漆项目漏项，经监理人和发包人确认，其工程量偏差为 4 320 m^2。根据 2013 版清单计价规范的规定，经与承包人协商，将此项目综合单价调减为 18 元/m^2。

【问题】　此项目合同结算价款是多少？

【专家评析】　根据上述公式：

实际工程量：　　　　$Q_1 = 22\ 962.71 + 4\ 320 = 27\ 282.71（m^2）$

调整后分部分项工程费：

$$S = 1.15Q_0 \times P_0 + (Q_1 - 1.15Q_0) \times P_2$$
$$= 1.15 \times 22\ 962.71 \times 19 + (27\ 282.71 - 1.15 \times 22\ 962.71) \times 18$$
$$= 501\ 735.21 + 875.59 \times 18$$
$$= 517\ 495.83（元）$$

此项目合同结算价款为 517 495.83 元。

11.3.6　计日工引起的合同价款调整[⑤]

2013 版清单计价规范第 2.0.20 条规定：计日工是在施工过程中，承包人完成发包人提出的工程合同范围以外的零星项目或工作，按合同中约定的综合单价计价的一种方式。计日工是为了解决现场发生的零星工作计价而设立的。选用计日工的工程项目常常是在合同规定项目之外的、随时可能发生的、不可预见的工作，并大多属于工程中的辅助性工作，或者说是零星工作。

---

⑤　节选自严玲（天津理工大学公共项目与工程造价研究所）.《工程价款管理事务》培训 PPT,2013.4.

计日工以完成零星工作所消耗的人工工时、材料数量、机械台班进行计量,并按照计日工表中填报的适用项目的单价进行计价支付。计日工支付更体现出支付的灵活性和现实性,同时保证了对承包商在工程量清单中未包括的附加工程的费用支付。

(1)暂列金额与计日工

暂列金额只能按照监理人的指示使用,并对合同价格进行相应调整。尽管暂列金额列入合同价格,但并不属于承包人所有,也不必然发生。只有按照合同约定实际发生后,才成为承包人的应得金额,纳入合同结算价款中。扣除实际发生额后的暂列金额余额仍属于发包人所有。

发包人认为有必要时,由监理人通知承包人以计日工方式实施变更的零星工作,其价款按列入已标价工程量清单中的计日工计价子目及其单价进行计算。采用计日工计价的任何一项变更工作,应从暂列金额中支付。

(2)计日工的计价原则

招标时,招标人对计日工项目的预估难免会有遗漏,实际施工发生后,无相应的计日工单价时,只能以现场签证方式一并处理。因此,在汇总时,有计日工单价的,可归并于计日工;如无计日工单价,归并于现场签证,以示区别。如果计日工中未约定人、材、机单价或现场签证的工作没有相应的计日工单价时,发承包双方应核对定额与市场信息价格确定合理的单价。

相关链接

> **2013 版清单计价规范**
>
> 9.7.2　采用计日工计价的任何一项变更工作,在该项变更的实施过程中,承包人应按合同约定提交下列报表和有关凭证送发包人复核:工作名称、内容和数量;投入该工作所有人员的姓名、工种、级别和耗用工时;投入该工作的材料名称、类别和数量;投入该工作的施工设备型号、台数和耗用台时;发包人要求提交的其他资料和凭证。
>
> 9.7.5　每个支付期末,承包人应按照本规范第 10.3 节的规定向发包人提交本期间所有计日工记录的签证汇总表,并应说明本期间自己认为有权得到的计日工金额,调整合同价款,列入进度款支付。

采用计日工计价的任何一项变更工作,承包人应在该项变更的实施过程中,每天提交以下报表和有关凭证报送监理人审批:

①工作名称、内容和数量;

②投入该工作所有人员的姓名、工种、级别和耗用工时;

③投入该工作的材料名称、类别和数量;

④投入该工作的施工设备型号、台数和耗用台时;

⑤发包人要求提交的其他资料和凭证。

计日工支付程序如图 11.6 所示。

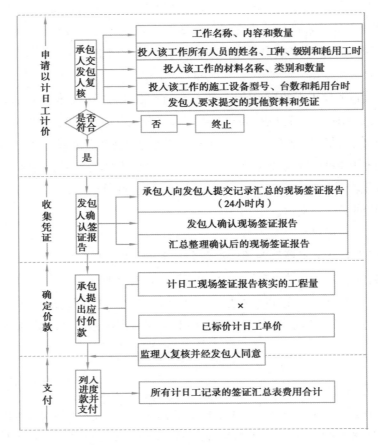

图 11.6　计日工支付程序图

11.3.7　现场签证引起的合同价款调整[⑥]

现场签证引起的合同价款调整

2013 版清单计价规范"9　合同价款调整"约定了 15 条将引起合同价款调整的原因,包括影响合同价款的直接因素与间接因素。间接因素可视为合同状态的补偿事件,而直接因素是补偿事件的处理方法。间接因素与直接因素的互动,形成合同价款调整的整体框架。

现场签证的注意事项

2013 版清单计价规范将现场签证纳入合同价款调整部分的主要原因。如图 11.7 所示,现场签证是合同价款调整的直接影响因素。现场签证一旦确认将直接影响合同价款的调整,最终影响结算价。

（1）工程变更与现场签证的区别

工程变更与现场签证的区别见表 11.4。

---

⑥　节选自严玲(天津理工大学公共项目与工程造价研究所).《工程价款管理实务》培训 PPT,2013.4。

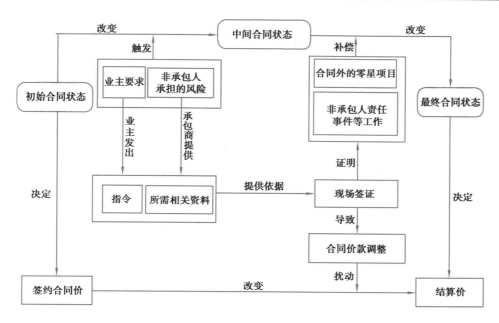

图 11.7　现场签证对合同价款调整的作用机理图

表 11.4　工程变更与现场签证的区别

类目	工程变更	现场签证
适用范围	更改工程有关部分的标高、基线、位置和尺寸;增减合同中约定的工程量;取消合同中约定的工程内容;改变工程质量、性质或工程类型;改变有关工程的施工时间和顺序;其他有关工程变更需要的附加工作	施工企业就施工图纸、工程变更所确定的工程内容外,施工图预算或预算定额取费中未含有而施工中又实际发生费用的施工内容
性质	以设计变更、技术变更为主	以返修加固、施工中途修改或增减的工程量为主
特点	工程变更数量相对现场签证较少;有规定的审批程序,手续较复杂	临时发生,具体内容不同,没有规律性;手续简单,无正式程序
提出者	提出工程变更的各方当事人包括业主、设计单位、施工单位、监理工程师以及工程相邻地段的第三方等	一般由施工单位提出
变更程序	《建设工程施工合同(示范文本)》(GF-2017-0201)规定,设计变更一般由发包人提出,向承包人发出变更通知。变更超过原设计标准或批准的建设规模,须经原规划管理部门和其他有关部门审查批准,并由原设计单位提供变更后的相应图纸和说明。承包人提出设计变更必须经工程师同意。其他变更应由一方提出,与对方协商一致签署补充协议后,方可进行变更	施工单位报审,现场监理和业主签发,不需要规划管理部门和其他有关部门审查批准

续表

类目	工程变更	现场签证
费用处理	按工程变更处理,计入追加合同价款,与工程进度款同期支付,最后从"暂列金额"项目中开支	所发生的费用按发生原因处理。计入现场签证费用,从"暂列金额"开支,与工程进度款同期支付

（2）现场签证效力的实现

现场签证可以定义为承发包双方确认工程相关事项的文件。现场签证的要件有以下 3 项,即签证主体、签证事项、签证形式。现场签证的效力是承发包双方对工程相关事项的确认,是确定工程相关事项的有力证明文件,以上 3 项缺一不可。现场签订效力规定汇总见表 11.5。

表 11.5 现场签证效力规定汇总表

文件	条款规定
《最高人民法院关于审理建设工程施工合同纠纷案件适用法律问题的解释》（法释〔2004〕14 号）	第十九条规定:当事人对工程量有争议的,按照施工过程中形成的签证等书面文件确认。承包人能够证明发包人同意其施工,但未能提供签证文件证明工程量发生的,可以按照当事人提供的其他证据确认实际发生的工程量
《建设工程价款结算暂行办法》（财建〔2004〕369 号）	第十四条第(六)款规定:发包人要求承包人完成合同以外零星项目,承包人应在接受发包人要求的 7 天内就用工数量和单价、机械台班数量和单价、使用材料和金额等向发包人提出施工签证,发包人签证后施工,如发包人未签证,承包人施工后发生争议的,责任由承包人自负
2013 版清单计价规范	第 2.0.24 条规定:发包人现场代表(或其授权的监理人、工程造价咨询人)与承包人现场代表就施工过程中涉及的责任事件所作的签认证明

（3）现场签证费用的计算

2013 版清单计价规范第 9.14.3 条规定:"现场签证的工作如已有相应的计日工单价,现场签证中应列明完成该类项目所需的人工、材料、工程设备和施工机械台班的数量。如现场签证的工作没有相应的计日工单价,应在现场签证报告中列明完成该签证工作所需的人工、材料设备和施工机械台班的数量及单价。"

现场签证表和工程款支付申请(核准)表

（4）常见的现场签证项目

如图 11.8 所示,常见的现场签证项目主要包括完成合同以外的零星项目、非承包人事件,以及场地条件、地质水文、发包人要求等 3 类。

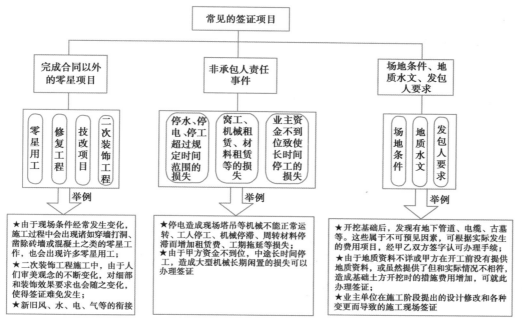

图 11.8　常见现场签证项目图

11.3.8　物价波动引起的合同价款调整[7]

物价波动引起的合同价款调整,可以看作是发承包双方的一种博弈。发包人通常倾向于不调价,因为允许调价增大了发包人承担的风险,增加了不确定性。而承包人则希望调价,以保障自身利益不受损害,甚至在物价波动引起的合同价款调整中实现盈利。

价格指数
调整法

各省市建设主管部门出台的相关造价文件,主要是针对建设项目由于材料市场价格变化引起的价款调整所应调整幅度的范围。由于各省市的实际情况不同,根据实际工程特点,针对材料价格的调整幅度也不相同。通过比较分析可得:部分省市认为当主要材料的价格波动幅度超过 5%时,价款应该调整;另一部分省市认为当主要材料的价格波动幅度超过 10%时,价款应该调整;还有部分省市对主要材料的价格波动幅度规定为 8%,15%等。在实际工程中,承发包

造价信息差额
调整法

双方可参考各省市出台的造价文件规定的材料价格调整幅度,约定合同条款中关于主要材料价格调整幅度的内容。同时,将引入风险分担的原则来确定主要材料价格波动时合同价款调整幅度的范围,作为承发包双方约定条款内容的依据。

2013 版清单计价规范第 9.8.2 条规定,承包人采购材料和工程设备的,应在合同中约定主要材料、工程设备价格变化的范围或幅度;当没有约定,且材料、工程设备单价变化超过 5%时,超过部分的价格应按照价格指数调整法或造价信息差额调整法计算调整材料、工程设备

---

[7]　节选自严玲(天津理工大学公共项目与工程造价研究所).《工程价款管理实务》培训 PPT,2013.4。

费。此外,实际价格调整法(国际惯例中也称为"票据法")在工程价款调整中也普遍使用。

【应用案例8】 山西省某工程总合同额为 1 700 万元,因为发包人原因造成推迟开工,承包人投标时的人工费报价为 18.22 元/工日,当时山西省人工费定额是 25 元/工日。项目开工时,山西省建设管理部门公布的人工费价格是 36 元/工日,双方同意对人工费进行调价,承包人认为人工费调整价格为(36-18.22)= 17.78(元/工日),发包人认为人工费调整价格为(36-25)= 11(元/工日),双方对人工费调整的具体额度产生纠纷。

【问题】 该案例中的人工费该如何调整?

【专家评析】 ①首先,明确人工费应该调整。项目开工时,山西省建设管理部门公布的人工费价格发生调整,此部分费用由发包人承担。

②投标报价时,人工费定额是 25 元/工日,承包人投标是 18.22 元/工日,人工费存在价差,那么就是说承包人愿意承担这部分人工费价差的风险,承担的人工费风险价格为(25-18.22)= 6.78(元/工日)。项目开工时,承包人应继续承担那部分人工费风险,不能因人工费的上涨而改变,因此承包人还应承担人工费上涨 6.78 元/工日的风险。项目开工时,山西省建设管理部门公布的人工费价格是 36 元/工日,因此承包人应承担(25-18.22)元/工日人工费上涨的风险,而发包人应承担(36-25)元/工日人工费上涨的风险。

11.3.9 暂估价引起的合同价款调整

2013 版清单计价规范第 2.0.19 条规定,暂估价为招标人在工程量清单中提供的用于支付必然发生但暂时不能确定价格的材料、工程设备的单价以及专业工程的金额。确定暂估价实际开支分为以下 3 种情况:

(1)依法必须招标的材料、工程设备和专业工程

发包人在工程量清单中给定暂估价的材料、工程设备和专业工程属于依法必须招标的范围并达到规定的规模标准的,由发包人和承包人以招标的方式选择供应商或分包人。发包人和承包人的权利义务关系在专用合同条款中约定。中标金额与工程量清单中所列的暂估价的金额差以及相应的税金等其他费用列入合同价格。

(2)依法不需要招标的材料、工程设备

发包人在工程量清单中给定暂估价的材料和工程设备不属于依法必须招标的范围或未达到规定的规模标准的,应由承包人提供。经监理人确认的材料、工程设备的价格与工程量清单中所列的暂估价的金额差以及相应的税金等其他费用列入合同价格。

(3)依法不需要招标的专业工程

发包人在工程量清单中给定暂估价的专业工程不属于依法必须招标的范围或未达到规定的规模标准的,由监理人按照合同约定的变更估价原则进行估价。经估价的专业工程与工程量清单中所列的暂估价的金额差以及相应的税金等其他费用列入合同价格。

11.3.10 不可抗力引起的合同价款调整

对于不可抗力的概念,法律、法规和规定均提出了不可抗力事件必须同时满足以下 4 个共同点,即不能预见、一旦发生不能避免、不能克服、客观事件。根据 2013 版清单计价规范,具体承担原则见表 11.6。

表 11.6　不可抗力各方承担原则汇总表

法规名称	条款号	具体内容	承担者及承担责任范围	
			发包人	承包人
2013 版清单计价规范	9.10.1(1)	合同工程本身的损害、因工程损害导致第三方人员伤亡和财产损失以及运至施工场地用于施工的材料和待安装的设备的损害	由发包人承担	—
	9.10.1(2)	承包人、发包人人员伤亡	由伤亡人员所在单位负责	
	9.10.1(3)	承包人的施工机械设备损坏及停工损失	—	由承包人承担
	9.10.1(4)	停工期间,承包人应发包人要求留在施工场地的必要的管理人员及保卫人员的费用	由发包人承担	—
	9.10.1(5)	工程所需清理、修复费用	由发包人承担	—

【应用案例9】　某钻孔桩的工程情况是:直径为 1.0 m 的共计长 1 501 m;直径为 1.2 m 的共计长 8 178 m;直径为 1.3 m 的共计长 2 017 m。原合同规定选择直径为 1.0 m 的钻孔桩做静载破坏试验。显然,选择直径为 1.2 m 的钻孔桩做静载破坏试验,对工程更具有代表性和指导意义。因此,监理工程师决定变更。

但原工程量清单中仅有直径为 1.0 m 静载破坏试验的价格,没有直接或其他可套用的价格供参考。经过认真分析,监理工程师认为,钻孔桩做静载破坏试验的费用主要由两部分构成:一部分为试验费用,另一部分为桩本身的费用。试验桩直径改变了,而试验方法及设备没有发生变化。因此,可认为试验费用没有增减,费用的增减主要由钻孔桩直径变化引起的桩本身的费用变化。直径为 1.2 m 的普通钻孔桩的单价在工程量清单中就可以找到,且地理位置和施工条件相近。因此,采用直径为 1.2 m 的钻孔桩做静载破坏试验的费用为:直径为 1.0 m 静载破坏试验费+直径为 1.2 m 的钻孔桩的清单价格。

【应用案例10】　某承包商承包了一个污水处理工程,在建设过程中,发生了以下事件:

事件1:施工中遇到连日大暴雨,雨水灌满了已挖好的基础坑,承包商为了清掏积水,使用了水泵,并有人工和材料的配合。

事件2:工程项目中有许多工艺设备,因为没有买到设计图纸要求的产品,在业主的同意下,用其他设备代替,产生了超出相应合同价的资金。

事件3:三个月后工程结束,承包商把变更后的结算结果交给业主,业主给出答复:只按中标价结算,不负责增加的费用。承包商应在事件发生的 14 天内办理变更事项,而过了 14 天,业主就有权利认为,发生的费用包括在中标价中而不予考虑。

【专家评析】　承包商主要失误在于没有按照建设工程施工合同中有关工程变更费用的规定来做,而是按照原来计划经济的一套做法来进行,即把所有的变更在竣工后进行结算。

【引例1专家评析】　①分部分项工程量清单中,综合单价包括完成单位工程量所需的人工费、材料费、机械使用费、管理费和利润,并考虑合同风险因素的价格。

工程结算时,实际工程量乘以综合单价得到该子目的结算价格,所有计算价格汇总,加上暂估价项目实际费用、暂列金额实际支出以及其他一些规定费用,得到工程造价。

②各月的分部分项工程量清单计价如下:

第1个月的分部分项工程量清单计价合计:$70×200+500×13.02=2.05$(万元);

第2个月的分部分项工程量清单计价合计:$80×200+600×13.02=2.38$(万元);

第3个月的分部分项工程量清单计价合计:$70×200+510×13.02=2.06$(万元);

第4个月的分部分项工程量清单计价合计:$72×200+530×13.02=2.13$(万元);

第5个月的分部分项工程量清单计价合计:$73×200+560×13.02=2.19$(万元)。

截至第6个月末,甲分项工程累计完成工程量:$70+80+70+72+73+55=420$(m^3)。与清单工程量$500\ m^3$相比,$[(500-420)/500]×100\%=16\%>10\%$。按合同条款,甲分项工程的全部工程量应按调整后的单价计算。乙分项工程累计完成工程量:$500+600+510+530+560+700=3\ 400$($m^3$),与清单工程量$3\ 600\ m^3$相比,$[(3\ 600-3\ 400)/3\ 600]×100\%=5.56\%<10\%$,按原价结算。

则第6个月的分部分项工程量清单计价合计:$420×200×1.1-(70+80+70+72+73)×200+700×13.02=2.85$(万元)。

③各月需支付的措施项目费如下:

第1个月措施项目清单计价合计:$(4.5+16)/2=10.25$(万元);

需支付措施费:$10.25×1.048\ 99×1.034\ 7=11.13$(万元);

第2个月需支付措施费:同第1个月,为11.13万元;

环境保护等三项措施费费率:$[45\ 000/(500×200+3\ 600×13.02)]×100\%=30.64\%$。

第6个月措施项目清单计价合计:$(2.05+2.38+2.06+2.13+2.19+2.85)×30.64\%-4.5=-0.31$(万元);

需支付措施费:$-0.31×1.048\ 9×1.034\ 7=-0.34$(万元)。按合同多退少补,即应在第6个月扣回多支付的0.34万元的措施费。

11.4　任务实施与评价

11.4.1　任务实施

①选取教学项目的一个变更事件,向工程师提出变更申请,填写表11.7。

②请对教学项目施工合同变更事件进行分析,并填写合同变更记录表。

③选取教学项目的一个变更事件,写出完整的变更程序,并变换角色(如业主、工程师、承包商),写出相应的变更文件。

表 11.7　工程变更单

工程名称：　　　　　　　　　　　　　　　　　　　　　　　　　　　编号：

致：＿＿＿＿＿＿＿＿＿＿＿＿＿＿＿（监理单位） 　　由于＿＿＿＿＿＿＿＿＿＿＿＿原因,兹提出工程变更(内容详见附件),请予以审批。 　　附件： 　　　　　　　　　　　　　提出单位＿＿＿＿＿＿＿＿＿＿ 　　　　　　　　　　　　　代 表 人＿＿＿＿＿＿＿＿＿＿ 　　　　　　　　　　　　　日　　期＿＿＿＿＿＿＿＿＿＿	
一致意见： 建设单位代表　　　　　　　　设计单位代表　　　　　　　　项目监理机构 签字：　　　　　　　　　　　签字：　　　　　　　　　　　签字： 日期＿＿＿＿＿＿＿　　　　　日期＿＿＿＿＿＿＿　　　　　日期＿＿＿＿＿＿＿	

11.4.2　任务评价

①此次任务完成中存在的主要问题有哪些？

②问题产生的原因有哪些？

③请提出相应的解决方法。

④你认为还需加强哪些方面的指导(实际工作过程及理论知识)？

国际工程合同
价款调整（1）

国际工程合同
价款调整（2）

知识回顾

　　本次任务主要涉及以下知识点：因法规变化、工程更变、项目特征不符、清单缺项、工程量偏差、计日工、现场签证、暂估价、物价波动、不可抗力等引起合同价款调整的方法和程序,工程变更的影响,工程变更的处理要求,工程变更范围和程序,工程变更责任分析,工程变更价款的确定程序,工程变更价款的确定方法等。工程变更价款的确定包括分部分项工程费的确定和措施项目费的确定。分部分项工程费的确定涉及变更量的确定和工程变更综合单价的确定。工程变更综合单价的确定主要分 3 类情况处理。对于"合同中无适用或类似子目"的变更综合单价的确定,应考虑承包人的投标报价浮动率。措施项目费的确定应分别掌握单价计算的措施项目费用的确定方法和总价计算的措施项目费的确定方法。

课后训练

一、单项选择题

　　1.根据《建设工程施工合同(示范文本)》(GF-2017-0201),承包人在工程变更确定后(　　　　)天内,可提出变更涉及的追加合同价款要求的报告,经工程师确认后相应调整合同价款。

　　A.14　　　　　　　　B.21　　　　　　　　C.28　　　　　　　　D.30

　　2.根据《建设工程工程量清单计价规范》(GB 50500—2013),合同中综合单价因工程量变更需调整时,除合同另有约定外,工程量清单漏项或设计变更引起的新的工程量增减,其相应的综合单价由( )提出。

    A.承包商   B.工程师   C.发包人   D.采用原合同价

3.承包人在工程变更确定后( )天,可提出变更涉及的追加合同价款要求的报告,否则视为不涉及调整。

    A.14   B.21   C.28   D.30

4.承包人原因导致的工程变更,( )要求追加合同价款。

    A.承包人有权   B.承包人无权   C.发包人有权   D.发包人无权

5.根据《建设工程施工合同(示范文本)》(GF-2017-0201),工程预付款时间应不迟于约定开工日期前( )天。

    A.1   B.21   C.7   D.35

6.下列说法错误的是( )。

    A.施工中,发包人如果需要对原工程进行设计变更,应不迟于变更前14天以书面形式通知承包人

    B.承包人对于发包人的变更要求有拒绝执行的权利

    C.承包人未经工程师的同意不得擅自更改图纸、换用图纸,否则承包人承担由此发生的费用,赔偿发包人的损失,延误的工期不予顺延

    D.增减合同中约定的工程量不属于工程变更

    E.更改有关部分的基线、标高、位置或尺寸属于工程变更

7.根据我国现行合同条款,在合同履行过程中,承包人发现有变更情况的,可向监理人提出( )。

    A.变更指示   B.变更意向书   C.变更建议书   D.变更报价书

二、多项选择题

1.我国《建设工程施工合同(示范文本)》(GF-2017-0201)规定,因( )等原因导致竣工时间延长,经监理工程师确认后可以顺延工期。

    A.不可抗力   B.承包商基础施工超挖

    C.工程量增加   D.监理工程师延误提供所需指令

    E.设计变更

2.工程项目在建设过程中,发包人要求承包人提供的担保通常有( )。

    A.施工投标保证   B.施工合同履约保证

    C.施工合同支付保证   D.工程预付款保证

    E.施工合同工程垫支保证

3.根据《建设工程施工合同(示范文本)》(GF-2017-0201)规定,属于承包人应当完成的工作有( )。

    A.办理施工所需的证件   B.提供和维修非夜间施工使用的照明设备

C.按规定办理施工噪声有关手续　　　　D.负责已完成工程的成品保护

E.保证施工场地清洁符合环境卫生管理的有关规定

4.《建设工程施工合同(示范文本)》(GF-2017-0201)中规定的设计人的责任有(　　　)。

A.参加工程验收工作　　　　　　　　B.解决施工中出现的设计问题

C.为施工承包人提供设计依据的基础资料　D.组织施工招标工作

E.在施工前负责向施工承包人和监理人进行设计交底

5.《建设工程施工合同(示范文本)》(GF-2017-0201)中规定的固定价格合同(　　　)。

A.是在约定的风险范围内价款不再调整的合同

B.是绝对不可调整合同价款的一种计价方式

C.是约定范围内的风险由承包人承担

D.包括工程承包活动中采用的总价合同和单价合同

E.无须约定风险范围

6.在建设工程施工合同履行过程中,应由发包人承担费用的是(　　　)。

A.邻近建筑物、构筑物的保护工作

B.发包人委托承包人完成工程配套的设计

C.承包人向发包人提供的施工现场办公和生活房屋及设施

D.承包人按规定办理施工场地交通、环境保护有关手续

E.对已竣工而未交付工程的损坏修复

7.下列属于监理人监督控制权的是(　　　)。

A.向承包人提出建议　　　　　　　　B.对施工进度的监督

C.征得委托人同意,发布开工令　　　　D.工程设计变更的审批

E.对工程上使用的材料和施工质量进行检验

三、案例分析

【案例】　某宿舍楼工程,地下1层,地上9层,建筑高度为31.95 m,钢筋混凝土框架结构,基础为梁板式筏形基础,钢门窗框,木门,采用集中空调设备。施工组织设计确定,土方采用大开挖放坡施工方案,开挖土方工期15天,浇筑基础底板混凝土24小时连续施工,需3天。施工过程中发生如下事件:

事件1:施工单位在合同协议条款约定的开工日期前6天提交了一份申请报告,申请延期10天开工,其理由为:

①电力部门通知,施工用电变压器在开工4天后才能安装完毕;

②属于施工单位的3台主要施工机械,在开工后8天才能运到施工现场;

③为工程开工所必需的辅助施工设施,在开工后10天才能投入使用。

事件2:工程所需的100个钢门窗框由业主负责供货,钢门窗框运达施工单位工地仓库,并经入库验收。施工过程中进行质量检验时,发现有5个钢门窗框有较大变形,甲方代表即下令施工单位拆除,经检查是使用材料不符合要求所致。

事件3:由施工单位供货并选择的分包商将集中空调安装完毕,进行联动无负荷试车时,需电力部门和施工单位及有关外部单位进行某些配合工作。试车检验结果表明,该集中空调设备的某些主要部件存在严重的质量问题,需要更换,增加了分包商的工作量和费用。

事件4:在基础回填过程中,总承包单位已按规定取土样,试验合格。监理工程师对填土质量表示异议,责成总承包单位再次取样复验,结果合格。

【问题】 ①事件1中,施工单位请求延期的理由是否成立? 应如何处理?

②事件2、事件3、事件4中,哪个属于责任方? 应如何处理?

四、拓展训练

1.学习《标准施工招标文件》(2007年版),查找相关的案例,并进行讨论。

2.教师可围绕本学校已建或在建项目,就某项目施工合同变更事件进行分析和处理。

五、拓展思考

请结合党的二十大精神,谈谈你如何理解工程人的精益求精精神。

学习单元 5　合同纠纷处理与索赔管理

任务 12　合同纠纷处理

【引例 1】

某大厦幕墙施工合同纠纷工程造价司法鉴定

一、工程基本情况

该工程为一栋高层商业大厦的幕墙外装饰工程,原告为承包人,被告为发包人。原、被告双方于 2013 年经公开招标后签订了单价施工合同,中标单价为合同单价,结算工程量按实际工程量计,合同工期为 120 天。原告与该大厦主体施工单位签订了工程配合协议,约定配合费为工程总造价的 3%。工程竣工验收后,原告以工程结算价款争议为由,向法院提起诉讼。

二、委托鉴定内容及鉴定资料

法院委托鉴定机构对该工程造价进行鉴定。送鉴定资料:委托书、施工合同、招标文件、投标书、起诉状、答辩状、施工图、开竣工报告、工程竣工验收证明书、设计变更、现场签证等资料。

三、双方计价争议焦点

原、被告对配合费的支付、幕墙铝材品牌与招标文件要求不符等产生争议。

四、鉴定说明

(一)工程量计算

依据所送鉴定资料按实计算。

(二)计价

按合同约定单价计算。被告称代原告支付总承包单位的配合费,因原告未提供相关证明材料,鉴定造价中未扣除,由法院庭审调查后按相关合同约定裁定。原、被告均未提供幕墙铝材品牌的证据材料,鉴定造价未调整铝材材料单价,鉴定人给出被告提供的两种铝材价差和铝材用量,供法院裁定时参考。

【引导问题 1】　通过分析引例 1,回答以下问题:

①本纠纷计价争议产生的原因是什么?

②常见合同纠纷有哪些？

③如何确定相关法律责任？

④解决合同纠纷的程序有哪些？

12.1　任务导读

工程建设中发包人与承包人建立施工合同关系，其基本表现形式是书面的建设工程施工合同及其附件、补充协议等9项内容。该施工合同以施工单位完成工程施工，建设单位支付工程价款为主要约定内容。《中华人民共和国民法典》第七百八十八条明确规定了建设工程合同的含义和范围，建设工程合同包括勘察、设计、施工合同。所以，施工合同属于建设工程合同的一种。

合同纠纷是指合同当事人在合同履行过程中，对合同规定的权利和义务产生不同的理解，合同双方从维护各自权益的角度出发而产生的纠纷。《最高人民法院关于修改〈民事案件案由规定〉的决定》（法〔2020〕346号）第115项"建设工程合同纠纷"做了9个子项的划分：建设工程勘察合同纠纷、建设工程设计合同纠纷、建设工程施工合同纠纷、建设工程价款优先受偿权纠纷、建设工程分包合同纠纷、建设工程监理合同纠纷、装饰装修合同纠纷、铁路修建合同纠纷、农村建房施工合同纠纷。

本次任务主要学习施工合同纠纷处理。

12.2　任务目标

①依据施工合同控制和履约管理重点，制订合同纠纷控制和处理措施。

②按照工作时间限定和纠纷处理程序，完成纠纷事件处理。

③按照正确的方法，进行纠纷处理资料归档，总结纠纷事件处理技巧。

④通过完成该任务，提出后续工作建议，完成自我评价，并提出改进意见。

12.3　知识准备

12.3.1　工程施工常见纠纷

（1）工程质量纠纷

建设工程建成后，工程质量达不到合同要求，或达不到设计功能和使用要求，是一种常见的纠纷。其原因有以下5个方面：

①发包方的原因，如设计本身有缺陷，勘察资料与实际地质情况不符，提供的原料、设备不符合质量要求等；

②承包方原因，如承包方管理、技术力量不足，技术方案不合理，组织措施不力等；

③招标过程中，大多数甲方为了保证施工质量，都会提出很高的质量等级；

④发包人擅自使用未交工工程而出现的质量纠纷；

⑤承包人或发包人分包工程项目，因分包项目质量达不到要求而引起整个工程质量达不到要求。

（2）工期纠纷

建设工程不能在合同规定的时限内完工并交付使用,给甲乙双方造成经济损失,也是建设工程施工合同履行中的一种常见纠纷。其原因有以下 3 个方面:

①发包方没有按合同规定的时间要求提供场地、资金、设计技术资料等。例如,未能与地方政府就征地、拆迁等问题达成协议,导致不能按期开工或开工后被迫停建、缓建,不仅工期推迟,还给承包方造成停工、窝工等经济损失。

②承包方因施工组织不力,劳动力、设备不能满足工期要求而导致工期滞后。

③招标时招标人不合理地压缩工期,投标人为了迎合招标,被迫响应工期要求,在远低于定额工期的合同工期下施工。

（3）工程结算纠纷

工程结算纠纷包括计价方法、工程量和材料价格大幅上涨引起的纠纷等。这种纠纷常包括以下两种情形:

①合同造价低于工程实际造价,或由于外部条件发生重大变化而引起变更,承包人无法在原合同约定的价款内完成工程建设,而向发包人要求补偿,或发包人以正当或不正当的理由拒绝补偿而引起的纠纷。

工程结算纠纷
案例分析

②发包人由于资金筹措不到位,拖欠或拒付工程款而引起的纠纷。

（4）分包引起的纠纷

【引例 2】

2022 年 8 月 10 日,某钢铁厂与某市政工程公司签订钢铁厂地下室排水工程总承包合同,工程总长 5 000 m,市政工程公司将任务下达给第四施工队。事后,第四施工队又与某乡建筑工程队签订分包合同,由某乡建筑工程队分包 3 000 m 任务,金额为 35 万元,同年 9 月 10 日正式施工。2022 年 9 月 20 日,市建委主管部门在检查该项工程施工中,发现某乡建筑工程队承包手续不符合有关规定,责令停工。某乡建筑工程队不予理睬。10 月 3 日,市政工程公司下达停工文件,某乡建筑工程队不服,以合同经双方自愿签订,并有营业执照为由,于 10 月 10 日诉至人民法院,要求第四施工队继续履行合同或承担违约责任并赔偿经济损失。

【引导问题 2】　根据引例 2,回答以下问题:

①该总、分包合同的法律效力如何? 其效力应由哪个机构确认?

②某乡建筑工程队提供的承包工程法定文书完备吗? 为什么?

③某市建委主管部门是否有权责令停工?

④该纠纷应如何处理?

【专家评析】　①总承包合同有效,分包合同无效。理由有两点:一是第四施工队不具备法人资格,无合法授权;二是第四施工队将总体工程的 1/2 以上的施工任务发包给某乡建筑工程队施工。依据《中华人民共和国建筑法》第二十九条的规定:建筑工程主体结构的施工必须由总承包单位自行完成。该合同效力应由人民法院或仲裁机构确认。

②承包手续不完备。某乡建筑工程队只交验了营业执照,未交验建筑企业资格证书。

③某市建委主管部门有权责令停工。

④双方均有过错,分别承担相应的责任,依法宣布分包合同无效,终止合同。由市政工程公司按规定交付已完工程量的实际费用(不含利润),不承担违约责任。

某些合同签订时,对于是否允许分包并未作出明确规定,而承包商则利用合同漏洞,在没有征得业主同意的情况下,进行工程分包,导致双方产生纠纷。承包人与分包人之间的纠纷也是近年来施工企业遇到的较多的纠纷，承包人将部分工程分包给第三人承担，由于分包人管理不力或技术、施工能力不足等，质量、工期等达不到分包合同约定的要求，就可能导致纠纷。特别是工程价款纠纷，是承包人与分包人之间最容易发生的纠纷。

（5）延期付款利息纠纷

尽管有明文规定，业主拖欠工程款应付延期利息，但执行起来却非常困难，特别是延期利息数额巨大时，就更容易产生纠纷。例如，合同约定工程决算完毕付清尾款，但因承包人迟迟不报送决算文件，或报送决算文件不齐全，或所报决算文件双方争议过大，导致决算工作无法进行，进而剩余工程款无法支付。特别是双方争议过大时，究竟是谁的过错导致工程款支付拖延，也是支付延期付款利息的争议所在。

（6）违约发生的纠纷

承包人的违约主要表现在工期违约、质量违约等。发包人的违约主要表现在不能按时支付工程进度款、未能提供施工进场条件、擅改设计等，导致工程造价增加或者其他损失。承包人最终都以工程索赔的形式加入工程结算书中，而发包人往往对有关款项不予认定，从而产生纠纷，这种纠纷在建设工程结算纠纷中比较常见。

12.3.2　工程施工常见纠纷处理办法

1）建设工程质量不符合约定情况下的责任承担处理

（1）因承包商过错导致质量不符合约定的处理

《中华人民共和国民法典》第八百零一条规定："因施工人的原因致使建设工程质量不符合约定的，发包人有权请求施工人在合理期限内无偿修理或者返工、改建。经过修理或者返工、改建后，造成逾期交付的，施工人应当承担违约责任。"

《最高人民法院关于审理建设工程施工合同纠纷案件适用法律问题的解释》（法释［2004］14 号，以下简称《解释》）第十一条规定："因承包人的过错造成建设工程质量不符合约定，承包人拒绝修理、返工或者改建，发包人请求减少支付工程价款的，应予以支持。"有时，承包商造成工程质量不合格的原因可能会触犯法律，如偷工减料、擅自修改图纸等。如果其行为触犯了相关法律，还将受到法律的制裁。

《中华人民共和国建筑法》第七十四条规定："建筑施工企业在施工中偷工减料的，使用不合格的建筑材料、建筑构配件和设备的，或者有其他不按照工程设计图纸或者施工技术标准施工的行为的，责令改正，处以罚款；情节严重的，责令停业整顿，降低资质等级或者吊销资质证书；造成建筑工程质量不符合规定的质量标准的，负责返工、修理，并赔偿因此造成的损失；构成犯罪的，依法追究刑事责任。"

（2）因发包人过错导致质量不符合约定的处理

《建设工程质量管理条例》第九条规定："建设单位必须向有关的勘察、设计、施工、工程监理等单位提供与建设工程有关的原始资料。原始资料必须真实、准确、齐全。"

《建设工程质量管理条例》第十四条规定："按照合同约定，由建设单位采购建筑材料、建筑构配件和设备的，建设单位应当保证建筑材料、建筑构配件和设备符合设计文件和合同要求。建设单位不得明示或者暗示施工单位使用不合格的建筑材料、建筑构配件和设备。"

《解释》（法释［2004］14 号）第十二条规定，发包人具有下列情形之一，造成建设工程质量缺陷，应当承担过错责任：

①提供的设计有缺陷；

②提供或者指定购买的建筑材料、建筑构配件、设备不符合强制性标准;

③直接指定分包人分包专业工程。

承包人有过错的,也应当承担相应的过错责任。

《建设工程质量管理条例》第五十六条规定,违反本条例规定,建设单位有下列行为之一的,责令改正,处 20 万元以上 50 万元以下的罚款:

①迫使承包方以低于成本的价格竞标的;

②任意压缩合理工期的;

③明示或者暗示设计单位或者施工单位违反工程建设强制性标准,降低工程质量的;

④施工图设计文件未经审查或者审查不合格,擅自施工的;

⑤建设项目必须实行工程监理而未实行工程监理的;

⑥未按照国家规定办理工程质量监督手续的;

⑦明示或者暗示施工单位使用不合格的建筑材料、建筑构配件和设备的;

⑧未按照国家规定将竣工验收报告、有关认可文件或者准许使用文件报送备案的。

相关链接

《中华人民共和国民法典》摘录

第八百零一条　因施工人的原因致使建设工程质量不符合约定的,发包人有权请求施工人在合理期限内无偿修理或者返工、改建。经过修理或者返工、改建后,造成逾期交付的,施工人应当承担违约责任。

第八百零二条　因承包人的原因致使建设工程在合理使用期限内造成人身损害和财产损失的,承包人应当承担赔偿责任。

第八百零三条　发包人未按照约定的时间和要求提供原材料、设备、场地、资金、技术资料的,承包人可以顺延工程日期,并有权请求赔偿停工、窝工等损失。

第八百零四条　因发包人的原因致使工程中途停建、缓建的,发包人应当采取措施弥补或者减少损失,赔偿承包人因此造成的停工、窝工、倒运、机械设备调迁、材料和构件积压等损失和实际费用。

第八百零五条　因发包人变更计划,提供的资料不准确,或者未按照期限提供必需的勘察、设计工作条件而造成勘察、设计的返工、停工或者修改设计,发包人应当按照勘察人、设计人实际消耗的工作量增付费用。

---

(3)发包人擅自使用后出现质量问题的处理

《建设工程质量管理条例》第十六条规定,建设单位收到建设工程竣工报告后,应当组织设计、施工、工程监理等有关单位进行竣工验收。

建设工程竣工验收应当具备下列条件:

①完成建设工程设计和合同约定的各项内容;

②有完整的技术档案和施工管理资料;

③有工程使用的主要建筑材料、建筑构配件和设备的进场试验报告;

④有勘察、设计、施工、工程监理等单位分别签署的质量合格文件;

⑤有施工单位签署的工程保修书。

竣工验收制度

建设工程经验收合格后,方可交付使用。但有时建设单位为了能够提前投入生产,在没有经过竣工验收的前提下就擅自使用工程。由于工程质量问题都需要经过一段时间才能显现出来，所以这种未经竣工验收就使用工程的行为往往会导致其后的工程质量纠纷。

关于工程质量产生的争议如何进行鉴定，《解释》（法释[2004]14号）第二十三条作出了原则性规定："当事人对部分案件事实有争议的，仅对有争议的事实进行鉴定，但争议事实范围不能确定，或者双方当事人请求对全部事实鉴定的除外。"第十三条规定："建设工程未经竣工验收，发包人擅自使用后，又以使用部分质量不符合约定为由主张权利的，不予支持；但是承包人应当在建设工程的合理使用寿命内对地基基础工程和主体结构质量承担民事责任。"

上述规定体现了对建设单位擅自使用工程行为的惩罚，认定了建设单位使用工程即是对工程质量的认可。但是上述规定并没有全部免除承包人的责任，要求承包人对于地基基础工程和主体结构的质量承担相应的责任。这是基于《建设工程质量管理条例》对地基基础工程和主体结构工程的最低保修期限的规定。《建设工程质量管理条例》第四十条规定基础设施工程、房屋建筑的地基基础工程和主体结构工程，其最低保修期限为设计文件规定的该工程的合理使用年限。因此，并不因为建设单位是否提前使用工程而免除承包人的保修责任。

发包人未经验收而提前使用工程，不仅在工程质量上要承担更大的责任，而且还将因这样的行为受到处罚。

《建设工程质量管理条例》第五十八条规定，违反本条例规定，建设单位有下列行为之一的，责令改正，处工程合同价款2%以上4%以下的罚款；造成损失的，依法承担赔偿责任：

①未组织竣工验收，擅自交付使用的；

②验收不合格，擅自交付使用的；

③对不合格的建设工程按照合格工程验收的。

2）对竣工日期的争议处理

竣工日期分为合同中约定的竣工日期和实际竣工日期。合同中约定的竣工日期是指发包人和承包人在协议书中约定的承包人完成承包范围内工程的绝对或相对日期。实际竣工日期是指承包人全面履行了施工承包合同时的日期。合同中约定的竣工日期是发包人限定的竣工日期的底线，如果承包人超过该日期竣工将承担违约责任。而实际竣工日期则是承包人可以全面主张合同中约定权利的开始之日，如果该日期先于合同中约定的竣工日期，承包人可以根据约定（如果有）获得奖励。正是由于确定实际竣工日期涉及发包人和承包人的利益，所以关于工程竣工日期的争议时有发生。

《建设工程施工合同（示范文本）》（GF-2017-0201）第13.2.3条规定："工程经竣工验收合格的，以承包人提交竣工验收申请报告之日为实际竣工日期，并在工程接收证书中载明；因发包人原因，未在监理人收到承包人提交的竣工验收申请报告42天内完成竣工验收，或完成竣工验收不予签发工程接收证书的，以提交竣工验收申请报告的日期为实际竣工日期；工程未经竣工验收，发包人擅自使用的，以转移占有工程之日为实际竣工日期。"

但是在实际操作过程中容易出现一些特殊情形，并最终导致关于竣工日期的争议的产生。这些情形主要表现在以下4个方面：

①由于发包人和承包人对于工程质量是否符合合同约定产生争议而导致对竣工日期的争议。工程质量是否合格涉及多方面因素，当事人双方很容易就其影响因素产生争议。一旦产

生争议,就需要权威部门鉴定。鉴定结果如果不合格就不涉及竣工日期的争议,如果鉴定结果合格,就涉及以哪天作为竣工日期的问题。承包人认为应该以提交竣工验收报告之日作为竣工日期,而发包人则认为应该以鉴定合格之日为实际竣工日期。

《解释》(法释[2004]14号)第十五条规定:"建设工程竣工前,当事人对工程质量发生争议,工程质量经鉴定合格的,鉴定期间为顺延工期期间。"由此可见,应该以提交竣工验收报告之日为实际竣工日期。

②由于发包人拖延验收而产生的对实际竣工日期的争议。《建设工程施工合同(示范文本)》(GF-2017-0201)规定,工程具备竣工验收条件,承包人按国家工程竣工验收有关规定,向发包人提供完整竣工资料及竣工验收报告。双方约定由承包人提供竣工图的,应当在专用条款内约定提供的日期和份数。发包人收到竣工验收报告后28天内组织有关单位验收,并在验收后14天内给予认可或提出修改意见。承包人按要求修改,并承担自身原因所造成修改的费用。

但有时由于各种原因,发包人没能按照约定时间组织竣工验收,导致发包人和承包人就实际竣工之日产生争议。对此,《解释》(法释[2004]14号)第十四条规定,建设工程经竣工验收合格的,以竣工验收合格之日为竣工日期;承包人已经提交竣工验收报告,发包人拖延验收的,以承包人提交验收报告之日为竣工日期。

③由于发包人擅自使用工程而产生的对于实际竣工验收日期的争议。《建设工程质量管理条例》第十六条规定,建设单位收到建设工程竣工报告后,应当组织设计、施工、工程监理等有关单位进行竣工验收。建设工程经验收合格的,方可交付使用。

有时发包人为了能够提前使用工程而取消了竣工验收这道法律规定的程序,这样做的后果就是容易对实际竣工日期产生争议,因为没有提交的竣工验收报告和竣工验收试验可供参考。对于这种情形,《解释》(法释[2004]14号)第十四条作出了规定,建设工程未经竣工验收,发包人擅自使用的,以转移占有建设工程之日为竣工日期。"

3)对计价方法的争议问题

在建设工程施工合同中,当事人双方会约定计价的方法,这是发包人向承包人支付工程款的基础。如果合同双方对于计价方法产生纠纷,且不能得到及时妥善的解决,势必影响当事人的切身利益。计价方法的纠纷主要表现在以下6个方面:

(1)因变更引起的纠纷

工程建设过程中,变更是普遍存在的。尽管变更的表现形式纷繁复杂,但是对工程款支付的影响却仅表现在两个方面:

①工程量变化导致的价格纠纷。从经济学的角度看,成本的组成包括固定成本和可变成本。固定成本不因产量的增加而增加,可变成本却是产量的函数,因产量的增加而增加。当产量增加时,单位产量上摊销的固定成本就会减少,而单位可变成本不发生变化,其总成本将减少。在原有价格不变的前提下,利润率增加。

因此,当工程量发生变化后,当事人一方就会提出增加或者减少单价,以维持原有的利润率水平。如果工程量增加,发包人就会要求减少单价。相反,如果工程量减少,承包人就会要求增加单价。调整单价时会涉及两个因素:一是工程量增减幅度达到多少就要调整单价;二是单价调整幅度。如果在承包合同中没有对此进行约定,就会导致纠纷。

工程变更引起的价款调整纠纷案例(1)

工程变更引起的价款调整纠纷案例(2)

②工程质量标准变化导致的价格纠纷。工程质量标准有很多种分类方法。如果按照标准的级别来分，可以分为国家标准、地方标准、行业标准、企业标准。另外，合同双方当事人也可以在合同中约定标准，如果约定的标准没有违反强制性标准，其效力还将高于国家其他标准。正是由于工程质量标准的多样性，才导致工程标准发生变化而产生纠纷。

【应用案例1】 某混凝土工程，原来在合同中约定的混凝土强度为 25 MPa，后来建设单位出于安全和质量的考虑，要求将质量标准提高到 30 MPa，这就意味着施工单位将为此多付出成本。

【问题】 双方就此产生的纠纷如何解决？

【专家评析】 案例中由变更引起的计价方法的纠纷，《解释》（法释[2004]14号）第十六条作出了规定：当事人对建设工程的计价标准或者计价方法有约定的，按照约定结算工程价款。

因设计变更导致建设工程的工程量或者质量标准发生变化，当事人对该部分工程价款不能协商一致的，可以参照签订建设工程施工合同时，当地建设行政主管部门发布的计价方法或者计价标准结算工程价款。

相关链接

《建筑工程施工发包与承包计价管理办法》

第十四条　发承包双方应当在合同中约定，发生下列情形时合同价款的调整方法：

（一）法律、法规、规章或者国家有关政策变化影响合同价款的；

（二）工程造价管理机构发布价格调整信息的；

（三）经批准变更设计的；

（四）发包方更改经审定批准的施工组织设计造成费用增加的；

（五）双方约定的其他因素。

（2）因工程质量验收不合格导致的纠纷

建设工程施工合同中的价款是针对合格工程而言的，而工程实践中，不合格产品普遍存在，对于不合格产品如何计价也就成了合同当事人关注的问题。这个问题涉及两个方面的问题：一是工程质量与合同约定的不符合程度，二是针对该工程质量应予支付的工程款。对此，《解释》（法释[2004]14号）第十六条也作出了规定：建设工程施工合同有效，但建设工程经竣工验收不合格的，工程价款结算参照本解释第三条规定处理。即：

①修复后的建设工程经竣工验收合格，发包人请求承包人承担修复费用的，应予支持；

②修复后的建设工程经竣工验收不合格，承包人请求支付工程价款的，不予支持。

因建设工程不合格造成的损失，发包人有过错的，也应承担相应的民事责任。

（3）因利息产生的纠纷

《中华人民共和国民法典》第五百八十四条规定："当事人一方不履行合同义务或者履行合同义务不符合约定，造成对方损失的，损失赔偿额应当相当于因违约所造成的损失，包括合同履行后可以获得的利益；但是，不得超过违约一方订立合同时预见到或者应当预见到的因违约可能造成的损失。"

由此可见，如果发包人不及时向承包人支付工程款，承包人在要求发包人继续履行的前提下,可以要求发包人为此支付利息。因为利息是发包人按期支付工程款后承包人的预期利益。

实践中,利息的支付容易在两个方面产生纠纷:一是利息的计付标准,二是何时开始计付利息。

《解释》(法释[2004]14号)第十七条对于计付标准作出了规定:当事人对欠付工程价款利息计付标准有约定的,按照约定处理;没有约定的,按照中国人民银行发布的同期同类贷款利率计息。

同时,《解释》(法释[2004]14号)第十八条也对何时开始计付利息作出了规定:利息从应付工程价款之日计付。当事人对付款时间没有约定或者约定不明的,下列时间视为应付款时间:

①建设工程已实际交付的,为交付之日;

②建设工程没有交付的,为提交竣工结算文件之日;

③建设工程未交付、工程价款也未结算的,为当事人起诉之日。

(4)因合同计价方式产生的纠纷

《建筑工程施工发包与承包计价管理办法》第十三条规定,合同价可以采用以下方式:

①实行工程量清单计价的建筑工程,鼓励发承包双方采用单价方式确定合同价款;

②建设规模较小、技术难度较低、工期较短的建筑工程,发承包双方可以采用总价方式确定合同价款;

③紧急抢险、救灾以及施工技术特别复杂的建筑工程,发承包双方可以采用成本加酬金方式确定合同价款。

(5)因提前竣工引起的赶工补偿纠纷①

提前竣工是指因发包人的需求,承发包双方商定对合同工程的进度计划进行压缩,使得合同工程的实际工期在少于原定合同工期(日历天数)内完成。赶工补偿是指因发包人提前竣工的需求,承包人采取相关措施实施赶工,对此发包人需要向承包人支付的合同价款增加额。

相关链接

2013版清单计价规范

9.11.1　招标人应依据相关工程的工期定额合理计算工期,压缩的工期天数不得超过定额工期的20%,超过者,应在招标文件中明示增加赶工费用。

9.11.2　发包人要求合同工程提前竣工的,应征得承包人同意后与承包人商定采取加快工程进度的措施,并应修订合同工程进度计划。发包人应承担承包人由此增加的提前竣工(赶工补偿)费用。

9.11.3　发承包双方应在合同中约定提前竣工每日历天应补偿额度,此项费用应作为增加合同价款列入竣工结算文件中,应与结算款一并支付。

此类纠纷的处理包括3个步骤,即区分赶工费用和赶工补偿费,确定赶工补偿费,支付赶工补偿费。

赶工费用是在合同签约之前,依据招标人要求压缩的工期天数是否超过定额工期的20%来确定,在招标文件中已有明示是否存在赶工费用。赶工补偿费是在合同签约之后,因发包人要求合同工程提前竣工,承包人因此不得不投入更多的人力和设备而增加的费用。采用加班或倒班等措施压缩工期,这些赶工措施可能造成承包人大量的额外花费,为此承包人有权获得

---

① 节选自严玲(天津理工大学公共项目与工程造价研究所).《工程价款管理实务》培训PPT,2013.4。

直接和间接的赶工补偿。提前竣工每日历天应补偿的赶工补偿费额度应在合同中约定,作为增加合同价款的费用,在竣工结算款中一并支付。

赶工补偿费确定分为4个环节:

①确认赶工的合法性,确认是发包人要求的赶工,而不是承包人自行决定的赶工,且有明确的赶工指示。

②界定赶工的工程范围、赶工的部位、赶工范围,为后续的赶工补偿费分析限定空间范围。

③确认赶工的时段。确认赶工开始时间和终止时间,进而确定赶工时段。赶工时段的界定为后续的赶工补偿费分析限定时间范围。

④赶工补偿费的计算。依据赶工的范围、时段确定出赶工的天数,依据合同确定的每日历天赶工补偿额×赶工日历天,计算赶工补偿费。具体计算规则见表12.1。

表 12.1 提前竣工导致的赶工补偿费计算表

索赔事件	可能的费用	说明	计算基础
提前竣工	(1)人工费	1.因业主指令工程加速造成增加劳动力投入,不经济地使用劳动力使生产效率降低 2.节假日加班、夜班补贴	1.报价中的人工费单价、实际劳动力使用量、已完成工程中劳动力计划用量 2.实际加班数、合同约定或劳资合同约定的加班补贴费
	(2)材料费	1.增加材料的投入,不经济地使用材料 2.因材料需提前交货给材料供应商的补偿 3.改变运输方式 4.材料代用	1.实际材料使用量、已完成工程中材料计划使用量、报价中的材料价款或实际价款 2.实际支出 3.材料数量、实际运输价款、合同约定的材料运输方式的价款 4.代用材料的数量差、价款差
	(3)机械设备费	1.增加机械使用时间,不经济地使用机械 2.增加新设备的投入	1.实际费用、报价中的机械费、实际租金等 2.新设备报价,新设备的使用时间
	(4)部分企业管理费	1.增加管理人员的工资 2.增加人员的其他费用,如福利费、工地补贴、交通费、劳保、假期等 3.增加临时设施费 4.现场日常管理费支出	1.计划用量、实际用量、报价标准 2.实际增加人×月数、报价中的费率标准 3.实际增加量、实际费用 4.实际开支数、原报价中包含的数量
	(5)其他	分包商索赔等	按实际支出计算
	(6)利润	承包商加速施工应合理获得的利润	按承包商实际应得的利润计算
提前竣工	扣除:部分企业管理费	由于赶工,计划工期缩短,减少工地交通费、办公费、工器具使用费、设施费用等支出	缩短的月数、报价中的费率标准
	扣除:其他附加费	保函、保险和总部管理费等	

【应用案例 2】　　某建设工程项目,采用工程量清单计价方式招标,发包人与承包人签订了施工合同,合同工期为 550 天。施工合同中约定,发包人要求合同工程每提前竣工 1 天,应补偿承包人 10 000 元(含税金)的赶工补偿费。实际施工过程中,发包人因市场需求要求工程提前 10 天竣工。

【问题】　赶工补偿费如何支付?

【专家评析】　　首先,该工程提前完工是发包人提前竣工的需求,需要承包人重新确定施工进度计划。

其次,承包人为提前竣工,单位工日内投入了更多的人力和设备等资源来赶工,需要发包人给予相应的赶工补偿。

最后,按照合同约定每提前完工 1 天,发包人补偿承包人 10 000 元的赶工补偿费。

按照合同约定的赶工补偿标准以及实际施工过程中的赶工时段,计算该工程的赶工补偿费 = 10 000×10 = 100 000(元)。

(6)误期赔偿纠纷[①]

误期赔偿是对承包人误期完工造成发包人损害的一种强有力的补救措施。如果发包人阻止承包人按期完工而无任何有效的延长工期的机制,发包人便会丧失误期赔偿规定的权利。误期赔偿是发包人对承包人的一项索赔。误期赔偿费的计算标准在合同签订时已作了规定。按期完工是承包人的合同义务,若承包人存在不可原谅的工期延误,不能按照合同约定按期完成工程而使发包人遭受损失,则承包人需要赔偿发包人的损失而支付一笔款项,即误期赔偿费。

2013 版清单计价规范规定承包人没有按期完工应向发包人支付误期赔偿,同时规定了支付误期赔偿的标准以及误期赔偿费应在结算款中扣除。若在整个工程的竣工期限之前,已有部分工程按期签发了接收证书,则剩余工程的误期赔偿金额应按比例折减。可见,误期赔偿属于发包人索赔的范畴,是指对发包人实际损失费的计算,而不是罚款。误期赔偿的关键:区分误期赔偿和罚款的区别;误期赔偿费的计算。

相关链接

2013 版清单计价规范

9.12.1　承包人未按照合同约定施工,导致实际进度迟于计划进度的,承包人应加快进度,实现合同工期。

合同工程发生误期,承包人应赔偿发包人由此造成的损失,并应按照合同约定向发包人支付误期赔偿费。即使承包人支付误期赔偿费,也不能免除承包人按照合同约定应承担的任何责任和应履行的任何义务

9.12.2　发承包双方应在合同中约定误期赔偿费,并应明确每日历天应赔额度。误期赔偿费应列入竣工结算文件中,并应在结算款中扣除。

9.12.3　在工程竣工之前,合同工程内的某单项(位)工程已通过了竣工验收,且该单项(位)工程接收证书中表明的竣工日期并未延误,而是合同工程的其他部分产生了工期延误时,误期赔偿费应按照已颁发工程接收证书的单项(位)工程造价占合同价款的比例幅度予以扣减。

---

①　节选自严玲(天津理工大学公共项目与工程造价研究所).《工程价款管理实务》培训 PPT,2013.4。

建设工程施工合同中规定的误期赔偿费,通常都是由业主在招标文件中确定的。业主在确定误期赔偿费的费率时,一般要考虑以下因素:

①由于本工程项目拖期竣工而不能使用,租用其他建筑物时的租赁费;

②继续使用原建筑物或租用其他建筑物的维修费用;

③由于工程拖期而引起的投资(或贷款)利息;

④工程拖期带来的附加监理费。

【应用案例3】 某建设工程项目发包人和承包人签订了建设工程施工合同,合同规定:工程分为 3 个标段施工,开工日期为 2022 年 7 月 20 日,完工日期为 2022 年 12 月 7 日,施工日历天数为 140 天。并约定:承包人必须按提交的各项工程进度计划的时间节点组织施工,否则,每误期 1 天,向开发商支付 20 000 元;若存在已竣工的工程项目,则误期赔偿标准可以按比例扣减。在实际施工过程中,标段 1 和标段 2 均已按期完成,标段 3 因承包人自身原因导致工程误期 5 天,标段 3 的工程价款占整个建设项目合同价款的 40%。

【问题】 误期赔偿费应该如何确定?

【专家评析】 首先,该工程标段 3 的误期赔偿是由于承包人自身原因导致的,则这部分工程误期的风险应由承包人承担。

其次,按照合同约定标段 3 的工程价款占整个合同价款的 40%,则标段 3 导致的误期赔偿的标准为 20 000×40% = 8 000(元/天)。

最后,按照合同约定的竣工日期,该工程由于承包人原因延误 5 天,需承包人支付发包人 5 天的误期赔偿费。按照合同约定的误期赔偿标准以及实际施工过程中的误期时间,计算该工程的误期赔偿费为 8 000×5 = 40 000(元)。

4)对工程量的争议问题

在工程款支付的过程中,确认完成的工程量是一个重要的环节。只有确认了完成的工程量,才能进行下一步的结算。

(1)工程结算的程序

《建筑工程施工发包与承包计价管理办法》第十八条规定了工程结算的程序。

①承包方应当在工程完工后的约定期限内提交竣工结算文件。

②国有资金投资建筑工程的发包方,应当委托具有相应资质的工程造价咨询企业对竣工结算文件进行审核,并在收到竣工结算文件后的约定期限内向承包方提出由工程造价咨询企业出具的竣工结算文件审核意见。逾期未答复的,按照合同约定处理,合同没有约定的,竣工结算文件视为已被认可。

非国有资金投资的建筑工程发包方,应当在收到竣工结算文件后的约定期限内予以答复。逾期未答复的,按照合同约定处理,合同没有约定的,竣工结算文件视为已被认可。发包方对竣工结算文件有异议的,应当在答复期内向承包方提出,并可以在提出异议之日起的约定期限内与承包方协商。发包方在协商期内未与承包方协商或者经协商未能与承包方达成协议的,应当委托工程造价咨询企业进行竣工结算审核,并在协商期满后的约定期限内向承包方提出由工程造价咨询企业出具的竣工结算文件审核意见。

③承包方对发包方提出的工程造价咨询企业竣工结算审核意见有异议的,在接到该审核意见后一个月内,可以向有关工程造价管理机构或者有关行业组织申请调解。调解不成的,可

以依法申请仲裁或者向人民法院提起诉讼。

发承包双方在合同中对本条第①项、第②项的期限没有明确约定的,应当按照国家有关规定执行。国家没有规定的,可认为其约定期限均为 28 日。

相关链接

《建筑工程施工发包与承包计价管理办法》

第十九条   工程竣工结算文件经发承包双方签字确认的,应当作为工程决算的依据,未经对方同意,另一方不得就已生效的竣工结算文件委托工程造价咨询企业重复审核。发包方应当按照竣工结算文件及时支付竣工结算款。

竣工结算文件应当由发包方报工程所在地县级以上地方人民政府住房城乡建设主管部门备案。

---

(2)关于确认工程量引起的纠纷处理

①对未经签证但事实上已经完成的工程量的确认。工程量的确认应以工程师的确认为依据,而工程师的确认以签证为依据。但有时却存在另一种情形,工程师口头同意进行某项工程的修建,但是由于主观或者客观的原因而没能及时提供签证,对于这部分工程量的确认就很容易引起纠纷。

《中华人民共和国民法典》第四百九十条规定:法律、行政法规规定或者当事人约定合同应当采用书面形式订立,当事人未采用书面形式但是一方已经履行主要义务,对方接受时,该合同成立。

《解释》(法释[2004]14 号)第十九条规定:"当事人对工程量有争议的,按照施工过程中形成的签证等书面文件确认。承包人能够证明发包人同意其施工,但未能提供签证文件证明工程量发生的,可以按照当事人提供的其他证据确认实际发生的工程量。"

②对于确认工程量的时间的纠纷。如果发包人迟迟不确认承包人完成的工程量,会导致承包人不能及时得到工程款,这样损害了承包人的利益。为了保护合同当事人的合法权益,《解释》(法释[2004]14 号)第二十条规定:"当事人约定,发包人收到竣工结算文件后,在约定期限内不予答复,视为认可竣工结算文件的,按照约定处理。承包人请求按照竣工结算文件结算工程价款的,应予支持。"这与《建筑工程施工发包与承包计价管理办法》第十六条的规定是相关的。

5)建设工程价款优先受偿权问题

优先受偿权是指根据法律规定,抵押权人、质权人、留置权人就债务提供的抵押物、质物、留置物,在债务人届期不能清偿债务时,从担保物中优先受偿的权利。

《中华人民共和国民法典》第八百零七条规定:"发包人未按照约定支付价款的,承包人可以催告发包人在合理期限内支付价款。发包人逾期不支付的,除根据建设工程的性质不宜折价、拍卖外,承包人可以与发包人协议将该工程折价,也可以请求人民法院将该工程依法拍卖。建设工程的价款就该工程折价或者拍卖的价款优先受偿。"

《最高人民法院关于审理建设工程施工合同纠纷案件适用法律问题的解释(二)》(法释[2018]20 号)规定:

①与发包人订立建设工程施工合同的承包人,根据合同法第二百八十六条规定请求其承建工程的价款就工程折价或者拍卖的价款优先受偿的,人民法院应予支持。

②装饰装修工程的承包人,请求装饰装修工程价款就该装饰装修工程折价或者拍卖的价款优先受偿的,人民法院应予支持,但装饰装修工程的发包人不是该建筑物的所有权人的除外。

③建设工程质量合格,承包人请求其承建工程的价款就工程折价或者拍卖的价款优先受偿的,人民法院应予支持。

④未竣工的建设工程质量合格,承包人请求其承建工程的价款就其承建工程部分折价或者拍卖的价款优先受偿的,人民法院应予支持。

⑤承包人建设工程价款优先受偿的范围依照国务院有关行政主管部门关于建设工程价款范围的规定确定。

承包人就逾期支付建设工程价款的利息、违约金、损害赔偿金等主张优先受偿的,人民法院不予支持。

⑥承包人行使建设工程价款优先受偿权的期限为六个月,自发包人应当给付建设工程价款之日起算。

⑦发包人与承包人约定放弃或者限制建设工程价款优先受偿权,损害建筑工人利益,发包人根据该约定主张承包人不享有建设工程价款优先受偿权的,人民法院不予支持。

【应用案例4】 2018年8月20日,甲公司与乙公司签订建设工程施工合同,约定由乙公司承包某工程,工程承包价为8 000万元。工程4层以下的竣工日期为2018年12月31日,5层以上结构竣工日期由合同双方另行协商。4层以下竣工后,双方就该部分工程款进行结算。乙公司在如约开工后,截至2018年12月,完成了4层以下及5层部分工程。但是,由于甲公司无法支付工程所需的大量后续资金,工程不得不全面停工。2019年1月,双方签订了停工协议。

由于资金问题,2018年12月31日工程全面停工,5层以上施工日期由甲公司另行通知。截至2019年10月8日,工程未复工。为此,乙公司与甲公司签订了一份补充合同,约定:原合同继续履行,甲公司负责筹措资金,使工程早日复工,并由乙公司负责对停工后的现场进行保护,费用由甲公司承担。但直至2019年12月,工程仍未能复工。甲公司已支付工程款100万元。乙公司多次催告甲公司支付拖欠的工程款,均无结果。按照双方的合同约定,争议解决的方式为当地仲裁委员会仲裁。2019年12月,为追索拖欠的工程款及损失,乙公司向当地仲裁委员会提起仲裁,要求裁决甲公司偿付拖欠的工程款及损失4 000万元,并请求对工程行使优先受偿权。而甲公司则认为,工程并未整体竣工,不能支付工程款。

【问题】 工程并未整体竣工,能优先受偿工程价款吗?

【专家评析】 承包人行使优先受偿权,应注意以下4点:

①发包人不支付价款的,承包人不能立即将该工程折价、拍卖,而是应当催告发包人在合理期限内支付价款。根据《中华人民共和国担保法》第八十七条的规定,合理期限最短为2个月。在具体案件中,判断合理期限的标准还应根据具体情况来定。如果在该期限内,发包人已经支付了价款,承包人只能要求发包人承担支付约定的违约金或者支付逾期的利息、赔偿其他损失等违约责任。如果在催告后的合理期限内,发包人仍不能支付价款的,承包人才能将该工程折价或者拍卖以优先受偿。

②承包人对工程依法折价或者拍卖的,应当遵循一定的程序。发包人对工程折价的,应当与发包人达成协议,参照市场价格确定一定的价款,把该工程的所有权由发包人转移给承包人,从而使承包人的价款债权得以实现。承包人因与发包人达不成折价协议而采取拍卖方式的,应当申请人民法院依法将该工程予以拍卖。承包人不得委托拍卖公司或者自行将工程予以拍卖。

③工程折价或者拍卖后所得价款如果超出发包人应付价款数额的,该超过的部分应当归发包人所有。如果折价或者拍卖所得价款还不足以清偿承包人价款债权额的,承包人可以请求发包人支付不足部分。

④按照工程的性质不宜折价、拍卖的,承包人不能将该工程折价或者拍卖。如果该工程的所有权不属于发包人,承包人就不能将该工程折价。国家重点工程、具有特定用途的工程等也不宜折价或者拍卖。

综上,根据当事人双方签订的施工合同,工程到达第 4 层之时,应当就工程款进行结算,即甲公司应支付相应的工程款。支付工程款是发包人(即甲公司)的主要义务,对工程进行施工是乙公司的义务。乙公司已经对工程进行施工,并且通过验收,那么甲公司应当同样履行义务。本案中,甲公司并没有履行支付工程款的义务,乙公司催告甲公司在合理时期内支付工程款,而甲公司依然未支付,乙公司自然可以依据相关规定主张优先受偿权。

【应用案例 5】 2019 年 4 月 4 日,某建筑公司承揽的某住宅小区施工项目竣工。按照施工承包合同的约定,建设单位应该在 2019 年 4 月 20 日支付全部剩余工程款。但是建设单位却没有按时支付。考虑到人际关系问题,建筑公司没有立即对建设单位提起诉讼。

2019 年 11 月 20 日,建筑公司听说银行正计划将此住宅小区拍卖,理由是建设单位没有偿还贷款。而这些住宅则是作为贷款的抵押物。于是,建筑公司提出自己对该小区拍卖所得价款享有优先受偿权。

【问题】 建筑公司的理由成立吗?

【专家评析】 不成立。根据《最高人民法院关于审理建设工程施工合同纠纷案件适用法律问题的解释(二)》(法释〔2018〕20 号),建设工程承包人行使优先权的期限为 6 个月,自建设工程竣工之日或者建设工程合同约定的竣工之日起计算。2019 年 11 月 20 日已经超过了行使优先权的期限,因此该理由是不成立的。合同当事人在履行施工合同时发生争议,可以和解或者要求合同管理及其他有关主管部门调解。和解或调解不成的,双方可以约定以下一种方式解决争议:

①双方达成仲裁协议,向约定的仲裁委员会申请仲裁;

②向有管辖权的人民法院起诉。

发生争议后,一般情况下,双方都应继续履行合同,保持施工连续,保护好已完工程。只有出现下列情况之一时,当事人方可停止履行施工合同:

①单方违约导致合同确已无法履行,双方协议停止施工;

②调解要求停止施工,且被双方接受;

③仲裁机构要求停止施工;

④法院要求停止施工。

12.3.3　解决合同争议的方式

合同争议的解决方法有 4 种,即和解、调解、仲裁和诉讼。应根据纠纷的特点来选择合同争议的解决途径,4 种解决途径在解决速度、所需费用、保密程度和对协作影响各有不同,详见表 12.2。对一般合同纠纷最好采取协商解决的方式,但对一些重大纠纷应做好诉讼或仲裁的准备。

合同争议
解决方式

表 12.2　合同争议解决途径比较表

序号	解决途径	争议形成	解决速度	所需费用	保密程度	对协作影响
1	协商解决	在合同实施过程中随时发生	发生时,双方立即协商,达成一致	无须花费	纯属合同双方讨论,完全保密	据理协商,不影响协作关系
2	中间调解	邀请调解者,需时数周	调解者分头调解,一般需一个月	费用较少	可以做到完全保密	对协作关系影响不大
3	调停和解	双方提出和解方案,需时约一个月	双方主动调解,一个月内可解决	费用甚少	可以做到完全保密	和解后可恢复协作关系
4	评判	双方邀请评判员,组成 DAB	DAB 提出评判决定,需一个月左右	请评判员,费用甚多	系内部评判,可以保密	有对立情绪,影响协作
5	仲裁	申请仲裁,组成仲裁庭,需 1~2 个月	仲裁庭审,一般 4~6 个月	请仲裁员,费用较高	仲裁庭审,可以保密	对立情绪较大,影响协作关系
6	诉讼	向法院申请立案,需时一年,甚至更久	法院庭审,需时甚久	请律师等,费用很高	一般属公开审判,不能保密	敌对情绪,协作关系被破坏

注:DAB 为争端裁决委员会的简称。

【引例 1 专家评析】　①计价争议产生的原因。工程款的支付应按合同条款履行,施工过程中发现施工材料与合同约定不符,应及时通知原告作出修改。

②评述。

a.原、被告签订的施工合同价含配合费,但未对施工配合费及其支付进行约定,原告与第三方签订的施工配合费协议对配合费及其支付进行了约定。从合同关系上讲,施工配合费应由原告支付。被告直接支付第三方的配合费应征得原告同意并须签订三方配合费支付协议,若无相关证据,被告提出鉴定造价应扣除施工配合费的请求往往不予支持。

b.本工程的招标文件及合同对铝材材质、品牌进行了约定,原告对合同约定材料的更改应征得被告同意及批准,被告能提供原告擅自更改约定材料的证据,合同约定单价应调整。

造价司法鉴定
(司法审价)
的范围

12.3.4　合同履行过程中的权利

【引例 3】

2021 年底,某发包人与某承包人签订施工承包合同,约定施工到月底结付当月工程进度款。2022 年初承包人接到开工通知后随即进场施工,截至 2022 年 4 月,发包人均结清当月应付工程进度款。承包人计划 2022 年 5 月完成的当月工程量约为 1 800 万元。此时承包人获悉,法院在另一诉讼案中对发包人实施保全措施,查封了其办公场所。同月,承包人又获悉,发包人已经严重资不抵债。2022 年 5 月 3 日,承包人向发包人发出书面通知称"鉴于贵司工程款支付能力严重不足,本公司决定暂时停止本工程施工,并愿意与贵司协商解决后续事宜"。

【引导问题3】　承包人的停工行为是否合法? 合同履行过程中承包人可行使几种抗辩权?

(1)同时履行抗辩权

该抗辩权是指双务合同的当事人没有先后履行顺序的,一方在对方未为对待给付以前,可拒绝履行自己的债务的权利。同时履行抗辩权是诚实信用原则在合同履行中的体现。滥用同时履行抗辩权也是不符合诚实信用原则的,因此在当事人一方已为部分给付或全部给付时,对方当事人不得拒绝自己的给付。其适用条件包括:

①必须是由同一双务合同所产生的债务,且互为对价的给付;

②必须是双方互负的债务均已届清偿期;

③必须是对方未履行债务或履行债务不符合合同约定;

④必须是对方的对待义务可能履行。

(2)后履行抗辩权

后履行抗辩权又称为顺序履行抗辩权,是指当事人互负债务而有先后履行顺序时,应当先履行一方未履行之前,后履行一方有权拒绝其履行请求,先履行一方履行债务不符合合同约定时,后履行一方有权拒绝其相应的履行请求。其适用条件包括:

①必须是互为对价的双务合同当事人各自债务的履行有先后履行顺序;

②先履行一方未履行或其履行不符合合同约定。

(3)不安履行抗辩权

不安履行抗辩权是指先履行义务一方在有证据证明后履行义务一方的经营状况严重恶化,或者转移财产、抽逃资金以逃避债务,或者丧失商业信誉,以及其他丧失或者可能丧失履行债务能力的情况时,可中止自己的履行;后履行义务一方在对方中止履行后的合理期限内提供了适当担保的,先履行义务一方应恢复履行其债务;后履行义务一方在合理的期限内未恢复履行能力并且未提供适当担保的,先履行义务一方可以解除合同。其适用条件包括:

①必须是互为对价的双务合同当事人各自债务的履行有先后履行顺序,且先履行一方尚未履行债务;

②后履行义务一方的履行能力明显降低,有不能为对待给付的危险。

(4)代位权

【引例4】

2019 年元旦,甲(该公司职员)与某建筑公司签订内部承包协议,约定甲承包该公司第一项目部并作为项目经理向公司上交管理费,所联系的工程以公司名义签订合同但由甲组织实施。2019 年 7 月 17 日,某科研所家属区 1 号楼施工招标,甲代表建筑公司投标并中标,中标价为 168.2 万元,暂估建筑面积为 5 100 m²。次日,甲以建筑公司委托代理人身份与该科研所签订施工合同,工期330天,价款168.2万元,单价270元/m²,建筑面积为6 896 m²,最后以实际竣工面积计算,单价不得改变。2021 年 2 月 20 日,工程竣工验收合格并交付使用。该科研所与建筑公司双方对竣工建筑面积为 5 932 m² 无异议,但就结算总价款出现争议。2021 年底,双方就结算事宜达成和解,但科研所并未支付结算款。2022年6月甲以建筑公司怠于行使对科研所到期债权而损害其应得款项为由,以科研所为被告,代位建筑公司请求法院判令科研所支付剩余工程款及利息79万元,提起代位权诉讼。

【引导问题4】 什么是代位权? 它的行使条件和程序有哪些? 甲提起代位权诉讼是否能得到支持?

代位权是指当债务人怠于行使其对第三人的权利而有害于债权人的债权实现时,债权人为保全自己的债权,可以自己的名义行使债务人之权利的权利。债权人代位权必须通过诉讼程序行使。其构成要件包括:

①债权人与债务人之间须有合法的债权债务关系;

②须债权人与债务人之间的债务及债务人与第三人(次债务人)之间的债权均到清偿期;

③须债务人怠于行使其对第三人的权利;

④须债务人怠于行使权利的行为有害于债权人的债权。

所谓怠于行使权利,是指能够行使权利而不行使。若债务人不能行使,或者虽然行使但无结果,债权人均不得行使代位权。

所谓有害于债权人的债权,是指由于债务人不行使对次债务人的权利直接导致债务人不能履行对债权人的债权。若债务人能够履行其对债权人的债务仅是不愿意履行,此时债权人只能诉请法院强制执行而不得行使代位权。

(5)撤销权

【引例5】

2019年3月,某咨询公司向某银行支行贷款200万美元,并由某科技公司提供连带责任保证。由于咨询公司未按期偿还贷款,科技公司作为保证人与咨询公司向某银行支行承担连带清偿责任。2020年6月,经各方协商,某电子公司同意代替科技公司承担保证责任,向该银行支行偿还本金200万美元、利息47万美元,并代替科技公司向咨询公司行使追索权。此后,电子公司陆续履行前述支付义务,并按照协议向咨询公司追偿,均未果。2021年,电子公司起诉咨询公司,要求追偿其已支付的前述款项,获得生效判决的支持。但是,咨询公司的资产状况不能满足该生效判决的执行需要。

执行期间,电子公司获悉以下事实:

事件1:2017年8月6日,咨询公司与某物业管理中心(以下称"物业中心")签订股权转让协议,将咨询公司所持有某贸易中心的50%股权无偿转让给物业中心。

事件2:同年9月该转让获得主管部门批准。

事件3:同年11月,国家工商行政管理局企业注册局作出变更登记,将贸易中心的股东由咨询公司变更登记为物业中心。

事件4:2018年1月25日,《证券报》在贸易中心的招股说明书上载明咨询公司曾转让股权。

2022年,电子公司以咨询公司无偿转让股权,恶意侵害其债权为由,诉至法院请求撤销该无偿转让股权行为。法院以电子公司不具备行使撤销权的债权人资格,驳回电子公司诉讼请求。

【引导问题 5】　什么是撤销权？行使撤销权应满足的条件有哪些？行使时应当遵循什么程序？

撤销权是指当债务人实施了减少其责任财产的处分行为而有害于债权人的债权时，债权人可依法请求法院撤销债务人所实施之行为的权利。债权人撤销权由债权人以自己的名义通过诉讼方式行使。撤销权在行使范围上以保全债权人的债权为限。其构成要件包括：

①债务人实施了减少财产的处分行为。减少财产的行为包括无偿行为和有偿但是却使总财产减少的行为，如非正常压价行为。这些行为主要包括赠予他人财产、非正常压价、为原先没有担保的债务提供担保、放弃债权等。

②该减少财产的行为损害了债权人的债权。

③该减少财产的行为必须是纯粹的财产行为、身份行为，即使导致债务人的财产减少也不能进行撤销。

④该减少财产行为必须已经发生法律效力。

撤销权应自债权人知道或者应当知道撤销事由之日起 1 年内行使，自债务人的行为发生之日起 5 年内没有行使撤销权的，该撤销权消灭。

12.4　任务实施与评价

12.4.1　任务实施

①请将本次施工合同履行过程中发生的合同纠纷进行分类并填写表 12.3。

表 12.3　合同纠纷处理记录表

纠纷类型	引发原因	解决方式	评价
工程价款支付主体争议			
进度款支付争议			
计价方法争议			
工程质量争议			
竣工结算争议			
工期争议			
安全损害赔偿争议			

②请根据本次合同纠纷处理记录结果，提出本次纠纷的解决办法和预防措施。

③根据本次合同纠纷处理记录结果，重新拟订以下合同（节选部分）。

第二部分　通用条款

……

14.2 因承包人原因不能按照协议书约定的竣工日期,或工程师同意顺延的工期竣工的,承包人承担违约责任。

……

15.工程质量

15.1 工程质量应当达到协议书约定的质量标准,质量标准的评定以国家或行业的质量检验评定标准为依据。因承包人原因工程质量达不到约定的质量标准,承包人承担违约责任。

15.2 双方对工程质量有争议,由双方同意的工程质量检测机构鉴定,所需费用及因此造成的损失,由责任方承担。双方均有责任,由双方根据其责任分别承担。

……

24.工程预付款

实行工程预付款的,双方应当在专用条款内约定发包人向承包人预付工程款的时间和数额,开工后按约定的时间和比例逐次扣回。预付时间应不迟于约定的开工日期前7天。发包人不按约定预付,承包人在约定预付时间7天后向发包人发出要求预付的通知,发包人收到通知后仍不能按要求预付,承包人可在发出通知后7天停止施工,发包人应从约定应付之日起向承包人支付应付款的贷款利息,并承担违约责任。

……

26.4 发包人不按合同约定支付工程款(进度款),双方又未达成延期付款协议,导致施工无法进行,承包人可停止施工,由发包人承担违约责任。

……

33.3 发包人收到竣工结算报告及结算资料后28天内无正当理由不支付工程竣工结算价款,从第29天起按承包人同期向银行贷款利率支付拖欠工程价款的利息,并承担违约责任。

第三部分 专用条款

……

十、违约、索赔和争议

35.违约

35.1 本合同中关于发包人违约的具体责任如下:

本合同通用条款第24条约定,发包人违约应承担的违约责任:_____。

本合同通用条款第26.4条约定,发包人违约应承担的违约责任:_____。

本合同通用条款第33.3条约定,发包人违约应承担的违约责任:_____。

双方约定的发包人其他违约责任:_____。

35.2 本合同中关于承包人违约的具体责任如下:

本合同通用条款第14.2条约定,承包人违约应承担的违约责任:_____。

本合同通用条款第15.1条约定,承包人违约应承担的违约责任:_____。

双方约定的承包人其他违约责任:_____。

……

37.争议

37.1 本合同在履行过程中发生的争议,由双方当事人协商解决,协商不成的按下列第_____种方式解决:

①提交仲裁委员会仲裁。

②依法向人民法院起诉。

处理建设工程合同纠纷的相应对策

①关于建设方不具有建设工程立项、规划和施工批准手续,或者施工方不具备承揽工程相应资质的工程价款结算。按照现行法律规定,立项、规划和施工批准手续既是建筑施工的法定前提条件,也是判定建筑工程是否合法的标准。施工企业具备相应的资质是承揽工程和签订承包合同的法定条件。因此,对于诉讼前建设方未取得上述手续,或者施工方未取得相应资质的,由于承包合同违法性的瑕疵不能弥补,已签订的合同应确认为无效。

②关于不具有施工资质的企业或个人利用、借用有资质施工企业的经营资质,或者以联营、承包、挂靠等形式变相使用有资质施工企业的资质,导致合同无效的工程价款结算。此情形下,其工程价款的确定可以比照前述无效合同的原则处理。需要强调的是,此类纠纷从性质上讲为合同纠纷,合同双方系权利义务的主体。因此,原则上应由合同施工方作为权利主体主张权利,工程价款应给付合同施工方,建设方对实际施工方不负有直接给付工程款的义务。如果实际施工方作为权利主体提起诉讼的,经审理查实,应驳回其起诉,告知其由合同施工方主张权利或向合同施工方主张权利。如果实际施工方与建设方在履行施工合同中已形成事实上的权利义务关系,合同施工方不主张权利或因破产、被吊销营业执照等原因不能主张权利时,实际施工方可以作为权利主体提起诉讼。合同施工方未作为诉讼主体参加诉讼的,还应追加其为诉讼当事人。

③关于合同施工方违法将承揽的工程转包、分包导致合同无效的工程价款结算。此类纠纷由于分别存在着承包与分包两个合同,应当坚持依合同主张权利的原则,并且不追加无合同关系的建设方、实际施工方为诉讼当事人。

12.4.2　任务评价

①此次任务完成中存在的主要问题有哪些?

②问题产生的原因有哪些?

③请提出相应的解决方法。

④你认为还需加强哪些方面的指导(实际工作过程及理论知识)?

知识回顾

1.常见纠纷处理,包括建设工程质量不符合约定情况下责任承担问题、对竣工日期的争议问题、对计价方法的争议问题、对工程量的争议问题、建设工程价款优先受偿权问题等。

2.解决合同争议的方法有 4 种,即和解、调解、仲裁和诉讼。

3.合同履行过程中的 3 种抗辩权,即同时履行抗辩权、先履行抗辩权和不安抗辩权;两种财产保全权利,即代位权和撤销权。

课后训练

一、单项选择题

1. 当合同约定的违约金过分高于因违约行为造成的损失时,违约方( )。

    A.可以拒绝赔偿   B.不得提出异议

    C.可以要求仲裁机构裁定予以适当减少

    D.可以要求建设行政主管部门裁定予以适当减少

2. 违反合同的当事人支付了违约金和赔偿金后,对方仍要求继续履行合同时,违约方( )。

    A.应在对方同意变更合同约定的违约责任条款后再继续履行合同

    B.在继续履行过程中可更换标的

    C.必须按合同条款继续履行合同

    D.可拒绝继续履行合同

3. 如果解决施工合同纠纷的仲裁程序违法,当事人可以向仲裁委员会所在地的( )申请撤销仲裁裁决。

    A.中级人民法院   B.政府的建设行政主管部门

    C.上级仲裁委员会   D.质量监督机构

4. 涉及工程造价问题的施工合同纠纷时,如果仲裁庭认为需要进行证据鉴定,可以由( )鉴定部门鉴定。

    A.申请人指定的   B.政府建设主管部门指定的   C.工程师指定的

    D.当事人约定的   E.仲裁庭指定的

5. 下列有关合同履行中行使代位权的说法,正确的是( )。

    A.债权人必须以债务人的名义行使代位权

    B.债权人代位权的行使必须取得债务人的同意

    C.代位权行使的费用由债权人自行承担

    D.债权人代位权的行使必须通过诉讼程序,且范围以债权为限

二、多项选择题

1. 按照《中华人民共和国民法典》第三编"合同"规定,与合同转让中的"债权转让"比较,"由第三人向债权人履行债务"的主要特点表现为( )。

    A.合同当事人没有改变

    B.第三人可以向债权人行使抗辩权

    C.第三人可以与债权人重新协商合同条款

    D.第三人履行债务前,债务人需首先征得债权人同意

    E.第三人履行债务后,由债务人与债权人办理结算手续

2. 建筑工程一切险的保险责任自( )之时起,以先发生者为准。

    A.第一批工人进入保险工程工地   B.保险工程在工地动工

    C.双方签订施工合同   D.水电接通

    E.用于保险工程的材料、设备运抵工地

3.依据《中华人民共和国民法典》第三编"合同",下列有关解决合同争议方式的表述中,错误的有(　　　)。

　　A.当事人双方无法达成仲裁协议的,仲裁机构不能受理

　　B.当事人对仲裁裁决不满的,可以申请法院进行二审

　　C.一方当事人不履行仲裁裁决的,对方可以请求法院执行

　　D.仲裁裁决书自作出裁决之日起发生法律效力

　　E.建设工程合同的纠纷必须由被告所在地法院审理

三、案例分析

【案例1】　某住宅小区市政管网工程纠纷鉴定。

一、工程基本情况

该工程申请人为承包方,被申请人为发包方。双方于 2022 年 3 月签订了建设工程施工合同,合同约定了承包范围:市政管网、中庭广场施工图内全部工程,合同价暂定为 145 万元(合同约定按实结算),合同工期为 120 天。申请人于 2022 年 3 月开工,于 2022 年 10 月竣工验收。申请人于 2022 年 2 月以被申请人一直未办理结算为由,向仲裁委员会申请仲裁。

二、委托鉴定内容及鉴定资料

仲裁委员会委托鉴定机构对该工程造价进行鉴定。送鉴定资料:委托书、施工合同、仲裁申请书、仲裁答辩书、施工图、设计变更、现场签证、竣工验收证书与被申请人核对的结算工程量清单等资料。

三、双方计价争议焦点

管沟开挖的土方工程量产生争议;大理石的粘贴方式产生争议;售楼处等零星拆除工程的计价产生争议。

四、鉴定说明

工程量计算:依据施工合同、申请人与被申请人核对的结算工程量清单、施工图设计变更、签证、现场勘察记录等资料计算。送鉴资料中没有管沟开挖的地面标高证据资料,鉴定人根据场地平整后的地面标高(施工图标高)计算管沟开挖土方工程量。售楼处零星项目拆除,因属承包范围外施工项目,双方应办理现场签证确认,送鉴资料中没有相应项目的证据资料,不予计算。

计价:依据合同约定的工程计价方式计价,大理石按施工图说明的水泥砂浆粘贴套价。

【问题】　请分析计价纠纷产生的原因,并提出相关对策。

【案例2】　某港口码头工程,在签订建设工程施工合同前,业主即委托一家监理公司协助其完善和签订建设工程施工合同,以及进行施工阶段的监理。监理工程师查看业主(甲方)和施工单位(乙方)草拟的施工合同条件后,注意到有以下条款:

①乙方按监理工程师批准的施工组织设计(或施工方案)组织施工,乙方不承担因此造成的工期延误和费用增加的责任。

②甲方向乙方提供施工场地的工程地质和地下主要管网线路资料,供乙方参考使用。

③乙方不能将工程转包,但允许分包,也允许分包单位将分包的工程再次分包给其他施工单位。

④监理工程师应对乙方提交的施工组织设计进行审批或提出修改意见。

⑤无论监理工程师是否参加隐蔽工程验收,当其提出对已经隐蔽的工程重新检验的要求时,乙方应按要求进行剥露,并在检验合格后重新进行覆盖或者修复。检验如果合格,甲方承担由此发生的费用,赔偿乙方的损失并相应顺延工期;检验如果不合格,乙方则应承担发生的费用,工期应予以顺延。

⑥乙方应按协议条款约定时间向监理工程师提交实际完成工程量的报告。监理工程师接到报告7日内按乙方提供的实际完成的工程量报告核实工程量(计量),并在计量24小时前通知乙方。

【问题】 请逐条指出以上合同条款中的不妥之处,并提出改正措施。

【案例3】 2021年12月3日,某房地产开发公司与某建设工程公司签订一份建设施工合同。合同约定:房地产开发公司开发的1、2号楼由建设工程公司承建;质量等级为优良;建筑面积为13 453 m²;承包范围是土建工程,水、暖、电安装及装饰工程;承包方式为包工包料;合同价款为3 000万元;给付方式为建设工程公司进场后给付工程总造价的5%,主体工程完工给付工程总价款的65%,竣工验收后给付工程总价款的95%,留工程总价款的3%作为工程质量保证金,保修期限为一年。合同还约定工程造价一次包死。合同签订后,建设工程公司进场进行施工,2022年3月6日,该工程竣工,并经四方验收通过。

2022年3月9日,建设工程公司将该工程交付给房地产开发公司使用。在施工过程中,建设工程公司发现需要增加工程量,于是与监理、房地产开发公司协商,房地产开发公司对建设工程公司提交的增加的工程量进行确认。

2022年3月12日,建设工程公司向房地产开发公司提交工程款结算报告,结算报告称该工程总价款为4 300万元,而房地产开发公司未予答复。2022年8月6日,建设工程公司向法院提起诉讼,要求房地产开发公司支付工程款。而房地产开发公司则认为,工程总价款已经合同约定,并且一次包死,只愿意承担3 000万元的工程款。

【问题】 实际工程量增加部分,建设方是否该支付工程款?

四、拓展训练

每4人组成一小组,查找合同纠纷的案例,进行理论分析,并进行演讲,大家讨论。

五、拓展思考

通过对党的二十大精神的思悟践行,谈谈你对建工"三有"(有操守、有情怀、有创新)、"四心"(细心、恒心、精心、责任心)的理解。

任务13 合同索赔管理

【引例1】

某承包商承包了一条乡村公路的施工任务,合同规定公路长度为8 015 m,工期10个月,合同价4 818 500美元。

施工期间,业主要求在此公路上增建一条支路,通往距公路干线700 m的一个农场。承包商认为,这是合同工程范围以外的额外工程,应按实际费用法计算工程款,不同意按中标文件的单价进行结算。业主和项目合同管理人员表示同意。承包商提出的索赔款汇总见表13.1,

并附以大量的票据证件及计算书,报项目合同管理人员及业主审核并予以支付。经项目合同管理人员及审计师审核,基本同意了承包商的索赔报告,并向业主单位写出建议书。

表 13.1   公路支线施工索赔汇总表   单位:元

人工费	103 950
材料费	110 735
设备费	87 580
临时设施	24 840
直接费合计	327 105
现场管理费	327 105×0.105 = 34 346
总部管理费	(327 105+34 346)×0.055 = 19 880
保险费	7 975
贷款利息	23 500
以上合计	412 806
利润	412 806×5% = 20 640
索赔款总计	412 806+20 640 = 433 446

【引导问题 1】   什么是工程索赔? 索赔的内容包括哪些? 索赔应遵循什么样的程序? 索赔报告应如何撰写?

13.1   任务导读

索赔是当事人在合同实施过程中,根据法律、合同规定及惯例,对不应由自己承担责任的情况造成的损失,向合同的另一方当事人提出给予赔偿或补偿要求的行为。在工程建设的各个阶段都可能发生索赔,但在施工阶段发生的索赔较多。

自信自强,合规索赔——二十大视角解读合同索赔管理

施工合同的双方都有通过索赔维护自己合法利益的权利,依据双方约定的合同责任,构成正确履行合同义务的制约关系。

从索赔的基本含义,可以看出索赔具有以下 3 个基本特征:

①索赔是双向的,不仅承包人可以向发包人索赔,发包人同样也可以向承包人索赔。实践中发包人向承包人索赔发生的频率相对较低,而且在索赔处理中,发包人始终处于主动和有利地位。对承包人的违约行为,可以直接从应付工程款中扣抵、扣留保证金或通过履约保函向银行索赔来实现自己的索赔要求。因此,在工程实践中大量发生的、处理比较困难的是承包人向发包人的索赔,也是工程师进行合同管理的重点内容之一。

承包人的索赔范围非常广泛,一般只要因非承包人自身责任造成其工期延长或成本增加,都有可能向发包人提出索赔。有时发包人违反合同,如未及时交付施工图纸、交付合格的施工现场、决策错误等造成工程修改、停工、返工、窝工,未按合同规定支付工程款等,承包人可以向发包人提出赔偿要求。也可能由于发包人应承担的风险原因,如恶劣气候条件影响、国家法规修改等造成承包人损失或损害时,承包人也可以向发包人提出补偿要求。

②只有实际发生了经济损失或权利损害,一方才能向对方索赔。经济损失是指因对方原因造成合同外的额外支出,如人工费、材料费、机械费、管理费等额外开支。权利损害是指虽然没有经济上的损失,但造成了一方权利上的损害,如由于恶劣气候条件对工程进度的不利影响,承包人有权要求工期延长等。

因此,发生了实际的经济损失或权利损害,是一方提出索赔的前提。有时上述两者同时存在,如发包人未及时交付合格的施工现场,既造成承包人的经济损失,又侵犯了承包人的工期权利。因此,承包人既要求经济赔偿,又要求工期延长。有时两者则可单独存在,如恶劣气候条件影响、不可抗力事件等,承包人根据合同规定或惯例只能要求工期延长,不应要求经济补偿。

③索赔是一种未经对方确认的单方行为。它与通常所说的工程签证不同。在施工过程中,签证是承发包双方就额外费用补偿或工期延长等达成一致的书面证明材料和补充协议,可以直接作为工程款结算或最终增减工程造价的依据。而索赔则是单方面行为,对对方尚未形成约束力,这种索赔要求能否得到最终实现,必须要通过双方确认(如双方协商、谈判、调解或仲裁、诉讼)才能实现。

本次任务主要学习施工阶段产生的索赔管理。

13.2 任务目标

①在索赔有效期内提交索赔意向书。
②收集索赔证据与依据,编写索赔文件。
③按照索赔流程,处理索赔事务,参与索赔谈判。
④按照正确的方法,进行索赔资料归档,总结索赔事件处理技巧。
⑤通过完成该任务,提出后续工作建议,完成自我评价,并提出改进意见。

13.3 知识准备

13.3.1 施工索赔分类

1)按索赔的合同依据分类

(1)合同中明示的索赔

合同中明示的索赔是指承包人提出的索赔要求在该工程项目的合同文件中有文字依据,承包人可以据此提出索赔要求,并取得经济补偿。这种在合同文件中有文字规定的合同条款,称为明示条款。

工程索赔

(2)合同中默示的索赔

合同中默示的索赔是指承包人的该项索赔要求,虽然在工程项目的合同条款中没有专门的文字叙述,但可以根据该合同的某些条款的含义推论出承包人有索赔权。这种索赔要求同样有法律效力,有权得到相应的经济补偿。这种有经济补偿含义的条款,称为默示条款或隐含条款。

默示条款是一个广泛的合同概念,它包含合同明示条款中没有写入,但符合双方签订合同时设想的愿望和当时环境条件的一切条款。这些默示条款,或者从明示条款所表述的设想愿望中引申出来,或者从合同双方在法律上的合同关系引申出来,经合同双方协商一致,或者被法律和法规所指明,都成为合同文件的有效条款,要求合同双方遵照执行。

2)按索赔目的分类

(1)工期索赔

由于非承包人责任的原因而导致施工进程延误,要求批准顺延合同工期的索赔,称为工期索赔。工期索赔形式上是对权利的要求,以避免在原定合同竣工日期不能完工时被发包人追究拖期违约责任。一旦获得批准合同工期顺延后,承包人不仅免除了承担误期违约赔偿费的严重风险,而且可能获得提前工期的奖励,最终仍反映在经济收益上。工期拖延与索赔处理见表 13.2。

表 13.2　工期拖延与索赔处理

种类	原因责任者	处理
可原谅不补偿延期	责任不在任何一方,如不可抗力、恶性自然灾害	工期索赔
可原谅应补偿延期	建设单位违约,非关键线路上工程延期引起费用损失	费用索赔
	建设单位违约,导致整个工程延期	工期及费用索赔
不可原谅延期	承包商违约,导致整个工程延期	承包商承担违约罚款,并承担违约后建设单位要求加快施工速度、终止合同所引起一切经济损失

(2)费用索赔

费用索赔的目的是要求经济补偿。当施工的客观条件改变导致承包人增加开支,承包人要求对超出计划成本的附加开支给予补偿,以挽回不应由他承担的经济损失。

3)按索赔事件的性质分类

(1)工程延误索赔

因发包人未按合同要求提供施工条件,如未及时交付设计图纸、施工现场、道路等,或因发包人指令工程暂停或不可抗力事件等原因造成工期拖延的,承包人对此提出索赔。这是工程中常见的一类索赔。

(2)工程变更索赔

由于发包人或监理工程师指令增加或减少工程量,或增加附加工程、修改设计、变更工程顺序等,造成工期延长和费用增加,承包人对此提出索赔。

(3)合同被迫终止的索赔

由于发包人或承包人违约以及不可抗力事件等原因造成合同非正常终止,无责任的受害方因蒙受经济损失而向对方提出索赔。

(4)工程加速索赔

由于发包人或工程师指令承包人加快施工速度,缩短工期,引起承包人人、财、物的额外开支而提出的索赔。

（5）意外风险和不可预见因素索赔

工程实施过程中，因不可抗拒的自然灾害、特殊风险以及一个有经验的承包人通常不能合理预见的不利施工条件或外界障碍，如地下水、地质断层、溶洞、地下障碍物等引起的索赔。

（6）其他索赔

如因货币贬值、汇率变化、物价、工资上涨、政策法令变化等原因引起的索赔。

13.3.2　索赔的起因

引起工程索赔的原因非常多且很复杂，主要有以下6个方面：

（1）当事人违约

当事人违约常常表现为没有按照合同约定履行自己的义务。发包人违约常常表现为没有为承包人提供合同约定的施工条件、未按照合同约定的期限和数额付款等。监理人未能按照合同约定完成工作，如未能及时发出图纸、指令等，也视为发包人违约。承包人违约的情况则主要是没有按照合同约定的质量、期限完成施工，或者由于不当行为给发包人造成其他损害。

（2）不可抗力或不利的物质条件

不可抗力可以分为自然事件和社会事件。自然事件主要是工程施工过程中不可避免地发生且不能克服的自然灾害，包括地震、海啸、水灾、瘟疫等。社会事件则包括国家政策、法律、法令的变更，战争，罢工等。不利的物质条件通常是指承包人在施工现场遇到的不可预见的自然物质条件、非自然的物质障碍和污染物，包括地下和水文条件。

（3）合同缺陷

合同缺陷表现为合同文件规定的不严谨甚至矛盾，以及合同中的遗漏或错误。在这种情况下，工程师应当给予解释，如果这种解释将导致成本增加或工期延长，发包人应当给予补偿。

（4）合同变更

合同变更表现为设计变更、施工方法变更、追加或者取消某些工作、合同规定的其他变更等。

（5）监理人指令

监理人指令有时也会产生索赔，如监理人指令承包人加速施工、进行某项工作、更换某些材料、采取某些措施等，并且这些指令不是由于承包人的原因造成的。

（6）其他第三方原因

其他第三方原因常常表现为与工程有关的第三方的问题而引起的对本工程的不利影响。

以上这些问题会随着工程的逐步开展而不断暴露出来，对工程项目造成影响，导致工程项目成本和工期的变化，这就是索赔形成的根源。因此，索赔的发生，不仅是索赔意识或合同观念的问题，从本质上讲，索赔也是一种客观存在。

13.3.3　工程索赔的处理程序

索赔程序分为承包人的索赔和发包人的索赔。

1）承包人的索赔

2013版清单计价规范就承包人索赔的提出、索赔的处理程序、索赔的期限等作出了相关规定。

（1）索赔的提出

①承包人应在知道或应当知道索赔事件发生后28天内，向发包人提交索赔意向通知书，说明发生索赔事件的事由。承包人逾期未发出索赔意向通知书的，丧失索赔的权利。

②承包人应在发出索赔意向通知书后28天内，向发包人正式提交索赔通知书。索赔通知

书应详细说明索赔理由和要求,并应附必要的记录和证明材料。

③索赔事件具有连续影响的,承包人应继续提交延续索赔通知,说明连续影响的实际情况和记录。

④在索赔事件影响结束后的 28 天内,承包人应向发包人提交最终索赔通知书,说明最终索赔要求,并应附必要的记录和证明材料。

（2）承包人索赔的处理程序

①发包人收到承包人的索赔通知书后,应及时查验承包人的记录和证明材料。

②发包人应在收到索赔通知书或有关索赔的进一步证明材料后的 28 天内,将索赔处理结果答复承包人。如果发包人逾期未作出答复,视为承包人的索赔要求已被发包人认可。

③承包人接受索赔处理结果的,索赔款项应作为增加合同价款,在当期进度款中进行支付;承包人不接受索赔处理结果的,应按合同约定的争议解决方式办理。

（3）承包人提出索赔的期限

承包人接受了竣工付款证书后,应被认为已无权再提出在合同工程接收证书颁发前所发生的任何索赔。承包人在提交的最终结清申请中,只限于提出工程接收证书颁发后发生的索赔,提出索赔的期限自接受最终结清证书时终止。索赔处理程序如图 13.1 所示。

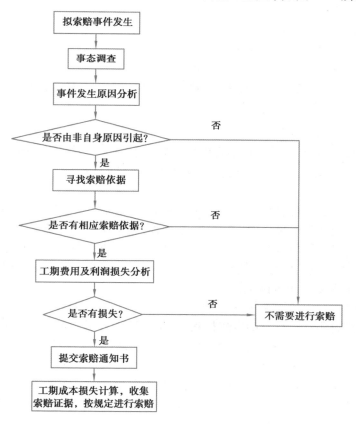

图 13.1　索赔处理程序图

相关链接

2)发包人的索赔

2013 版清单计价规范规定,发包人认为由于承包人的原因造成发包人的损失,应参照承包人索赔的程序进行索赔。

发包人要求赔偿时,可以选择下列一项或几项方式获得赔偿:

①延长质量缺陷修复期限;

②要求承包人支付实际发生的额外费用;

③要求承包人按合同的约定支付违约金。

承包人应付给发包人的索赔金额可从拟支付给承包人的合同价款中扣除,或由承包人以其他方式支付给发包人。

13.3.4 索赔报告的内容

索赔报告的具体内容,视该索赔事件的性质和特点而有所不同。一般来说,完整的索赔报告应包括 4 个部分,即总论部分、根据部分、计算部分、证据部分。

1)总论部分

总论一般包括序言、索赔事项概述、具体索赔要求、索赔报告编写、审核人员名单等内容。

首先应概要地论述索赔事件的发生日期与过程,施工单位为该索赔事件所付出的努力和附加开支,施工单位的具体索赔要求。总论部分最后附上索赔报告编写组主要人员及审核人员的名单,注明有关人员的职称、职务及施工经验,以表示该索赔报告的严肃性和权威性。总论部分的阐述应简明扼要,说明问题。

2)根据部分

该部分主要是说明自己具有的索赔权利,这是索赔能否成立的关键。其内容主要来自该工程项目的合同文件,并参照有关法律规定。该部分施工单位应引用合同中的具体条款,说明自己理应获得经济补偿或工期延长。

根据部分的篇幅可能很大,其具体内容视各个索赔事件的情况而不同。一般地说,根据部分应包括索赔事件的发生情况、已递交索赔意向书的情况、索赔事件的处理过程、索赔要求的合同根据、所附的证据资料等内容。

在写法结构上,按照索赔事件的发生、发展、处理和最终解决的过程编写,并明确全文引用有关的合同条款,使建设单位和监理工程师能历史地、逻辑地了解索赔事件的始末,并充分认识该项索赔的合理性和合法性。

3)计算部分

该部分是以具体的计算方法和计算过程,说明自己应得经济补偿的款额或工期延长时间。如果说根据部分的任务是解决索赔能否成立,则计算部分的任务就是决定应得到多少索赔款额和工期。前者是定性的,后者是定量的。

在款额计算部分,施工单位必须阐明下列问题:索赔款的要求总额;各项索赔款的计算,如额外开支的人工费、材料费、管理费和损失利润;指明各项开支的计算依据及证据资料。施工单位应注意采用合适的计价方法,计价方法应根据索赔事件的特点及所掌握的证据资料等因素来确定。同时,应注意每项开支款额的合理性,并指出相应的证据资料的名称及编号,切忌采用笼统的计价方法和不真实的开支款额。

4)证据部分

证据部分包括该索赔事件所涉及的一切证据资料,以及对这些证据的说明。证据是索赔报告的重要组成部分,没有翔实可靠的证据,索赔是不能成功的。引用证据时,要注意该证据的效力和可信程度。为此,对重要的证据资料最好附以文字证明或确认件。例如:一个重要的电话内容,仅附上自己的记录本是不够的,最好附上经过双方签字确认的电话记录;或附上发给对方要求确认该电话记录的函件,即使对方未给复函,也可以说明责任在对方,因为对方未复函确认或修改,按惯例应理解为已默认。

(1)索赔依据的要求

①真实性。索赔依据必须是在实施合同过程中确定存在和发生的,必须完全反映实际情况,能经得住推敲。

②全面性。索赔依据应能说明事件的全过程。索赔报告中涉及的索赔理由、事件过程、影响、索赔数额等都应有相应依据,不能零乱和支离破碎。

③关联性。索赔依据应当能够相互说明、具有关联性,不能互相矛盾。

④及时性。索赔依据的取得及提出应当及时,符合合同约定。

⑤具有法律证明效力。索赔依据必须是书面文件,有关记录、协议、纪要必须是双方签署的;工程重大事件、特殊情况的记录和统计必须由合同约定的监理人签证认可。

(2)索赔依据的种类

①招标文件、工程合同及附件、业主认可的施工组织设计、工程图纸、地质勘探报告、技术规范等;

②工程各项有关设计交底记录、变更图纸、变更施工指令等;

③工程各项经业主或监理工程师签认的签证;

④工程各项往来信件、指令、信函、通知、答复等;

⑤工程各项会议纪要;

⑥施工计划及现场实施情况记录;

⑦施工日报及工程工作日志、备忘录;

⑧工程送电、送水,道路开通、封闭的日期及数量记录;

⑨工程停水、停电和干扰事件影响的日期及恢复施工的日期;

⑩工程预付款、进度款拨付的数额及日期记录;

⑪工程图纸、图纸变更、交底记录的送达份数及日期记录;

⑫工程有关施工部位的照片及录像等;

⑬工程现场气候记录,有关天气的温度、风力、降雨雪量等;

⑭工程验收报告及各项技术鉴定报告等;

⑮工程材料采购、订货、运输、进场、验收、使用等方面的凭据;

⑯工程会计核算资料;

⑰国家、省、市有关影响工程造价、工期的文件、规定等。

相关链接

索赔通知(示例)

致甲方代表(或监理工程师):

我方希望你方对工程地质条件变化问题引起重视。在合同文件未标明有坚硬岩石的地方遇到了坚硬岩石,致使我方实际生产率降低,而引起进度拖延,并不得不在雨季施工。

上述施工条件变化,造成我方施工现场设计与原设计有很大不同,为此向你方提出工期索赔及费用索赔要求,具体的工期索赔、费用索赔依据及计算书在随后的索赔报告中。

承包商:×××

××××年××月××日

13.3.5 工期与费用索赔

1)工程师对工程索赔的影响

在发包人与承包人之间的索赔事件的处理和解决过程中,工程师是核心。在整个合同的形成和实施过程中,工程师对工程索赔有重大影响。

(1)工程师受发包人委托进行工程项目管理

承包人索赔有相当一部分原因是由工程师引起的。如果工程师在工作中出现问题、失误或行使施工合同赋予的权力造成承包人的损失,发包人必须承担合同规定的相应赔偿责任。一个工程中发生索赔的频率、索赔要求和索赔的解决结果等,与工程师的工作能力、经验、工作的完备性、作出决定的公平合理性等有直接关系。因此,在工程项目施工过程中,工程师必须有风险意识,必须重视索赔问题。

(2)工程师有处理索赔问题的权力

①在承包人提出索赔意向通知以后,工程师有权检查承包人的现场同期记录。

②对承包人的索赔报告进行审查分析,反驳承包人不合理的索赔要求,或索赔要求中不合理的部分。可指令承包人作出进一步解释,或进一步补充资料,提出审查意见。

③在工程师与承包人共同协商确定给承包人的工期和费用补偿达不成一致时,工程师有权单方面作出处理决定。

④对合理的索赔要求,工程师有权将它纳入工程进度付款中,签发付款证书,发包人应在合同规定的期限内支付。

(3)在争议的仲裁和诉讼过程中作为见证人

如果合同一方或双方对工程师的处理不满意,都可以按合同规定提交仲裁,也可以按法律程序提出诉讼。在仲裁或诉讼过程中,工程师作为工程全过程的参与者和管理者,可以作为见证人提供证据。

2)工程师的索赔管理任务

索赔管理是工程师进行工程项目管理的主要任务之一,其索赔管理任务包括以下3个方面:

(1)预测和分析导致索赔的原因和可能性

在施工合同的形成和实施过程中,工程师为发包人承担了大量具体的技术、组织和管理工作。如果在这些工作中出现疏漏,对承包人施工造成干扰,就会产生索赔。承包人的合同管理人员常常在寻找这些疏漏,寻找索赔机会。因此,工程师在工作中应能预测自己行为的后果,堵塞漏洞,如在起草文件、下达指令、作出决定、答复请示时,都应注意到完备性和严密性;颁发图纸、作出计划和实施方案时,都应考虑其正确性和周密性。

(2)通过有效的合同管理减少索赔事件发生

工程师应以积极的态度和主动的精神管理好工程,为发包人和承包人提供良好的服务。在施工中,工程师作为双方的纽带,应做好协调、缓冲工作,为双方建立一个良好的合作气氛。通常,合同实施越顺利,双方合作得越好,索赔事件越少,越易于解决。

工程师应对合同实施进行有力的控制,这是他的主要工作。通过对合同的监督和跟踪,不仅可以及早发现干扰事件,也可以及早采取措施降低干扰事件的影响,减少双方损失,还可以及早了解情况,为合理地解决索赔提供条件。

(3)公平合理地处理和解决索赔

合理解决发包人和承包人之间的索赔纠纷,不仅符合工程师的工作目标,使承包人按合同得到支付,而且符合工程总目标。索赔的合理解决是指承包人得到按合同规定的合理补偿,而又不使发包人投资失控,合同双方都心悦诚服,对解决结果满意,能继续保持友好的合作关系。

3)工程师对索赔的审查程序

(1)审查索赔证据

工程师审查索赔报告时,首先判断承包人的索赔要求是否有理、有据。所谓有理,是指索赔要求与合同条款或有关法规是否一致,受到的损失是否属于非承包人责任原因造成。所谓有据,是指提供的证据证明索赔要求成立。

(2)审查工期顺延要求

①划清施工进度拖延的责任。因承包人原因造成施工进度滞后,属于不可原谅的延期。只有承包人不应承担任何责任的延误,才是可原谅的延期。有时工期延期的原因可能包含有双方责任,此时工程师应进行详细分析,分清责任比例,只有可原谅的延期部分才能批准顺延合同工期。

可原谅延期又可细分为可原谅并给予补偿费用的延期和可原谅但不给予补偿费用的延期。后者是指非承包人责任的影响并未导致施工成本的额外支出,大多属于发包人应承担风险责任事件的影响,如异常恶劣的气候条件造成的停工等。

②被延误的工作应是处于施工进度计划关键线路上的施工内容。只有位于关键线路上的工作内容滞后,才会影响竣工日期。但有时也应注意,既要看被延误的工作是否在批准进度计

划的关键路线上,又要详细分析这一延误对后续工作的可能影响。

因为若对非关键线路工作的影响时间较长,超过了该工作可用于自由支配的时间,也会导致进度计划中非关键线路转化为关键线路,其滞后将导致总工期的拖延。此时,应充分考虑该工作的自由时间,给予相应的工期顺延,并要求承包人修改施工进度计划。

③无权要求承包人缩短合同工期。工程师有审核、批准承包人顺延工期的权力,但不可以扣减合同工期。也就是说,工程师有权指示承包人删减掉某些合同内规定的工作内容,但不能要求他相应缩短合同工期。如果要求提前竣工,这项工作属于合同变更。

(3)审查工期索赔计算

工期索赔的计算主要有网络图分析法和比例计算法两种。

①网络分析法是利用进度计划的网络图,分析其关键线路。如果延误的工作为关键工作,则总延误的时间为批准顺延的工期。如果延误的工作为非关键工作,当该工作由于延误超过时差限制而成为关键工作时,可以批准延误时间与时差的差值;若该工作延误后仍为非关键工作,则不存在工期索赔问题。

②比例计算法根据已知条件不同可采用不同的计算公式。

a.对于已知部分工程的延期时间:

$$工程索赔值=\frac{受干扰部分工程的合同价}{原合同总价}×该受干扰部分工期拖延时间$$

b.对于已知额外增加工程量的价格:

$$工程索赔值=\frac{额外增加的工程量的价格}{原合同总价}×原合同总工期$$

比例计算法简单方便,但有时不太符合实际情况。该法不适用于变更施工顺序、加速施工、删减工程量等事件的索赔。

【应用案例1】 某工程原合同规定分两阶段进行施工,土建工程为 21 个月,安装工程为 12 个月。假定以一定量的劳动力需要量为相对单位,则合同规定的土建工程量可折算为 310 个相对单位,安装工程量可折算为 70 个相对单位。合同规定:在工程量增减 10% 的范围内,作为承包商的工期风险,不能要求工期补偿。工程施工过程中,土建和安装的工程量都有较大幅度的增加。实际土建工程量增加到 430 个相对单位,实际安装工程量增加到 117 个相对单位。

【问题】 承包商可以提出多少工期索赔额?

【专家评析】 承包商提出的工期索赔为:

不索赔的土建工程量的上限:$310×1.1=341$(相对单位)

不索赔的安装工程量的上限:$70×1.1=77$(相对单位)

由于工程量增加而造成的工期延长:

土建工程工期延长:$21×(430/341-1)=5.5$(月)

安装工程工期延长:$12×(117/77-1)=6.2$(月)

总工期索赔:$5.5+6.2=11.7$(月)

【应用案例 2】　某建筑公司(乙方)于某年 4 月 20 日与某厂(甲方)签订了修建工业厂房(带地下室)的施工合同,建筑面积为 3 000 m²。乙方编制的施工方案和进度计划已获监理工程师批准。

该工程的基坑施工方案规定:土方工程采用租赁一台斗容量为 1 m³ 的反铲挖掘机施工。甲乙双方合同约定 5 月 11 日开工,5 月 20 日完工。在实际施工中发生如下几项事件:

事件 1:因租赁的挖掘机大修,晚开工 2 天,造成窝工 10 个工日。

事件 2:基坑开挖后,因遇软土层,接到监理工程师 5 月 15 日停工的指令,进行地质复查,配合用工 15 个工日。

事件 3:5 月 19 日接到监理工程师于 5 月 20 日复工的指令。5 月 20 日至 5 月 22 日,因罕见的大雨迫使基坑开挖暂停,造成窝工 10 个工日。

事件 4:5 月 23 日用 30 个工日修复冲坏的永久道路,5 月 24 日恢复正常挖掘工作,最终基坑于 5 月 30 日挖坑完毕。

【问题】　根据该案例回答以下问题:

①简述工程施工索赔的程序。

②乙方对上述哪些事件可以向甲方要求索赔? 哪些事件不可以要求索赔? 并说明原因。

③每项事件工期索赔各是多少天? 总计工期索赔是多少天?

【专家评析】　①《建设工程施工合同(示范文本)》(GF-2017-0201)规定了如下施工索赔程序:

a.承包人应在知道或应当知道索赔事件发生后 28 天内,向监理人递交索赔意向通知书,并说明发生索赔事件的事由;承包人未在前述 28 天内发出索赔意向通知书的,丧失要求追加付款和(或)延长工期的权利。

b.承包人应在发出索赔意向通知书后 28 天内,向监理人正式递交索赔报告;索赔报告应详细说明索赔理由以及要求追加的付款金额和(或)延长的工期,并附必要的记录和证明材料。

c.索赔事件具有持续影响的,承包人应按合理时间间隔继续递交延续索赔通知,说明持续影响的实际情况和记录,列出累计的追加付款金额和(或)工期延长天数。

d.在索赔事件影响结束后 28 天内,承包人应向监理人递交最终索赔报告,说明最终要求索赔的追加付款金额和(或)延长的工期,并附必要的记录和证明材料。

②事件 1:索赔不成立。因为此事件发生属于乙方自身责任。

事件 2:索赔成立。因为该施工地质条件的变化是一个有经验的承包商所无法合理预见的。

事件 3:索赔成立。因为这是特殊反常的恶劣天气造成工程延误。

事件 4:索赔成立。因为恶劣的自然条件或不可抗力引起的工程损坏及修复,应由业主承担责任。

③事件 2:索赔工期 5 天(5 月 15 日至 5 月 19 日)。

事件 3:索赔工期 3 天(5 月 20 日至 5 月 22 日)。

事件 4:索赔工期 1 天(5 月 23 日)。

共计索赔工期:5+3+1=9(天)。

③共同延误的处理。实际施工过程中,工期拖期很少只由一方造成,往往是多种原因同时发生(或相互作用)而形成的,故称为共同延误。这种情况下,要具体分析哪一种情况延误是

有效的,应依据以下原则:

a.首先判断造成拖期的哪一种原因是最先发生的,即确定初始延误者,它应对工程拖期负责。初始延误发生作用期间,其他并发的延误者不承担拖期责任。

b.如果初始延误者是发包人原因,则在发包人原因造成的延误期内,承包人既可得到工期延长,又可得到经济补偿。

c.如果初始延误者是客观原因,则在客观因素发生影响的延误期内,承包人可以得到工期延长,但很难得到费用补偿。

d.如果初始延误者是承包人原因,则在承包人原因造成的延误期内,承包人既不能得到工期补偿,也不能得到费用补偿。

相关链接

在出现"共同延误"的情况下,承担拖期责任的是(　　)。

　　A.造成拖期最长者　　　　　　　　B.最先发生者
　　C.最后发生者　　　　　　　　　　D.按造成拖期的长短,在各共同延误者之间分担

【分析】 首先判断造成拖期的哪一种原因是最先发生的,即确定初始延误者,它应对工程拖期负责。在初始延误发生作用期间,其他并发的延误者不承担拖期责任。所以,正确选项为B。

13.3.6 审查费用索赔要求

费用索赔的原因,可能是与工期索赔相同的内容,即属于可原谅并应予以费用补偿的索赔,也可能是与工期索赔无关的理由。工程师在审核索赔的过程中,除了划清合同责任以外,还应注意索赔计算取费的合理性和计算的正确性。

(1)承包人可索赔的费用

费用内容一般包括以下8个方面:

①人工费。包括增加工作内容的人工费、停工损失费和工作效率降低的损失费等累计。其中,增加工作内容的人工费应按照计日工费计算,但停工损失费和工作效率降低的损失费按窝工费计算。窝工费的标准双方应在合同中约定。

②设备费。可采用机械台班费、机械折旧费、设备租赁费等几种形式。当工作内容增加引起设备费索赔时,设备费的标准按照机械台班费计算。因窝工引起的设备费索赔,施工机械属于施工企业自有时,按照机械折旧费计算索赔费用;施工机械是施工企业从外部租赁时,索赔费用的标准按照设备租赁费计算。

③材料费。

④保函手续费。工程延期时,保函手续费相应增加。反之,取消部分工程且发包人与承包人达成提前竣工协议时,承包人的保函金额相应折减,则计入合同价内的保函手续费也应扣减。

⑤迟延付款利息。发包人未按约定时间进行付款的,应按银行同期贷款利率支付延迟付款的利息。

⑥保险费。

⑦管理费。此项又可分为现场管理费和公司管理费两部分。两者的计算方法不一样,在审核过程中应区别对待。

⑧利润。在不同的索赔事件中可以索赔的费用是不同的。

相关链接

①根据《标准施工招标文件》(2007 年版)中通用合同条款的内容,可以补偿承包人的条款见表13.3。

表 13.3　《标准施工招标文件》(2007 年版)中合理补偿承包人的条款

序号	条款号	主要内容	可补偿内容		
			工期	费用	利润
1	1.10.1	施工过程发现文物、古迹以及其他遗迹、化石、钱币或物品	√	√	—
2	4.11.2	承包人遇到不利物质条件	√	√	—
3	5.2.4	发包人要求向承包人提前交付材料和工程设备	—	√	—
4	5.2.6	发包人提供的材料和工程设备不符合合同要求	√	√	√
5	8.3	发包人提供基准资料错误导致承包人的返工或造成工程损失	√	√	√
6	11.3	发包人的原因造成工期延误	√	√	√
7	1.4	异常恶劣的气候条件	√	—	—
8	11.6	发包人要求承包人提前竣工	√	√	—
9	2.2	发包人原因引起的暂停施工	√	√	√
10	12.4.2	发包人原因造成暂停施工后无法按时复工	√	√	√
11	13.1.3	发包人原因造成工程质量达不到合同约定验收标准的	√	√	√
12	13.5.3	监理人对隐蔽工程重新检查,经检验证明工程质量满足合同要求的	√	√	√
13	16.2	法律变化引起的价格调整	—	√	—
14	18.4.2	发包人在全部工程竣工前,使用已接收的单位工程导致承包人费用增加	√	√	√
15	18.6.2	发包人原因导致运行失败的	√	√	√
16	19.2	发包人原因导致的工程缺陷和损失	√	√	√
17	21.3.1	不可抗力	√	—	—

②在工程项目的合同管理和索赔工作中,应该严格区分"附加工程"和"额外工程",其区别见表13.4。

表 13.4　新增工程分类表

工作性质	工作范围	是否属于工程量表中的内容	工程变更指令	单价	结算支付方式
新增工程	附加工程:属于原合同工作范围以内的工程	列入工程量表的工作	不必发变更指令	按投标单价	按合同规定的程序按期结算支付
		未列入工程量表中的工作	要补发变更指令	议定单价	同上
	额外工程:超出原合同工作范围的工程	不属于工程量表中的工作项目	另订合同	新定单价或合同价	提出索赔,或按新合同程序支付

特别提示

> 如果是发包方主观错误造成的损失,一般要补偿工期、费用、利润。如果是发包方的责任造成的损失,则只需补偿工期、费用。如果是发包方应该承担的风险,则只需补偿工期。有的情况,如工程完工了,不需要补偿工期。补偿利润的必然要补偿费用。

（2）费用索赔的计算

费用索赔的计算方法有实际费用法、修正总费用法等。

①实际费用法。该方法是按照各索赔事件引起损失的费用项目,分别计算索赔值,然后将各费用项目的索赔值汇总,即可得到总索赔费用值。这种方法以承包商为某项索赔工作所支付的实际开支为依据,但仅限于由索赔事项引起的、超过原计划的费用,故也称为额外成本法。在这种计算方法中,注意不要遗漏费用项目。

②修正总费用法。这种方法是对总费用法的改进,即在总费用计算的原则上,去掉一些不确定的可能因素,对总费用法进行相应的修改和调整,使其更加合理。

> 【应用案例3】 某施工合同约定,施工现场主导施工机械1台,由施工企业租赁,台班单价为400元/台班,租赁费为200元/台班,人工工资为1 000元/工日,窝工补贴为50元/工日,以人工费为基数的综合费率为35%,施工过程中,发生了如下事件:
>
> 事件1:出现异常恶劣天气导致工程停工2天,窝工30个工日。
>
> 事件2:因恶劣天气导致场外道路中断,抢修道路用工20个工日。
>
> 事件3:场外大面积停电,停工2天,窝工10个工日。
>
> 【问题】 施工企业可向业主索赔费用为多少?
>
> 【专家评析】 各事件处理结果如下:
>
> 事件1:异常恶劣天气导致的停工通常不能进行费用索赔。
>
> 事件2:抢修道路用工的索赔额为 $20×1\ 000×(1+35\%)=2\ 700$（元）。
>
> 事件3:停电导致的索赔额为 $2×200+10×50=900$（元）。
>
> 总索赔费用为 $2\ 700+900=3\ 600$（元）。

相关链接

> 某工程项目总价值为2 000万元,合同工期为18个月,现承包人因建设条件发生变化需增加额外工程费用100万元,则承包人可提出工期索赔为(　　)个月。
>
> 　A.1.5　　　　　　B.0.9　　　　　　C.1.2　　　　　　D.3.6
>
> 【分析】 本题为工期索赔的计算。工期索赔的计算主要有网络图分析法和比例计算法两种。比例计算法主要应用于工程量有增加时的工期索赔计算,公式:总工期索赔 =（额外增加的工程量的价格÷原合同价格)×原合同总工期。

（3）审核索赔取费的合理性

费用索赔涉及的款项较多、内容繁杂。承包人都是从维护自身利益的角度解释合同条款,进而申请索赔额。工程师应公平地审核索赔报告申请,挑出不合理的取费项目或费率。

相关链接

某建设项目施工合同中保函手续费为 20 万元,合同工期为 200 天。合同履行过程中,因不可抗力事件发生导致开工日期推迟 30 天,因异常恶劣的气候条件停工 10 天,因季节性大雨停工 5 天,因设计单位延期交图停工 7 天。上述事件均未发生在同一时间,按照《标准施工招标文件》(2007 年版)的规定,承包方可索赔的保函手续费为( )万元。

A.0.7 　　　　　　B.3.7 　　　　　　C.4.7 　　　　　　D.5.2

【分析】 此题首先要判断哪些事件引起的工期延误可以索赔费用。设计单位延期交图可索赔工期 7 天,异常恶劣的气候条件和不可抗力按照《标准施工招标文件》(2007 年版)的要求,不能索赔费用。原工期 200 天的保函手续费为 20 万元,因此,延长 7 天增加的保函手续费为 0.7 万元。

(4)审核索赔计算的正确性

①所采用的费率是否合理、适度。主要需要注意以下两个问题:

a.工程量表中的单价是综合单价,不仅含有直接费,还包括间接费、风险费、辅助施工机械费、公司管理费和利润等项目的摊销成本。索赔计算中不应重复取费。

b.停工损失中,不应以计日工费计算。不应计算闲置人员在此期间的奖金、福利等报酬,通常采取人工单价乘以折算系数计算。停驶的机械费补偿,应按机械折旧费或设备租赁费计算,不应包括运转操作费用。

②正确区分停工损失与因工程师临时改变工作内容或作业方法的功效降低损失的区别。凡可以改作其他工作的,不应按停工损失计算,但可以适当补偿降效损失。

【应用案例 4】 某饭店装修改造工程项目的建设单位与某施工单位按照《建设工程施工合同(示范文本)》(GF-2017-0201)签订了装修施工合同。合同价款为 2 600 万元,合同工期为 200 天。合同中,建设单位与施工单位约定,每提前或推后工期 1 天,按合同价的 0.2‰进行奖励或扣罚。

该工程施工进行到 100 天时,经过材料复试发现,甲方所供应的木地板质量不合格,造成乙方停工待料 19 天。此后在工程施工进行到第 150 天时,由于甲方临时变更首层大堂工程设计,又造成部分工程停工 16 天。工程最终工期为 220 天。

【问题】 根据该案例回答以下问题:

①第一次停工后 10 天,施工单位向建设单位提出了索赔要求,索赔停工损失人工费和机械闲置费等共 6.8 万元;第二次停工后 15 天,施工单位向建设单位提出停工损失索赔 7 万元。在两次索赔中,施工单位均提交了有关文件作为证据,情况属实。此项索赔是否成立?

②工程竣工结算时,施工单位提出工期索赔 35 天。同时,施工单位认为工期实际提前了 15 天,要求建设单位奖励 7.8 万元。建设单位认为,施工单位当时未要求工期索赔,仅进行停工损失索赔,说明施工单位已默认停工不会引起工期延长。因此,实际工期延长 20 天,应扣罚施工单位 10.4 万元。此项索赔是否成立?

【专家评析】 ①此项索赔成立。因为施工单位提出索赔的理由正当,并提供了相关证据,情况属实。同时,施工单位提出索赔的时限未超过合同规定的 28 天时限。

②此项索赔不成立。因为施工单位提出工期索赔时间已超过合同约定的时间,而建设单位罚款理由充分,符合合同规定,罚款金额计算也符合合同规定。故应从工程结算中扣减工程应付款 10.4 万元。

13.3.7　反索赔

反索赔就是反驳、反击或者防止对方提出的索赔,不让对方索赔成功或者全部成功。一般认为,索赔是双向的,业主和承包商都可以向对方提出索赔要求,任何一方也都可以对对方提出的索赔要求进行反驳和反击,这种反击和反驳就是反索赔。

工程实践过程中,当合同一方向对方提出索赔要求,合同另一方对对方的索赔要求和索赔文件可能会有3种选择:一是全部认可对方的索赔,包括索赔的数额;二是全部否定对方的索赔;三是部分否定对方的索赔。

针对一方的索赔要求,反索赔的一方应以事实为依据,以合同为准绳,反驳和拒绝对方的不合理要求或索赔要求中的不合理部分。

(1)反索赔的基本内容

反索赔的工作内容包括两个方面,即合理防止对方提出索赔,反击或者反驳对方的索赔要求。要成功地防止对方提出索赔,应采取积极防御的策略。

首先,自己严格履行合同规定的各项义务,防止自己违约,并通过加强合同管理,使对方找不到索赔的理由和根据,使自己处于不能被索赔的地位。其次,如果工程实施过程中发生了干扰事件,则应立即着手研究和分析合同依据,收集证据,为提出索赔和反索赔做好两手准备。

如果对方提出了索赔要求或索赔报告,则自己一方应采取各种措施来反击或反驳对方的索赔要求。常用的措施有:

①抓对方的失误,直接向对方提出索赔,以对抗或平衡对方的索赔要求,以求在最终解决索赔时互相让步或者互不支付。

②针对对方的索赔报告,进行认真、仔细的研究和分析,找出理由和证据,证明对方索赔要求或索赔报告不符合实际情况和合同规定,没有合同依据或事实证据,索赔值计算不合理或不准确等问题,反击对方的不合理索赔要求,推卸或减轻自己的责任,使自己不受或少受损失。

(2)对索赔报告的反击或反驳要点

对对方索赔报告的反击或反驳,一般可以从以下6个方面进行:

①索赔要求或报告的时限性。审查对方是否在干扰事件发生后的索赔时限内及时提出索赔要求或报告。

②索赔事件的真实性。

③干扰事件的原因、责任分析。如果干扰事件确实存在,则要通过对事件的调查分析,确定原因和责任。如果事件责任属于索赔者自己,则索赔不能成立;如果合同双方都有责任,则应按各自的责任大小分担损失。

④索赔理由分析。分析对方的索赔要求是否与合同条款或有关法规一致,所受损失是否属于非对方责任原因造成。

⑤索赔证据分析。分析对方所提供的证据是否真实、有效、合法,是否能证明索赔要求成立。证据不足、不全、不当、没有法律证明效力或没有证据,索赔不能成立。

⑥索赔值审核。如果经过上述的各种分析、评价,仍不能从根本上否定对方的索赔要求,则必须对索赔报告中的索赔值进行认真细致地审核。审核的重点是索赔值的计算方法是否合情合理,各种取费是否合理适度,有无重复计算,计算结果是否准确等。

在具体的工程中,承包人向业主提出了索赔,作为为业主服务的工程师可以在以下9个方面对索赔提出质疑：

①索赔事项不属于发包人或工程师的责任，而是与承包人有关的其他第三方的责任；

②发包人和承包人共同负有责任，承包人必须划分和证明双方责任的大小；

③事实依据不足；

④合同依据不足；

⑤承包人未遵守意向通知要求；

⑥承包人以前已经放弃（明示或暗示）索赔要求；

⑦承包人没有采取适当措施避免或减少损失；

⑧承包人必须提供进一步的证据；

⑨损失计算夸大。

索赔虽然不可能完全避免，但通过努力可以减少发生。作为工程师，可以正确地理解合同规定，减少分歧出现。同时，做好日常监理工作，随时与承包人保持协调，把问题在进行过程中解决掉，而不是留到最后需要付款时再一次性处理。尽量为承包人提供力所能及的帮助，以共同目标为重，互相基于友好合作目的而放弃模棱两可的索赔机会。建立和维护工程师处理合同事务的威信，以公正的立场和良好的合作精神，再加上处理问题的能力，使承包人在索赔前认真做好准备工作，以质取胜，减少索赔数量。

工程师是为发包人服务的，同时也不能让承包人受到损失，但索赔的主动权还是在承包人，出现了索赔所造成的损失常常由承包人自己负责，这是工程师应该注意的。

工程索赔
综合案例讲解

【综合案例1】 某施工单位根据某两层厂房工程项目招标文件和全套施工图纸（建筑面积为 2 000 m²），采用低报价策略编制了投标文件，并获得中标。该施工单位（承包商）于2022 年 3 月 10 日与建设单位（业主）签订了该工程项目的固定价格施工合同，合同工期为 8 个月。工程招标文件参考资料中提供的供砂地点距工地 4 km，但是开工后，检查该砂质量不符合要求，承包商只得从另一距工地 20 km 的供砂地点采购。由于供砂距离增大，必然引起费用的增加，承包商经过仔细计算后，在业主指令下达的第 3 天，向业主提交了将原用砂单价提高 5元/t 的索赔要求。工程进行一个月后，业主因资金紧缺，无法如期支付工程款，口头要求承包商暂停施工一个月，承包商也口头答应。恢复施工后，在一个关键工作面上又因几种原因造成临时停工：5 月 20 日至 5 月 24 日承包商的施工设备出现了从未有过的故障；6 月 8 日至 6 月12 日下了罕见的特大暴雨，造成 6 月 13 日至 6 月 14 日该地区的供电全面中断。

针对上述两次停工，承包商向业主提出要求顺延工期共计 42 天。

【问题】 根据该案例，回答以下问题：

①该工程采用固定价格合同是否合适？

②该合同的变更形式是否妥当？为什么？

③承包商的索赔要求成立的条件是什么？

④上述事件中，承包商提出的索赔要求是否合理？请说明原因。

【专家评析】 ①因为固定价格合同适用于工程量不大且能够较准确计算、工期较短、技术不太复杂、风险不大的项目，该工程基本符合这些条件，故采用固定价格合同是合适的。

②该合同变更形式不妥。根据《中华人民共和国合同法》和《建设工程合同(示范文本)》(GF-2017-0201)的有关规定,建设工程合同应当采取书面形式,合同变更亦应当采取书面形式。若在紧急情况下,可以采取口头形式,但事后应予以书面形式确认。否则,在合同双方对合同变更内容有争议时,往往因口头形式很难举证,而不得不以书面协议约定的内容为准。本案例中,业主要求临时停工,承包商也答应,是双方的口头协议,且事后并未以书面的形式确认。因此,该合同变更形式不妥。

③承包商的索赔要求成立必须同时具备如下4个条件:

a.与合同相比较,已造成了实际的额外费用或工期损失。

b.造成费用增加或工期损失的原因不属于承包商的行为责任。

c.造成费用增加或工期损失不是应由承包商承担的风险。

d.承包商在事件发生后的规定时间内提交了索赔的书面意向通知和索赔报告。

④因砂场地点变化提出的索赔要求不合理,原因有以下3个:

a.承包商应对自己就招标文件的解释负责。

b.承包商应对自己报价的正确性与完备性负责。

c.作为一个有经验的承包商,可以通过现场踏勘确认招标文件参考资料中提供的用砂质量是否合格。若承包商没有通过现场踏勘发现用砂质量问题,其相关风险应由承包商承担。

因上述几种情况的暂时停工提出的工期索赔不合理,可以批准的延长工期为7天。原因有以下3个:

a.5月20日至5月24日出现的设备故障,属于承包商应承担的风险,不应考虑承包商的延长工期和费用索赔要求。

b.6月8日至6月12日的特大暴雨属于双方共同的风险,应延长工期5天。

c.6月13日至6月14日的停电属于有经验的承包商无法预见的自然条件变化,为业主应承担的风险,应延长工期2天。

因业主资金紧缺要求停工1个月而提出的工期索赔是合理的。原因是业主未能及时支付工程款,应对停工承担责任,故应赔偿承包商停工1个月的实际经济损失,工期顺延1个月。

综上所述,承包商可以提出的工期索赔共计37天。

相关链接

索赔与现场签证计价汇总表

工程名称　　　　　　　　　　标段　　　　　　　　第 页 共 页

序号	索赔及签证名称	单位	数量	单价(元)	合价(元)	索赔及签证依据
1						
2						
3						
4						
5						
6						
7	本页小计					
	合计					

注:签证及索赔依据是指经双方认可的签证单和索赔依据的编号。

费用索赔申请(核准)表

工程名称 _____   标段 _____   第 页 共 页

致：_____   （发包人全称）
　　根据施工合同条款 _____ 条的约定，由于 _____ 原因，我方要求索赔金额
（大写）_____（小写 _____），请予核准。
　　附： 1. 费用索赔的详细理由和依据：
　　　　 2. 索赔金额的计算：
　　　　 3. 证明材料：
　　　　承包人（章）_____ 承包人代表_____   日　期_____

复核意见：	复核意见：
根据施工合同条款 _____ 条的约定，你方提出的费用索赔申请经复核： □ 不同意此项索赔，具体意见见附件。 □ 同意此项索赔，索赔金额的计算，由造价工程师复核。 　　　　　　　　　　监理工程师_____ 　　　　　　　　　　日　期_____	根据施工合同条款 _____ 条的约定，你方提出的费用索赔申请经复核，索赔金额为（大写）_____（小写_____）。 　　　　　　　　　　造价工程师_____ 　　　　　　　　　　日　期_____

审核意见：
□ 不同意此项索赔
□ 同意此项索赔，与本期进度款同期支付。
　　　　　　　　发包人（章）_____ 发包人代表_____ 日　期_____

注： 1. 在选择栏中的"□"内作标识"√"。
　　 2. 本表一式四份，由承包人填报，发包人、监理人、造价咨询人、承包人各存一份。

13.4 任务实施与评价

13.4.1 任务实施

①根据教学选用项目情况,按相关规定完成该项目的索赔通知。

②根据教学选用项目情况,按相关规定完成表13.5的填写。

表 13.5 单项索赔报告

	负责人：
	编　号：　　　　　　日期：
××项目索赔报告	

题目：

事件：

理由：

影响：

结论：

成本增加

工期拖延

专家支招

在进行施工索赔管理工作中,合同双方的合同管理人员应遵循以下原则:

(1)尽量减少索赔的立案数量

为了做到投标报价比较贴近实际,减少报价的风险,必须对以下关键性合同条款仔细钻研:

①支付条款是否明确? 付款是否及时? 有无拖延付款时的加付利息?

②物价上涨时如何进行价格调整? 价格调整的计算公式或方法是否合理?

③是否有工期延长条款? 允许工期延长的条件是否考虑周全?

④有哪些对业主的"开脱性条款"? 如工期延长时不予补偿,付款拖期时不计利息,物价上涨时不予调整合同价,等等。

⑤有无索赔条款,在发生额外开支时是否允许索赔? 索赔的规定是否合理?

⑥是否有"不利的自然条件"条款? 如当遇到天灾或战争时是否允许承包商提出索赔(包括工期索赔及经济索赔)的要求,等等。

(2)纠正错误的投标策略

在招投标工作中,有些承包商为了争取中标,尽量压低报价,而有意地在中标后的施工过程中大量地进行索赔,以求盈利,这就是常说的"低报价、高索赔"策略。

实践已多次证明,这种经营策略是错误的。它不仅达不到盈利目的,反而会造成无法挽回的经济损失,而且也会给国际工程承包施工带来许多不良后果。

(3)及时解决索赔要求

在及时处理索赔问题方面,应力争做到以下几点:

①对索赔报告应抓紧审阅,及时表态。如果由于某种客观原因,工程师不能在此期限内做出决定时,应正式通知承包商,并协商确定推迟决定的时间。

②对索赔报告中的重大分歧意见应举行会议协商,即索赔谈判。

③将合理的索赔款以中期支付方式解决。

(4)严格掌握索赔权的论证

在解决索赔争端的过程中,要经过两个步骤:

①要确定索赔权,即论证此项索赔要求是否成立,检查索赔者是否具备合同依据,是否拥有索赔权。对没有索赔权的任何索赔要求,将一律予以拒绝,这是一个质的问题。

②要确定索赔款金额或批准工期延长的天数,这是一个量的问题。

因此,在索赔管理工作中要特别注意索赔权的问题,严格掌握索赔权成立的条件。

13.4.2 任务评价

①此次任务完成中存在的主要问题有哪些?

②问题产生的原因有哪些?

③请提出相应的解决方法。

④你认为还需加强哪些方面的指导(实际工作过程及理论知识)?

知识回顾

1.索赔基本理论,包括施工索赔的概念及特征、施工索赔分类、索赔的起因等。

2.工程索赔的处理程序,包括承包人的索赔、发包人的索赔、索赔报告的内容等。

3.工期与费用索赔,包括工程师对工程索赔的影响、工程师的索赔管理任务、工程师索赔管理的原则、工程师对索赔的审查等。

4.反索赔,包括反索赔的基本内容、对索赔报告的反击或反驳要点等。

课后训练

一、不定项选择题

1.下列事件造成承包商成本上升或(和)项目工期延误,承包商可以同时索赔工期和费用的包括(　　)。

    A.因发包人原因解除合同

    B.材料涨价

    C.工程师重新检验后发现工程合格

    D.施工中发现文物需要采取保护措施

    E.工程质量因承包人原因未能达到约定要求

2.施工合同履行中,承包商可索赔利润的索赔事件包括(　　)。

    A.特殊恶劣气候　　　　　　B.工程范围变更　　　　　　C.业主未能提供现场

    D.工程暂停　　　　　　　　E.设计图纸错误

3.工程师处理索赔时,应给予承包商利润补偿的情况包括(　　)。

    A.业主延误移交施工现场

    B.不可抗力造成的损失

    C.业主提前占用部分工程,对承包商后续施工干扰的损失

    D.施工中遇到图纸未标明需保护的地下文物,导致施工成本增加的补偿

    E.施工中遇到异常恶劣气候条件的影响

4.工程师在对承包人提交的索赔报告进行审查时,证据材料包括(　　)。

    A.合同专用条件中的条款　　　　　B.经工程师认可的施工进度计划

    C.施工现场和施工会议记录　　　　D.工程延期审批表

    E.费用索赔审批表

二、案例训练

【案例1】　某年4月A单位拟建办公楼一栋,工程地址位于已建成的某小区附近。A单位就勘察任务与B单位签订了勘察合同。合同规定勘察费为15万元。该工程经过勘察、设计等阶段后,于10月20日开始施工。施工单位为D建筑公司。

【问题】　①委托方A单位应预付勘察定金数额是多少?

②该工程签订勘察合同几天后,委托方A单位通过其他渠道获得某小区业主C单位提供的该小区的勘察报告。A单位认为可以借用该勘察报告,A单位立即通知B单位不再履行合同。请问在上述事件中,哪些单位的做法是错误的?为什么?A单位是否有权要求返还定金?

③若A单位和B单位双方都按期履行勘察合同,并按B单位提供的勘察报告进行设计与施工。但在基础施工阶段,发现其中有部分地段地质情况与勘察报告不符,出现软弱地基,而在原报告中并未指出。此时B单位应承担什么责任?

④问题3中,施工单位D由于进行地基处理,施工费用增加20万元,工期延误20天。对于此种情况,D单位应如何处理?而A单位应承担哪些责任?

【案例2】 某建设工程是外资贷款项目,业主与承包商按照FTDIC《土木工程施工合同条件》签订了施工合同。施工合同专用条件规定:钢材、木材、水泥由业主供货到现场仓库,其他材料由承包商自行采购。

当工程施工至第5层框架柱钢筋绑扎时,因业主提供的钢筋未到,使该项作业从10月3日至10月16日停工(该项作业的总时差为0)。

10月7日至10月9日,因停电、停水使第3层的砌砖停工(该项作业的总时差为4天)。

10月14日至10月17日,因砂浆搅拌机发生故障使第1层抹灰延迟开工(该项作业的总时差为4天)。

为此,承包商于10月20日向工程师提交了一份索赔意向书,并于10月25日送交了1份工期、费用索赔计算书和索赔依据的详细材料。

【问题】 ①承包商提出的工期索赔是否正确? 应予批准的工期索赔为多少天?

②假定经双方协商一致,窝工机械设备费索赔按台班单价的65%计;考虑对窝工人工应合理安排工人从事其他作业后的降效损失,窝工人工费索赔按每工日30元计;保函费计算方式合理,管理费、利润损失不予补偿。试确定费用索赔额。

【案例3】 某工业厂房建设场地原为农田。按设计要求厂房地坪范围内的耕植土应清除,基础必须埋在老土层下2.00 m处。为此,业主在"三通一平"阶段就委托土方施工公司清除了耕植土并用好土回填压实至一定设计标高。故在施工招标文件中指出,承包商无须再考虑清除耕植土问题。某承包商通过投标方式获得了该项工程施工任务,并与业主签订了固定总价合同。然而,承包商在开挖基坑时发现,相当一部分基础开挖深度虽已达到设计标高,但仍未见老土,且基坑和场地范围内仍有一部分深层的耕植土和池塘淤泥等必须清除。

【问题】 ①工程中,遇到地基条件与原设计所依据的地质资料不符时,承包商应如何处理?

②接到业主方就上述情况提出的设计变更图纸后,承包商应如何处理?

③在随后的施工中又发现了较有价值的出土文物,造成承包商部分施工人员和机械窝工,同时承包商为保护文物付出了一定的措施费用。请问承包商应如何处理此事?

【案例4】 某工程项目采用固定单价施工合同。工程招标文件参考资料中提供的用砂地点距工地4 km。但是开工后,检查该砂质量不符合要求,承包商只得从另一距工地20 km的供砂地点采购。而在一个关键工作面上又发生了4项临时停工事件:

事件1:5月20日至5月26日,承包商的施工设备出现了从未出现过的故障。

事件2:应于5月24日交给承包商的后续图纸,直到6月10日才交给承包商。

事件3:6月7日至6月12日,施工现场下了罕见的特大暴雨。

事件4:6月11日至6月14日,该地区的供电全面中断。

【问题】 ①承包商的索赔要求成立的条件是什么?

②由于供砂距离的增大,必然引起费用的增加,承包商经过仔细计算后,在业主指令下达的第3天,向业主的造价工程师提交了将原用砂单价提高5元/t的索赔要求。该索赔要求是否成立? 为什么?

③承包商对因业主原因造成的窝工损失进行索赔时,要求设备窝工损失按台班价格计算,人工窝工损失按日工资标准计算是否合理? 如不合理应怎样计算?

④承包商按规定的索赔程序针对上述 4 项临时停工事件向业主提出了索赔,试说明每项事件工期和费用索赔能否成立? 为什么?

⑤试计算承包商应得到的工期和费用索赔是多少(如果费用索赔成立,则业主按 2 万元/天的标准补偿给承包商)?

⑥在业主支付给承包商的工程进度款中,是否应扣除因设备故障引起的竣工拖期违约损失赔偿金? 为什么?

三、拓展训练

在某汽车制造厂的土方工程中,承包商在合同中标明有松软石的地方没有遇到松软石,因此工期提前 1 个月。但在合同中另一未标明有坚硬岩石的地方遇到更多的坚硬岩石,开挖工作变得更加困难,由此造成了实际生产率比原计划低得多,经测算影响工期 3 个月。施工速度减慢,使得部分施工任务拖到雨季进行,按一般公认标准推算,又影响工期 2 个月。为此,承包商准备提出索赔。

【问题】　①该项施工索赔能否成立? 为什么?

②在该索赔事件中,应提出的索赔内容包括哪两个方面?

③在工程施工过程中,通常可以提供的索赔证据有哪些? 承包商应提供的索赔文件有哪些? 请协助承包商拟订一份索赔通知。

四、拓展思考

2013 年以来,我国对外工程承包遍布 190 余个国家和地区,对外承包工程完成营业额、新签合同额总体保持持续增长态势。2021 年,79 家企业入选全球最大的 250 家国际承包商榜单,企业数量和业务占比从 2014 年开始蝉联全球第一。结合中国共产党第二十次全国代表大会的关键词,谈谈你对家国情怀、大国品牌的理解。

FIDIC施工合同
条件汇编

台账

推荐阅读资料

参考文献

[1] 宋春岩,付庆向.建设工程招投标与合同管理[M].北京:北京大学出版社,2008.

[2] 李洪军,源军.工程项目招投标与合同管理[M].北京:北京大学出版社,2009.

[3] 强立明.建筑工程招投标实例教程[M].北京:机械工业出版社,2010.

[4] 高宝岭,张晓升.建设工程招投标实务与投标报价技巧[M].北京:机械工业出版社,2007.

[5] 李启明,朱树英,黄文杰.工程建设合同与索赔管理[M].北京:科学出版社,2001.

[6] 高显义.工程合同管理教程[M].上海:同济大学出版社,2009.

[7] 丁晓欣,宿辉.建设工程合同管理[M].北京:清华大学出版社,2015.

[8] 宋宗宇,等.建设工程合同风险管理[M].上海:同济大学出版社,2008.

[9] 王明,宋才发.合同纠纷案例(下)[M].北京:人民法院出版社,2006.

[10] 全国一级建造师执业资格考试用书编写委员会.建设工程项目管理[M].北京:中国建筑工业出版社,2015.

[11] 全国一级建造师执业资格考试用书编写委员会.建设工程法规及相关知识[M].北京:中国建筑工业出版社,2015.

[12] 本书编委会.建设工程项目合同与风险管理[M].北京:中国计划出版社,2007.

[13] 中国建设监理协会.建设工程合同管理[M].北京:知识产权出版社,2009.

[14] 董平,胡维建.工程合同管理[M].北京:科学出版社,2004.

[15] 刘力,钱雅丽.建设工程合同管理与索赔[M].2版.北京:机械工业出版社,2007.

[16] 成虎.建设工程合同管理与索赔[M].4版.南京:东南大学出版社,2008.

[17] 梁鑑,潘文,丁本信.建设工程合同管理与案例分析[M].北京:中国建筑工业出版社,2004.

[18] 中华人民共和国住房和城乡建设委员会.建设工程工程量清单计价规范:GB 50500—2013[S].北京:中国计划出版社,2013.

[19] 住房城乡建设部,国家工商行政管理总局.建设工程施工合同(示范文本):GF-2017-0201[S].北京:中国建筑工业出版社,2017.

[20] 梁鑑,陈勇强.国际工程施工索赔[M].3版.北京:建筑工业出版社,2011.

[21] 李健,王宏涛,胡文峰.浅谈工程投标决策[J].河南建材,2009(1):29-30.